Modell + Risiko

Episteme in Bewegung

Beiträge zu einer transdisziplinären Wissensgeschichte

Herausgegeben von Gyburg Uhlmann
im Auftrag des Sonderforschungsbereichs 980
„Episteme in Bewegung.
Wissenstransfer von der Alten Welt
bis in die Frühe Neuzeit"

Band 15

2019
Harrassowitz Verlag · Wiesbaden

Modell + Risiko

Historische Miniaturen zu dynamischen Epistemologien

Herausgegeben von
Anna Laqua, Peter Löffelbein und Michael Lorber

2019
Harrassowitz Verlag · Wiesbaden

Die Reihe „Episteme in Bewegung“ umfasst wissensgeschichtliche Forschungen mit einem systematischen oder historischen Schwerpunkt in der europäischen und nicht-europäischen Vormoderne. Sie fördert transdisziplinäre Beiträge, die sich mit Fragen der Genese und Dynamik von Wissensbeständen befassen, und trägt dadurch zur Etablierung vormoderner Wissensforschung als einer eigenständigen Forschungsperspektive bei.
Publiziert werden Beiträge, die im Umkreis des an der Freien Universität Berlin angesiedelten Sonderforschungsbereichs 980 „Episteme in Bewegung. Wissenstransfer von der Alten Welt bis in die Frühe Neuzeit“ entstanden sind.

Gedruckt mit freundlicher Unterstützung der Deutschen Forschungsgemeinschaft (DFG).

Umschlaggestaltung unter Verwendung von: Robert Fludd, *Utriusque cosmi maioris*, Leiden 1617; Open-Licence MPIWG Berlin unter CC BY-SA 3.0.

Bibliografische Information der Deutschen Nationalbibliothek
Die Deutsche Nationalbibliothek verzeichnet diese Publikation in der Deutschen Nationalbibliografie; detaillierte bibliografische Daten sind im Internet über http://dnb.dnb.de abrufbar.

Bibliographic information published by the Deutsche Nationalbibliothek
The Deutsche Nationalbibliothek lists this publication in the Deutsche Nationalbibliografie; detailed bibliographic data are available on the internet at http://dnb.dnb.de.

Informationen zum Verlagsprogramm finden Sie unter
http://www.harrassowitz-verlag.de

Gedruckt auf alterungsbeständigem Papier.
Druck und Verarbeitung: Memminger MedienCentrum AG
Printed in Germany

ISSN 2365-5666
ISBN 978-3-447-11264-2

Zum Geleit

Andrew James Johnston und Gyburg Uhlmann

Der an der Freien Universität Berlin angesiedelte Sonderforschungsbereich 980 „Episteme in Bewegung. Wissenstransfer von der Alten Welt bis in die Frühe Neuzeit“, der im Juli 2012 seine Arbeit aufgenommen hat, untersucht anhand exemplarischer Problemkomplexe aus europäischen und nicht-europäischen Kulturen Prozesse des Wissenswandels vor der Moderne. Dieses Programm zielt auf eine grundsätzliche Neuorientierung wissensgeschichtlicher Forschung im Bereich der Vormoderne ab. Sowohl in der modernen Forschung als auch in den historischen Selbstbeschreibungen der jeweiligen Kulturen wurde das Wissen der Vormoderne häufig als statisch und stabil, traditionsgebunden und autoritätsabhängig beschrieben. Dabei waren die Stabilitätspostulate moderner Forscherinnen und Forscher nicht selten von der Dominanz wissensgeschichtlicher Szenarien wie dem Bruch oder der Revolution geprägt sowie von Periodisierungskonzepten, die explizit oder implizit einem Narrativ des Fortschritts verpflichtet waren. Vormodernen Kulturen wurde daher oft nur eine eingeschränkte Fähigkeit zum Wissenswandel und vor allem zur – nicht zuletzt historischen – Reflexion dieses Wandels zugeschrieben. Demgegenüber will dieser SFB zeigen, dass vormoderne Prozesse der Wissensbildung und -entwicklung von ständiger Bewegung und auch ständiger Reflexion geprägt sind, dass diese Bewegungen und Reflexionen aber eigenen Dynamiken unterworfen sind und in komplexeren Mustern verlaufen, als es eine traditionelle Wissensgeschichtsschreibung wahrhaben will.

Um diese Prozesse des Wissenswandels fassen zu können, entwickelte der SFB 980 einen Begriff von ‚Episteme‘, der sich sowohl auf ‚Wissen‘ als auch ‚Wissenschaft‘ bezieht und das Wissen als ‚Wissen von etwas‘ bestimmt, d. h. als mit einem Geltungsanspruch versehenes Wissen. Diese Geltungsansprüche werden allerdings nicht notwendigerweise auf dem Wege einer expliziten Reflexion erhoben, sondern sie konstituieren sich und werden auch reflektiert in Formen der Darstellung, durch bestimmte Institutionen, in besonderen Praktiken oder durch spezifische ästhetische oder performative Strategien.

Zudem bedient sich der SFB 980 eines speziell konturierten Transfer-Begriffs, der im Kern eine Neukontextualisierung von Wissen meint. Transfer wird hier nicht als Transport-Kategorie verstanden, sondern vielmehr im Sinne komplex verflochtener Austauschprozesse, die selbst bei scheinbarem Stillstand iterativ in Bewegung bleiben. Gerade Handlungen, die darauf abzielen, einen erreichten

Wissensstand zu tradieren, zu kanonisieren, zu kodifizieren oder zu fixieren, tragen zum ständigen Wissenswandel bei.

Gemeinsam mit dem Harrassowitz Verlag hat der SFB die Reihe „Episteme in Bewegung. Beiträge zu einer transdisziplinären Wissensgeschichte" ins Leben gerufen, um die Ergebnisse der Zusammenarbeit zu präsentieren und zugänglich zu machen. Die Bände, die hier erscheinen, werden das breite Spektrum der Disziplinen repräsentieren, die im SFB vertreten sind, von der Altorientalistik bis zur Mediävistik, von der Koreanistik bis zur Arabistik. Publiziert werden sowohl aus der interdisziplinären Zusammenarbeit hervorgegangene Bände als auch Monographien und fachspezifische Sammelbände, die die Ergebnisse einzelner Teilprojekte dokumentieren.

Allen ist gemeinsam, dass sie die Wissensgeschichte der Vormoderne als ein Forschungsgebiet betrachten, dessen Erkenntnisgewinne von grundsätzlichem systematischen Interesse auch für die wissensgeschichtliche Erforschung der Moderne sind.

Inhalt

Vorwort

Vom 6.–8. November 2014 fand in der Villa des Sonderforschungsbereichs 980 „Episteme in Bewegung" an der Freien Universität Berlin die Konferenz „Modell + Risiko. Historische Miniaturen zu dynamischen Epistemologien" statt. Konzipiert und durchgeführt wurde die Konferenz von dem Teilprojekt „Spielteufel – Narrenschiff – Totentanz. Figurationen von Risiko in Mittelalter und Früher Neuzeit" unter der Leitung von Helmar Schramm. Zwar konnte er sich trotz seiner schweren Erkrankung noch in die konzeptuelle Vorbereitung einbringen, musste sich aber zur Zeit der Konferenz im Krankenhaus weiteren Behandlungen unterziehen.

Als wir kurz nach der Konferenz die ersten Vorbereitungen zur Publikation dieses Bandes trafen, ereilte uns die Nachricht, dass Bernd Mahr am 12. April 2015 verstorben ist. Sein Vortrag, den er noch wenige Monate zuvor auf der Konferenz gehalten hatte und in dem er sich als Mathematiker auf der Spur von Modellen in das Terrain der Theatergeschichte vorwagte, wird uns allen als Höhepunkt an humorvoller Gelehrsamkeit in Erinnerung bleiben. Umso dankbarer sind wir deshalb, dass wir seinen Beitrag mit der Unterstützung von Karin Mahr und Reinhard Wendler in diesen Band aufnehmen konnten.

Wenige Monate später ist am 28. September 2015 unser Projektleiter, Doktorvater und Freund Helmar Schramm nach langer schwerer Krankheit verstorben.

Dass nun fast fünf Jahre nach der Konferenz dieser Band doch noch erscheinen kann, dafür möchten wir der Geschäftsführung des SFB 980 „Episteme in Bewegung", namentlich Dr. Kristiane Hasselmann, danken. Sie hat uns darin unterstützt, nach einer Phase der emotionalen und beruflichen Neuorientierung sowie inmitten der Fertigstellung zweier Dissertationen die Arbeit an diesem Band mit der Aussicht auf Publikation in der Buchreihe des SFB wiederaufzunehmen. Des Weiteren danken wir den Autorinnen und Autoren, ohne deren Geduld und Verständnis die Beiträge längst zurückgezogen worden wären. Schließlich möchten wir auch noch dem Harrassowitz Verlag für das mehrfache Entgegenkommen bei der Programmplanung danken.

Berlin und Princeton im August 2019
Die Herausgeber*in

Gleich, wieviele Masken man aufsetzt – sich selbst vermag man nie ganz abzulegen. Und jedes Reden von der Welt kommt irgendwann auf die Koordinaten unserer Existenz zu sprechen: auf Liebe, Kinder und immer wieder auf den Tod. Er ist der Spiegel, in dem sich das Leben abhebt, er gibt ihm den Raum vor und stellt den Punkt dar, in dem alle Parallelen zusammenlaufen – das Schreiben ist stets auch ein Versuch, Welt und Tod in eine Perspektive zu bringen.

Raoul Schrott, *Erste Erde. Epos*

Einleitung

Was sind Modelle? Bereits in der Antike bilden Modelle die Grundlage der Architektur und der schönen Künste und sind fester Bestandteil praktischer Arbeit. Etymologisch lässt sich das Modell auf das lateinische *modulus* im Sinne einer relationalen Maßeinheit und davon abgeleitet auch auf das eingedeutschte Wort *Modul* zurückführen, das in der Bezeichnung von Gebäudegrundrissen bereits seit dem Mittelalter Anwendung fand. Als weitere etymologische Wurzel ist das italienische *modello* anzuführen, das seit der Renaissance einen allgemeinen Entwurf bzw. einen mehr oder weniger maßstabsgetreuen Bauentwurf bezeichnen konnte.[1]

Schon in der etymologischen Herleitung wird also deutlich, dass Modelle auf unterschiedliche Weise mit ihrer Umwelt korrespondieren und zwischen Teil und Ganzem, zwischen Materialität und Medialität eine vermittelnde Funktion innehaben. Die Begriffssemantik des Modells dehnt sich dabei im Laufe der Zeit immer weiter über die Grenzen des architektonischen Gebrauchs auf das Begreifen und Erklären von Welt aus. Trotz, oder besser: aufgrund dieser Heterogenität von möglichen Erscheinungsformen des Modells – und zwar in zeitlicher, räumlicher und materialer Hinsicht – lässt sich mit dem Mathematiker und Modelltheoretiker Bernd Mahr ein „Modell des Modellseins"[2] nur auf einer Metaebene entwerfen: Das Modell ist dann als ein reales oder gedankliches Konstrukt zu begreifen, mit dessen vermittelnder Hilfe Welt gleichermaßen angeeignet wie produziert werden kann. Modelle erweisen sich damit als Sinn, Wissen und etwa auch Regeln stiftende Entitäten, die Welt ebenso erklären wie auch verändern können, indem sie zu neuen Denkansätzen oder zu Handlungen anzustiften vermögen.

Damit ist die in vielerlei Hinsicht zentrale doppelte Referenzfunktion des Modells angesprochen, die im Mittelpunkt rezenter modelltheoretischer Ansätze steht und die vor allem Mahr in zahlreichen Publikationen und Vorträgen ausgearbeitet hat. So ist ein Modell stets sowohl als Modell *von* etwas als auch als Modell *für* etwas zu begreifen; eine Formel, die es erlaubt, die oftmals allzu disparat erscheinenden Arten des Gebrauchs von Modellen und ihres Begriffs in

---

1 Vgl. Klaus Mainzer, „Modell", in: *Historisches Wörterbuch der Philosophie*, hg. von Joachim Ritter, Basel 1984, Bd. 6, S. 45–50.

2 Siehe Bernd Mahr, „Ein Modell des Modellseins. Ein Beitrag zur Aufklärung des Modellbegriffs", in: *Modelle*, hg. von Ulrich Dirks und Eberhard Knobloch, Frankfurt a. M. 2008, S. 187–218.

Künsten, Handwerk, Wissenschaften und Alltag[3] konzeptionell zu fassen. Die vermittelnde Funktion des Modells besteht demzufolge in der Übertragung bestimmter Charakteristika – in Mahrs Worten: dem Transport eines Cargos – von dem Gegenstand, *von* dem etwas Modell ist, auf einen anderen, *für* den er als Modell dient.[4] Was sich aber als Modell eignet und was nicht, unterliegt in aller Regel einem Urteil: Es sind keinesfalls seine ‚objektiven Eigenschaften', welche einen Gegenstand zum Modell *von* oder *für* etwas qualifizieren. Vielmehr kann als Modell begriffen oder verwendet werden, was immer sich in der Auffassung der Betrachtenden dazu eignet – wobei freilich die Möglichkeit nicht ausgeschlossen ist, dass sich der Auffassung etwas als Modell geradezu aufzwingt. Erkenntnistheoretisch sind Modelle damit als kontextabhängige Konfigurationen eines epistemischen Transfers zu verstehen. Mit der Differenz des *von/für* markieren sie zugleich jene von *Vergangenheit/Zukunft*, von *Materialität/Idealität* und von *Praxis/Theorie* und ermöglichen die Vermittlung zwischen der Faktizität des Materiellen und der sie erfassenden Theoriebildung. In diesem Sinne können Modelle als *epistemische Heterotopien* charakterisiert werden, insofern sie als konkrete Konfigurationen von materialen und/oder mentalen Wissenskonstellationen eine raumzeitliche Eigengesetzlichkeit mit epistemischem Mehrwert hervorbringen.

Ihre Eigengesetzlichkeit gewinnen diese Wissenskonstellationen dabei durch eines der vielleicht faszinierendsten Charakteristika von Modellen, nämlich der aktiven Rolle, welche ihnen innerhalb dieser Prozesse zugesprochen werden muss. Denn in seiner vermittelnden Funktion verhält sich das Modell eben nicht neutral, sondern es wirkt sich in seiner je spezifischen Beschaffenheit auf die Art und Weise der Vermittlung aktiv aus und präfiguriert ob seiner material-medialen Verfasstheit die eigene Referenzleistung. Es ist vor allem seine jeweilige material-mediale Spezifik, in der das Potenzial liegt, unerwartete raumzeitliche Interdependenzen freizulegen, auf neue Relationen zu stoßen und schließlich neues Wissen zu generieren.

Mit diesem in der rezenten Modellforschung besonders hervorgehobenen Punkt[5] kommt aber unvermittelt eine Dimension des Risikos ins Spiel. Modelle erlauben es zwar, Kontingenzen unter Kontrolle zu bringen, indem etwa eine diffuse Gefahr in kalkulierbares Risiko oder ein unüberschaubares Chaos in eine Ordnung überführt wird. Zugleich aber können Modelle auch Blickschranken errichten, indem sie die Aufmerksamkeit gemäß ihrer eigenen logischen, medialen oder materialen Verfasstheit leiten und auf diese Weise sie selbst entwertende

3 Vgl. zu der aus der Erscheinungs- und Funktionsvielfalt von Modellen herrührenden Problematik und ihrer Diskussion etwa Jürgen Mittelstraß, „Anmerkungen zum Modellbegriff", in: *Modelle des Denkens*, hg. von der Berlin-Brandenburgischen Akademie der Wissenschaften, Berlin 2005, S. 65–67, hier S. 66.

4 Vgl. etwa Mahr, „Ein Modell des Modellseins", S. 17–19.

5 Vgl. vor allem Reinhard Wendler, *Das Modell zwischen Kunst und Wissenschaft*, München 2013.

Alternativen unterdrücken.[6] Modelle greifen also auch auf diese Weise aktiv ein, indem sie Widerständigkeiten und Kontingenzen zeitigen. Mit der eigenständigen Funktion von Modellen können daher gleichermaßen Zufallsentdeckungen, aber auch epistemologische Hindernisse verbunden sein. Modelltheoretisch gesprochen werden also gewisse Handlungskompetenzen an Modelle übertragen, die sich dann in ihrer Eigensinnigkeit der Kontrolle latent entziehen: Sie bringen eine „weitestgehend autonom wirkende Dynamik"[7] hervor.

Aus dieser Perspektive rücken Modelle geradezu ins Zentrum der Fragen, deren Diskussion sich der SFB 980 „Episteme in Bewegung. Wissenstransfer von der Alten Welt bis in die Frühe Neuzeit" zur Aufgabe gemacht hat. Bei der Erforschung vormoderner Prozesse der Wissensbildung und -entwicklung fokussiert der SFB 980 deren beständige Dynamiken, d.h. die Veränderungen, denen Wissen in jedwedem räumlichen, zeitlichen oder medialen Transfer unterworfen ist. Der vom Sonderforschungsbereich neuakzentuierte Begriff des Transfers ist dabei gerade nicht als ein Transport unveränderter Gehalte zu neuen Destinationen zu verstehen. Vielmehr impliziert er, dass das transferierte Wissen in sich wandelnden Kontexten, gleich welcher Art, immer der Veränderung unterworfen ist und sich daher grundsätzlich nur als kontextabhängig-dynamisch begreifen lässt. Offensichtlich ist damit jedwede Herstellung, Stabilisierung oder Begründung von Wissen als eine fragwürdige, gefährdete und nur vorübergehend hergestellte zu verstehen. Indem der SFB 980 diese Wissensdynamiken für die Vormoderne nachzuzeichnen sucht, trägt er dazu bei, allzu kategoriale Periodisierungen und Epochenzuschreibungen zu hinterfragen; Epochenzuschreibungen, welche den Wissensbeständen vormoderner Zeiten oftmals eine, bei näherer Betrachtung kaum haltbare, Statik und Monolithik zusprechen.

Der vorliegende Band wirft mit der Kombination *Modell + Risiko* ein Schlaglicht auf ebensolche Wissensdynamiken: Er fokussiert Formationen der Generierung ebenso wie der Stabilisierung von Wissen, denen unausweichlich Momente der Dynamik, der Instabilität, aber auch unvorhersehbarer epistemischer Produktivität eingeschrieben bleiben.

Der Fokus auf den Modellgebrauch in vormodernen Kulturen ist dabei auf zweierlei Weise gewinnbringend. Erstens ist die Verwendung und Reflexion von Modellen in der Vormoderne in der Wissensgeschichtsschreibung bislang vergleichsweise vernachlässigt, nicht zuletzt, weil der Vormoderne ein systematischer Modellgebrauch und vor allem ein entwickelter Modellbegriff kaum zugeschrieben werden können. Das heißt allerdings nicht, dass Modelle, ihre Verwendung und die Reflexion ihres Gebrauchs ein exklusiv modernes Phäno-

6 Das Phänomen der *Blickschranke* hat Helmar Schramm zeitlebens beschäftigt. Siehe ders., „Blickschranken. Zum Verhältnis von Experiment und Spiel im 17. Jahrhundert", in: *„Die Vernunft ist mir noch nicht begegnet". Zum konstitutiven Verhältnis von Spiel und Erkenntnis*, hg. von Natascha Adamowsky, Bielefeld 2005, S. 153–164.

7 Wendler, *Das Modell zwischen Kunst und Wissenschaft*, S. 29.

men wären (eine Vorstellung, die angesichts des eingangs Erläuterten auch kaum haltbar ist).

Zweitens rückt der Band mit seinem geschichtlich ausgreifenden Blick die *historischen* Verfasst- und Bedingtheiten von Modellbildung, -anwendung und -vorstellungen in den Fokus und fragt, inwiefern diese durch differierende ästhetische, kulturelle oder politische Momente geprägt sind. Der Sammelband versteht sich daher als ein Beitrag sowohl zur Wissensgeschichte der Vormoderne als auch zur weiteren Ausdifferenzierung modelltheoretischer Reflexion in historischer Perspektive.

Ein wichtiges Merkmal von Modellen ist es, dass sie bemerkenswert vielfältig in Erscheinung treten können. Deshalb stellen die hier versammelten Beiträge *historische Miniaturen* dar, in denen an konkreten Gegenständen und aus unterschiedlichen Fachdisziplinen je verschiedene Konstellationen von Modell und Risiko ins Visier genommen werden, um die Rolle und Bedeutung von Modellen und ihrer eigensinnigen Wissenspraxis in der Vormoderne zu beleuchten.

Der Mathematiker und Modelltheoretiker *Bernd Mahr* begibt sich mit seinem Beitrag auf eine faszinierende Spurensuche, die um das im europäischen Kontext immer wieder konstatierte Spannungsverhältnis zwischen den Prinzipien der Regelhaftigkeit und denen der *varietas* kreist. Die Langlebigkeit dieses Konflikts führt uns Mahr vor, indem er mehr als zwei Jahrtausende wirkungsästhetischer Überlegungen in Dramatik, Poesie und Rhetorik berücksichtigt und überdies Zeugnisse bildender Kunst, philosophische Abhandlungen und Architekturtraktate heranzieht. Auf diese Weise lässt Mahr die Geschichte des Modellgebrauchs in neuem Licht erscheinen. Denn der untersuchte Konflikt sei von jeher konstitutiv auch für Modelle gewesen und zudem ursächlich für das grundsätzliche und immer wieder reflektierte Risiko, das mit dem Modellgebrauch einhergehe.

Gemeinhin setzt die Modellgeschichte der griechischen Geometrie mit dem berühmten Satz Euklids an: „Der Punkt hat keine Teile." *Wolfgang Schäffner* übersetzt diesen Satz hingegen aus dem Griechischen wortwörtlich mit: „Das Zeichen ist, dessen Teil nichts ist.", wodurch sich die Geschichte der Geometrie grundlegend ändert. In seinem Beitrag entwirft der Autor auf dieser Spur den Punkt als „Nullpunkt des Wissens": Der geometrische Punkt wird als epistemisches Ding im Verhältnis zur arithmetischen Eins wissenschaftshistorisch aus neuer Perspektive vermessen, und zwar von den Vorsokratikern bis hin zu gegenwärtigen Formen von *active matter*. Im Zentrum dieser Neuverortung steht die Erkenntnis, dass bereits bei Euklid das Zeichen zugleich Repräsentation und Operation ist.

Der Beitrag *Reinhard Wendlers* ist dem Risiko des Modells gewidmet, im Prozess seiner Modellierung buchstäblich vernichtet zu werden. Ausgehend von der Parrhasioserzählung Senecas des Älteren und ausgreifend auf zahlreiche Beispiele aus Literatur, bildender Kunst und Wissenschaftsgeschichte legt er dar, wie Versuche, das Entsprechungsverhältnis von Modell und Wirklichkeit zu perfektionieren, zuletzt auf die Zerstörung des Ersteren hinauslaufen. Ursache dafür ist laut Wendler ein ungenügendes Verständnis dessen, was ein Modell eigentlich sei, nämlich eben kein unmittelbares Abbild der Wirklichkeit, sondern ein in seinen Eigenheiten unhintergehbarer Vermittler zwischen Gegenstand und Erkenntnis. Die Möglichkeit, das Modell als Einflussfaktor in Gänze auszuschalten, entlarvt Wendler als „riskante Fiktion", die nicht nur das Modell um Identität und Existenz bringt, sondern auch für die Anwendenden nur um den Preis der Blindheit für die Eigensinnigkeit und Bedingtheit modellierender Erkenntnis zu haben ist.

In ihrem Beitrag „Was macht der Esel auf der Brücke" widmet sich *Anita Traninger* der Redewendung von der Eselsbrücke, die im Deutschen heute eine Merkhilfe bedeutet, während im Französischen der *pont aux ânes* das zutiefst Banale bezeichnet. Ausgehend von dieser semantischen Differenz spürt sie der Begriffsgeschichte der Eselsbrücke nach, wobei sie ihr Weg von der französischen Farcentradition des Mittelalters über spielerische Mnemotechniken schließlich bis hin zur Syllogistik führt. Am Schnittpunkt von Modell und Risiko fungierte die Eselsbrücke in der Logik als verbreitetes universitäres Lehrmittel, das, so der faszinierende Befund der Autorin, keineswegs „Ersatz für die Lehre vom Syllogismus, sondern vielmehr deren Inventionsakzelerator mit Korrektheitsgarantie" ist.

Der Beitrag von *Hans-Christian von Herrmann* widmet sich aus mediengeschichtlicher Perspektive historischen Himmelsmodellen. Den Ausgangspunkt bildet hierbei ein bemerkenswertes Objekt aus dem 14. Jahrhundert: das Astrarium des italienischen Mediziners Giovanni de' Dondi. Von Herrmann schlägt von hier aus einen Bogen, der über das 18. Jahrhundert und den Mechanizismus eines Thomas Jefferson reicht, um zuletzt im frühen 20. Jahrhundert beim Projektionsplanetarium des Ingenieurs Walther Bauersfeld anzulangen. Historische Himmelsmodelle, verdeutlicht von Herrmann in seiner erhellenden Analyse, sind weder losgelöst von ihren jeweiligen philosophischen Vorannahmen noch vom zeitgenössischen Naturverständnis zu verstehen.

Im Zentrum von *Andreas Wolfsteiners* Beitrag steht die dialogisch verfasste Laienschrift *Idiota de mente* des Nicolaus Cusanus. Zu deren Analyse verschränkt der Autor aktuelle modelltheoretische Ansätze und Perspektiven der Theaterhistoriographie miteinander. Wie gezeigt werden kann, offenbart Cusanus' Verhandlung ontologischer Fragen am Beispiel des Löffelschnitzens eine Verschiebung epistemologischer Denkmuster. Nicht mehr die Orientierung an der vornehmlich visuell geprägten, platonischen *idea*-Konzeption ist maßgebend, sondern projektive, technisch-pragmatische Zusammenhänge: Der Löffel kennt kein Urbild. Das Herausarbeiten dieses „integrierten Modellbegriffs" des Cusanus dient der schärferen Fassung des wissensgeschichtlichen Wandels zur Mitte des 15. Jahrhunderts und offenbart die Theatralität der mit diesem Wandel verbundenen Reflexionskultur.

Peter Löffelbein wirft einen modelltheoretischen Blick auf die dynamische Epistemologie historischer Messstandards. Besondere Beachtung schenkt er dabei der konkreten Materialität metrologischer Standards. Am Beispiel der Maßreformen Heinrich VII. von England fokussiert er sie als dasjenige, was messende Erkenntnis erst ermöglicht, diese aber zugleich – als potenzieller Störfaktor – stets zu untergraben droht. Der Blick auf Standards als Modelle mit materialer Eigensinnigkeit weist metrologisches Wissen als ein dynamisch-riskantes aus, das sich im Zusammenspiel materialer Objektqualitäten und konventionaler Einschreibung vollzieht; ein Prozess, den Löffelbein als dynamische Modellkonstellation beschreibt und für Moderne und Vormoderne gleichermaßen veranschlagt.

Der Wissenschaftshistoriker *Simone De Angelis* wiederum verdeutlicht in seiner historischen Miniatur sehr anschaulich, was Galileo Galilei dazu veranlasste, bei seinen Äußerungen zur Beschaffenheit der Mondoberfläche nicht nur auf empirische Beobachtungen, sondern auch auf idealisierte, geometrische Modelle zurückzugreifen – bei allen Risiken, die dieses Vorgehen für seine Argumentation beinhaltete. Als besonders erhellend erweist sich hier die Lektüre eines diesem Thema gewidmeten Briefes Galileos an den Jesuitenpater Christoph Grienberger von 1611, dem die Galileiforschung bislang kaum Beachtung geschenkt hat. De Angelis zeigt hier, wie im Zuge von Galileos Modellbildung das Verhältnis von sinnlicher Wahrnehmung und deutender Reflexion problematisiert und verhandelt wird.

Der Beitrag von *Anna Laqua* beschäftigt sich mit frühneuzeitlichen Körpermodellen. Die kaum bekannte Figur des Londoner Arztes und Baconianers John Bulwer dient ihr hierbei als historische Miniatur, von der aus sich unerwartete frühneuzeitliche Transfers zwischen Medizin und Theater beleuchten lassen. Zugleich fragt die Autorin danach, wie sich das bei Bulwer abzeichnende Modell des Körpers aus der Perspektive moderner Modelltheorien (Mahr, Wendler) bewerten lässt, welche Unterschiede zwischen frühneuzeitlichen und modernen (Körper)Modellen sich vor diesem Hintergrund ausmachen lassen und welches epistemologische Risiko ein Modell des Körpers birgt, das diesen als unveränderliche, universale und transhistorische Entität entwirft.

Das Widmungsschreiben zur *Via Lucis* (1668) des Johann Andreas Comenius nimmt *Michael Lorber* zum Anlass, um in seinem Beitrag den epistemologischen Differenzen zwischen apokalyptischer Naturphilosophie und dem institutionalisierten Baconismus der Royal Society nachzuspüren, die aus unterschiedlichen Weltmodellen im Sinne von konkurrierenden Modi der Weltbearbeitung und Weltverarbeitung resultierten. Im Kern kündige sich in dieser Konkurrenz zur Mitte des 17. Jahrhunderts – so die zentrale These – der Übergang zu einem modernen Verständnis von Naturwissenschaft an, das maßgeblich auf einer Neutralisierung des ehemals transzendenten Sinn verheißenden Naturwissens beruhe. Bereits Comenius habe diesen sich abzeichnenden Wandel hellsichtig analysiert und die mit dem veränderten Weltmodell verbundenen Risiken benannt.

Malte Völks Beitrag wirft schließlich einen kulturhistorischen Blick auf Darstellungen des menschlichen Lebens als Altersstufen bzw. Lebenstreppen, wobei er ihre normative Kraft betont. So weist er etwa darauf hin, wie jene Darstellungen eines idealtypischen Lebensverlaufs Konflikte und Risiken des individuellen Lebens ausblenden und damit entsprechende Ängste einzuhegen imstande sind; zugleich vermögen sie, in ihrer soziale Differenzen verneinenden Typisierung, gesellschaftlicher Konformität Vorschub zu leisten. Grundsätzlich aber betont Völk die „Janusköpfigkeit" der als Modell verstandenen Lebenstreppendarstellung und weist auf deren Potenzial zu einem dialektischen Umschlag hin: Das Modell der Lebenstreppen zeigt sich zuletzt imstande, den eigenen Ordnungsrahmen und seine vermeintlich intendierten Effekte zu unterminieren.

Helmar Schramms Faszination für Modelle setzte nicht erst mit der Konzeption der diesem Sammelband zugrundeliegenden Konferenz ein, sondern reichte weiter zurück. So interessierte ihn Theater nie ausschließlich im Sinne der Bühnenkunst, sondern ihn trieb um, wie sich *Theater* und theatrale Metaphern als „distanzgewährendes Orientierungsmodell" begreifen ließen, die dazu dienten, „sich einen Begriff von der Welt zu machen".[8] In seiner Habilitationsschrift *Karneval des Denkens* mündete seine originelle Lesart philosophischer Texte des 16. und 17. Jahrhunderts überdies in die Skizze eines Theatermodells als einer „trianguläre[n] Konstellation von Aisthesis, Kinesis und Semiosis".[9]

Auch noch unter den Umständen seiner schweren Erkrankung, die ein persönliches Erscheinen auf der Konferenz nicht erlaubte, wollte Helmar Schramm mit seinem geplanten Beitrag zu Alexander von Humboldts Kosmos-Modell präsent sein. Im Krankenzimmer hat er deshalb die Kernideen für den Vortrag entwickelt und mit seinem Diktaphon aufgenommen. Die Aufnahme wurde auf der Konferenz in seiner Abwesenheit eingespielt. Diese fragmentarischen ‚Denkprotokolle' haben Anne Schramm und Michael Lorber transkribiert und zu gewissermaßen Helmar Schramms letztem Text zusammengefügt. Bewusst bleiben Auslassungen und Nahtstellen sichtbar.

8 Vgl. Helmar Schramm, „Theatralität", in: *Ästhetische Grundbegriffe (ÄGB). Historisches Wörterbuch in sieben Bänden*, hg. von Karlheinz Barck, Martin Fontius, Dieter Schlenstedt, Burkhart Steinwachs und Friedrich Wolfzettel, Stuttgart/Weimar 2005, Bd. 6, S. 48–73, hier S. 50; ders., „Theatralität und Öffentlichkeit. Vorstudien zur Begriffsgeschichte von ‚Theater'", in: *Ästhetische Grundbegriffe. Studien zu einem historischen Wörterbuch*, hg. von Karlheinz Barck, Martin Fontius und Wolfgang Thierse, Berlin 1990 (Literatur und Gesellschaft), S. 202–242, hier S. 212 sowie ders., *Karneval des Denkens. Theatralität im Spiegel philosophischer Texte des 16. und 17. Jahrhunderts*, Berlin 1996, S. 51.

9 Ders., *Karneval des Denkens*, S. 252.

Bibliographie

Mahr, Bernd, „Ein Modell des Modellseins. Ein Beitrag zur Aufklärung des Modellbegriffs", in: *Modelle*, hg. von Ulrich Dirks und Eberhard Knobloch, Frankfurt a. M. 2008, S. 187–218.

Mainzer, Klaus, „Modell", in: *Historisches Wörterbuch der Philosophie*, hg. von Joachim Ritter, Basel 1984, Bd. 6, S. 45–50.

Mittelstraß, Jürgen, „Anmerkungen zum Modellbegriff", in: *Modelle des Denkens*, hg. von der Berlin-Brandenburgischen Akademie der Wissenschaften, Berlin 2005, S. 65–67.

Schramm, Helmar, „Blickschranken. Zum Verhältnis von Experiment und Spiel im 17. Jahrhundert", in: *„Die Vernunft ist mir noch nicht begegnet". Zum konstitutiven Verhältnis von Spiel und Erkenntnis*, hg. von Natascha Adamowsky, Bielefeld 2005, S. 153–164.

–, „Theatralität", in: *Ästhetische Grundbegriffe (ÄGB). Historisches Wörterbuch in sieben Bänden*, hg. von Karlheinz Barck, Martin Fontius, Dieter Schlenstedt, Burkhart Steinwachs und Friedrich Wolfzettel, Stuttgart/Weimar 2005, Bd. 6, S. 48–73.

–, „Theatralität und Öffentlichkeit. Vorstudien zur Begriffsgeschichte von ‚Theater'", in: *Ästhetische Grundbegriffe. Studien zu einem historischen Wörterbuch*, hg. von Karlheinz Barck, Martin Fontius und Wolfgang Thierse, Berlin 1990 (Literatur und Gesellschaft), S. 202–242.

–, *Karneval des Denkens. Theatralität im Spiegel philosophischer Texte des 16. und 17. Jahrhunderts*, Berlin 1996.

Wendler, Reinhard, *Das Modell zwischen Kunst und Wissenschaft*, München 2013.

Varietas und das Risiko des Gebrauchs von Modellen

Bernd Mahr

1 Die Kontoverse im „Vorspiel auf dem Theater"

Abb. 1: Franz Stassen, *Vorspiel auf dem Theater.* Aus: Johann Wolfgang von Goethe, *Faust. Eine Tragödie. Mit 163 Federzeichnungen von Franz Stassen*, Berlin 1924.

Zu Beginn von Goethes *Faust* treten im „Vorspiel auf dem Theater“ der Theaterdirektor, der Dichter und eine Lustige Person auf. Der Direktor ist in Verlegenheit:

> Ich wünschte sehr, der Menge zu behagen,
> Besonders weil sie lebt und leben läßt,

und er sucht Rat:

> Wie machen wir's, dass alles frisch und neu
> Und mit Bedeutung auch gefällig sey?

Der Dichter wehrt jedoch ab.

> Was glänzt, ist für den Augenblick geboren,
> Das Aechte bleibt der Nachwelt unverloren.

Der Direktor beginnt zu philosophieren:

> Besonders aber laßt genug geschehn!
> Man kommt zu schaun, man will am liebsten sehn.
> Wird vieles vor den Augen abgesponnen,
> So daß die Menge staunend gaffen kann,
> Da habt Ihr in der Breite gleich gewonnen,
> Ihr seyd ein vielgeliebter Mann.
> Die Masse könnt Ihr nur durch Masse zwingen,
> Ein jeder sucht sich endlich selbst was aus.
> Wer vieles bringt, wird manchem etwas bringen;
> Und jeder geht zufrieden aus dem Haus.

Und wieder wehrt der Dichter ab:

> Ihr fühlet nicht wie schlecht ein solches Handwerk sey!
> Wie wenig das den åchten Künstler zieme!

Aber der Direktor kontert:

> Was tråumet Ihr auf Eurer Dichter-Ho̊he?
> Was macht ein volles Haus Euch froh?
> [...]
> Ich sag' euch, gebt nur mehr und immer, immer mehr,
> So ko̊nnt Ihr euch vom Ziele nie verirren,
> Sucht nur die Menschen zu verwirren,
> Sie zu befriedigen ist schwer --.

Und darauf der Dichter brüsk:

> Geh hin und such Dir einen andern Knecht!

Und schließlich beendet der Direktor die Diskussion:

> Der Worte sind genug gewechselt,
> Laßt mich auch endlich Thaten sehn;
> [...]
> Drum schonet mir an diesem Tag
> Prospecte nicht und nicht Maschinen.
> Gebraucht das groß' und kleine Himmelslicht,
> Die Sterne dürfet Ihr verschwenden;
> An Wasser, Feuer, Felsenwänden,
> An Thier und Vögeln fehlt es nicht.
> So schreitet in dem engen Breterhaus
> Den ganzen Kreis der Schöpfung aus,
> Und wandelt, mit bedächtger Schnelle,
> Vom Himmel, durch die Welt, zur Hölle.[1]

... und so kommt es dann auch. Worum geht es in diesem „Vorspiel", das Goethe 1798 schrieb? Offensichtlich um die Lust an Buntheit, Vielfalt und Abwechslung, und um das Gaffen, das Staunen und die Anerkennung. Die Positionen, die aufeinandertreffen, sind nachvollziehbar. Denn die Werke des Dichters und des Direktors unterscheiden sich fundamental. Dichtung strebt nach Bestand. Und so sucht der Dichter im „Vorspiel auf dem Theater" das Allgemeine und Echte, das Ewige und die Wahrheit. Aufführungen dagegen sind flüchtig. Dem Theaterdirektor auf der anderen Seite geht es deshalb um das Publikum, das besondere Momente erleben will: Augenblicke der Verwirrung, des Erkennens und Vergnügens. Und die Lustige Person will den Spaß im Spiel. Die drei verhandeln die Handwerke der Erschaffung und der Vermittlung eines Werkes. Aber steht hinter den Worten des Theaterdirektors nur die Verpflichtung eines Geschäftsmanns, der vieles leisten muss, damit jeder zufrieden nach Hause geht? Und offenbart der Dichter mit seinen Erwiderungen hier nur die Weltfremdheit eines Schöngeistes, der auf die Zukunft hofft? Betrifft das, was beide sagen, nur das Theater? Oder drückt sich in der Kontroverse ihrer Reden ein sehr viel grundsätzlicheres Verständnis von der Natur des Menschen aus und von seiner Beziehung zur Welt?

Ich glaube, dass das „Vorspiel" zum *Faust* auch einen anthropologischen Hintergrund hat. Denn es bringt einen Konflikt auf die Bühne, der nur wenige Jahre, bevor Goethe in Weimar daran schrieb, in dem nahe gelegenen Jena von Fichte und vor allem dann von Schiller in der Opposition zweier grundlegender Triebe gesehen wurde: dem auf *Sinnlichkeit* zielenden *Stofftrieb* (von ihm auch ‚Sinnlicher Trieb' genannt) und dem auf *Unveränderlichkeit* zielenden *Formtrieb*. Wurzeln dieses Konflikts finden sich schon in der Antike, namentlich in der Rezeption von Euripides' Wendung, dass *Abwechslung erfreut*. Vor allem Aristoteles sieht in

1 Johann Wolfgang von Goethe, „Vorspiel auf dem Theater", in: ders., *Faust. Eine Tragödie*, Tübingen 1808, S. 9–19.

Euripides' Wendung Anlass zu einer Opposition, in der *Vielfalt* und *Gesetz* sowie *Veränderung* und *Ewigkeit* in einem anthropologisch begründeten ethischen Konflikt stehen. Ich glaube, dass diese Opposition von Anfang an auch im Diskurs zu Modellen präsent gewesen ist und dass sie folgerichtig das Risiko beim Gebrauch von Modellen mit ins Spiel gebracht hat. Vor allem die Architekturtraktate von Vitruv und Alberti, die zu den ersten Modelltheorien gehören, über die wir verfügen, legen diesen Schluss nahe. Sie plädieren beide vehement für den Gebrauch von Modellen, aber sie lassen erkennen, dass deren Gebrauch auch Risiken birgt, und zwar in zweierlei Hinsicht: in der Kontingenz, die in der Wahl eines Modells liegt, und, in besonderem Maße, im Umgang mit den Freiheiten in dessen Anwendung. Aufgrund dieser Risikowarnungen muss man zu dem Schluss gelangen, dass (im antiken Verständnis und lange darüber hinaus) in Modellen zuallererst Regeln gesehen wurden und in den Freiheiten ihres Gebrauchs Ausnahmen.

2 Notwendigkeit und Kontingenz

Was ist das für eine Welt, in der die Wahrheit gesucht und gleichzeitig Theater gespielt werden kann? Antworten kann man in der Antike und in der Neuzeit finden: zum Beispiel bei Parmenides, bei Leibniz und in der Logik.

Parmenides berichtet in seinem Lehrgedicht *Über das Sein* von seinem Besuch bei der Göttin.[2] Sie ist der Ursprung aller Götter, das Schicksal und die Lenkerin der Entstehung einer Welt, die aus Gegensätzen und deren Vermischung erwuchs. Die Göttin hatte ihn herzlich empfangen, mit ihrer Hand Parmenides' Rechte ergriffen und ihm dargelegt, „welche Wege des Suchens allein zu denken"[3] seien. „Richtig ist", hatte sie erklärt, „das zu sagen und zu denken, daß Seiendes ist; denn das *kann* sein; Nichts *ist nicht*: das, sage ich dir, sollst du dir klarmachen."[4] „[D]aß nicht zu sein unmöglich ist, ist der Weg der Überzeugung, denn die geht mit der Wahrheit",[5] sagt sie ihm, und dass „Sein und Nichtsein dasselbe"[6] sind, könne nicht gedacht werden. „Denn dazu werden sich Dinge gewiß niemals zwingen lassen: zu sein, wenn sie nicht sind."[7] Und so bewies sie ihm, dass es „nicht sagbar noch denkbar [sei], dass (etwas) nicht ist."[8] Parmenides solle denken und seinen Verstand gebrauchen, mahnte sie ihn und erklärte ihm, was von den Sterblichen zu halten sei: „die Sterblichen", sagte sie, „die nichts wissenden, umherwanken, die doppelköpfigen: denn Ohnmacht lenkt in ihrer Brust ihren schwankenden Verstand, und sie treiben dahin so taub als blind, blöde, verdutzte

2 Parmenides, *Vom Wesen des Seienden. Die Fragmente*, hg. und übers. von Uvo Hölscher, Frankfurt a. M. 1969.
3 Ebd., (Fr. 2 (2)), S. 15.
4 Ebd., (Fr. 6 (1–2)), S. 17.
5 Ebd., (Fr. 2 (3–4)), S.15.
6 Ebd., (Fr. 6 (8)), S. 19.
7 Ebd., (Fr. 7 (1)), S. 19.
8 Ebd., (Fr. 8 (8–9)), S. 21.

Gaffer, unterscheidungslose Haufen, bei denen Sein und Nichtsein dasselbe gilt und nicht dasselbe, und es in allen Dingen einen umgekehrten Weg gibt."[9]

Die Wahrheit der Göttin ist hart. Wo ist die Mannigfaltigkeit der Dinge, fragen wir uns, wenn das Seiende „ganz" und „einheitlich", „unerschütterlich" und „vollendet" ist?[10] Wo sind Bewegung, Vielfalt und Veränderung und wo sind Werden und Vergehen? Im „Dünken der Sterblichen, worin keine wahre Verläßlichkeit ist",[11] lautet die Antwort der Göttin. Die Sterblichen seien notwendig dem bloßen Meinen verhaftet und von der „Gewohnheit der vielen Erfahrung" genötigt, das „ziellose Auge umherzulenken und das widerhallende Gehör und die Zunge".[12] Und so beendet die Göttin die „zuverlässige Überlegung und das Denken um die Wahrheit" und rät Parmenides, das „sterbliche Wähnen" verstehen zu lernen, wenn er „das trügerische Gefüge"[13] ihrer Worte höre: Die einzelnen Dinge entstünden aus den Bezeichnungen und den Aussagen über sie. Sie hätten ihre Begründung in den Gegensätzen, die aus dem Urgegensatz des „ätherische[n] Feuer[s] der Flamme"[14] und der „unbewußte[n] Nacht"[15] gezeugt seien. „So also sind nach dem Dünken (der Sterblichen) diese Dinge geworden", sagt sie, „und sind jetzt und werden so auch von jetzt an in Zukunft enden wie sie wachsen. Und denen haben die Menschen je einen Namen gegeben, bezeichnend für jedes Ding."[16] Aber in der Bezeichnung, im Aussagen und in der Mischung der Gegensätze bestehe das Irren. Es zerteile, verfehle und verletze die Wahrheit, die ja ganz sei und eins mit dem Denken und dem Sein. Das Sein aber, zu dem es nur den einen Weg des Denkens gebe, habe keine Vergangenheit und auch keine Zukunft: „[I]n den Grenzen mächtiger Fesseln *ist* es anfanglos, endelos [...]. Denn die mächtige Notwendigkeit hält es in den Fesseln der Grenze, die es ringsum einschließt [...]."[17] „Seiendes ist; denn das *kann* sein", hatte die Göttin gesagt. Die Notwendigkeit wird also von der Möglichkeit umfasst.

Um Gott und die Notwendigkeit geht es auch bei Leibniz. In seinem Traktat *Zum Begriff der Möglichkeit* sind die Spielräume und die Verteilung der Rollen die gleichen, die Parmenides in Szene setzt. „In Gott unterscheidet sich die Existenz nicht vom Wesen", schreibt er, „daher ist Gott das notwendige Wesen. Die Geschöpfe sind kontingent, das heißt, die Existenz folgt nicht aus ihrem Wesen."[18] Leibniz argumentiert, dass dem Menschen sicheres Wissen über die erfahrbare Welt verwehrt sei. Er fragt nach einem Prinzip der Bestätigung von

9 Ebd., (Fr. 6 (4–9)), S. 17–19.
10 Ebd., (Fr. 8 (3–4)), S. 19.
11 Ebd., (Fr. 1 (30)), S. 15.
12 Ebd., (Fr. 7 (3–5)), S. 19.
13 Ebd., (Fr. 8 (50–52)), S. 27.
14 Ebd., (Fr. 8 (56)), S. 27.
15 Ebd., (Fr. 8 (59)), S. 27.
16 Ebd., (Fr. 19 (1–3)), S. 47.
17 Ebd., (Fr. 8 (25–31)), S. 23.
18 Gottfried Wilhelm Leibniz, „Zum Begriff der Möglichkeit", in: ders., *Kleine Schriften zur Metaphysik*, hg. und übers. von Hans Heinz Holz, Frankfurt a. M. 1996, S. 172–189, hier S. 179.

Kontingentem, dem vergleichbar, was es erlaubt, das notwendig Wahre und das notwendig Falsche mit „geometrischer Strenge" zu beweisen.[19] Dabei stößt er auf die menschlichen Grenzen hinsichtlich des Erkennens von Gründen. Diese Grenzen zeigen ihm, dass Kontingentes nicht in gleicher Weise zugänglich ist wie Notwendiges, das in der Mathematik durch eine Analyse der Begriffe in eine identische Gleichung überführt werden kann. „Bei kontingenten Sätzen aber", schreibt Leibniz, „geht der Fortschritt der Analyse über die Gründe der Gründe ins Unendliche, so daß man niemals einen vollen Beweis besitzt, obwohl immer ein Grund für die Wahrheit besteht und von Gott allein vollkommen eingesehen wird, der allein mit einem Geistesblitz die unendliche Reihe durchläuft."[20] Und so kommt er zu dem Schluss:

> Weil wir den wahren formalen Grund der Existenz nicht in jedem besonderen Falle erkennen können, da das einen Fortgang ins Unendliche einschließt, genügt es uns daher, daß wir die kontingente Wahrheit a posteriori, nämlich durch Erfahrungen erkennen, und dennoch zugleich das als universell und allgemein annehmen, was durch Grund und Erfahrung selbst befestigt wird (soweit es uns gegeben ist, in die Dinge einzudringen), jenes von Gott unserem Geist eingepflanzte Prinzip, daß nichts ohne Grund geschieht und unter entgegengesetzten Dingen immer das geschieht, was mehr Grund hat.[21]

Was in der Welt der Fall ist, ist für Leibniz also nur nach menschlichem Maß kontingent. Zwar hat es Gründe, aber der Mensch kann in der Endlichkeit, die ihn beschränkt, durch sie nicht zur Wahrheit vordringen. Nur Gott weiß von den kontingenten Wahrheiten. Weil sich dem Menschen die Notwendigkeit des ihm kontingent Erscheinenden nicht erschließt, kann er das Wahre in der Welt, d. h. das, was in ihr aus Gottes Perspektive notwendigerweise der Fall ist, aus eigenen Kräften nicht sicher wissen. Er kann sich dem nur nähern. Existenz, Objektivität und Wahrheit, in Bezug auf die erfahrbare Welt, sind in Leibniz' Verständnis zwar absolut, für den Menschen jedoch nicht zugänglich, d. h. sie können nicht sicher gewusst werden. Heute, in den Wissenschaften, finden sich die genannten Gründe in Beobachtungen, Definitionen und Modellen. Und die göttliche Notwendigkeit, so glauben wir, zeigt sich nur noch in der „geometrischen Strenge" der Schlüsse, die wir daraus ziehen. Ihren Ausdruck findet diese Strenge in den Formen logischer Regeln. Im Übrigen, so scheint es, müssen wir wohl Leibniz und der Göttin des Parmenides Recht geben: Wir können uns irren. Was nicht notwendig wahr

19 Eine Aussage ist *kontingent*, wenn sie einen Wahrheitswert besitzt, aber weder notwendig wahr noch notwendig falsch ist. *Möglicherweise wahr* heißt eine Aussage, die nicht notwendig falsch ist, und, entsprechend, *möglicherweise falsch* heißt sie, wenn sie nicht notwendig wahr ist. Die Formulierung „geometrische Strenge" verweist auf die axiomatische Grundlegung der Geometrie durch Euklid.

20 Leibniz, „Zum Begriff der Möglichkeit", S. 181.

21 Ebd., S. 183f.

ist, kann dennoch wahr sein, aber auch möglicherweise falsch. Und was kontingent ist, also nicht notwendig, könnte so oder auch anders sein oder so oder auch anders gewesen sein oder so oder auch anders werden. Den Beitrag der Logik zur Beherrschung dieser Welt erklärt Gottlob Frege: „Es handelt sich in der Logik um die Gesetze des Wahrseins, nicht um die des Fürwahrhaltens, nicht um die Frage, wie das Denken beim Menschen vorgeht, sondern wie es geschehen muß, um die Wahrheit nicht zu verfehlen."[22] Die Logik dient also der Vermeidung eines Risikos.

Das ist die Welt der Dinge und Sachverhalte und der Gefühle und Gedanken. Es ist die Welt der Möglichkeiten. In ihr kann die Wahrheit gesucht und gleichzeitig Theater gespielt werden. Es ist die Welt, in der darüber gestritten wird, was wahr und was falsch ist, aber auch die Welt der Opposition von Vielfalt und Gesetz, von Zeit und Ewigkeit und von Veränderung und Bestand, und damit auch die Welt des Konflikts zwischen Buntheit und Ordnung und zwischen Sinnlichkeit und Form. Um diese Oppositionen und Konflikte geht es im Folgenden. In deren Zentrum steht der Begriff der *varietas*.[23]

3 *Varietas delectat*

In seinem Traktat *De Oratore* diskutiert Cicero den Gedanken der *varietas*. Wie im „Vorspiel auf dem Theater" geht es auch bei ihm um eine Inszenierung. Im dritten Buch, nachdem er sich mit Fragen der Gestaltung und Angemessenheit einer Rede in der Sache, in der Situation und in Hinblick auf die Zuhörer auseinandergesetzt hat, kommt er zum Thema des Vortrags und zur Stimme.

Cotta, ein Mitglied der Gesprächsrunde, fragt: „Nun, was wirkt für unser Ohr und die Anziehungskraft des Vortrags vorteilhafter als Wechsel, Vielfalt und Veränderung?"[24] Später im Text erzählt Cotta eine Episode: „So hatte auch der schon erwähnte Gracchus [...] gewöhnlich einen Fachmann mit einer kleinen Pfeife aus Elfenbein mit sich, der heimlich hinter ihm stand, wenn er eine Rede hielt, und eilig einen Pfiff ertönen ließ, mit dem er ihn entweder antrieb, wenn er nachließ, oder bei leidenschaftlicher Erregung zur Besinnung brachte."[25]

22 Gottlob Frege, „Logik", in: ders., *Schriften zur Logik und Sprachphilosophie. Aus dem Nachlass*, hg. von Gottfried Gabriel, Hamburg 1971, S. 35–73, hier S. 69.

23 Unter den Bedeutungen des Wortes *varietas* finden sich im lateinisch-deutschen Wörterbuch: „Buntheit, Mannigfaltigkeit, Verschiedenheit, Abwechslung, abwechselnde Zeitumstände, Wechsel der Jahreszeiten, Fülle des Stoffes, Wechselfälle, Meinungsverschiedenheit, Unbeständigkeit, Wankelmut und Vielseitigkeit." Pons Online-Wörterbuch, URL: https://de.pons.com/übersetzung?q=varietas&l=dela&in=&lf=de (1.8.2019). Und eine der Musikwissenschaft dienende philologische Analyse übersetzt das Wort *varietas* mit „Verschiedenheit" und „Mannigfaltigkeit", das Wort *variatio* mit „Veränderung, Verschiedenheit und Variation". Horst Weber, „Varietas, variatio/Variation, Variante", in: *Handwörterbuch der musikalischen Terminologie*, Ordner VI: Si–Z, hg. von Albrecht Riethmüller, Stuttgart 1986, S. 3, URL: www.sim.spk-berlin.de (1.8.2019).

24 Markus Tullus Cicero, *De oratore. Über den Redner*, Drittes Buch, hg. und übers. von Harald Merklin, Stuttgart 1976, S. 589. Im lateinischen Original lautet die entscheidende Stelle: „Quid [...] est vicissitudine et varietate et commutatione aptius?". Ebd., S. 588.

25 Ebd., S. 588f.

Abb. 2: *Oresstes* (sic) (1. Jhd. n. Chr.). Ephesos, Hanghaus 2 / Südraum 6 Westwand. Aus: Volker Michael Strocka, *Die Wandmalerei der Hanghäuser in Ephesos,* Wien 1977, (Forschungen in Ephesos, VIII/1), Abb. 67.

Und abschließend erklärt Cotta: „Mit dieser Vielfalt und diesem Lauf durch alle Töne wird sich die Stimme einerseits erhalten und andererseits dem Vortrag zu seiner Anziehungskraft verhelfen. Den Pfeifenmann könnt ihr dabei zu Hause lassen, wenn ihr nur den durch diese Praxis erworbenen Instinkt mit auf das Forum bringt."[26]

Im lateinischen Original wird hier mit „Haec varietas" von dieser Vielfalt gesprochen. Heute präsentiert sich der Gedanke der Veränderung, die erfreut, als lateinischer Sinnspruch: „varietas delectat".[27] Eine berühmt gewordene Quelle dieser Beobachtung findet sich bei dem römischen Fabeldichter Phaedrus (15 v. Chr. bis 50 n. Chr.). Im Prolog zum zweiten Buch seines *Liber Fabularum* lässt er den Dichter sagen:

> Ein jeder Scherz, den man nur immer wählen mag,
> Wenn er das Ohr ergötzt und seinem Zweck entspricht,

26 Ebd., S. 590f.

27 Manchmal auch *variatio delectat; varietas* bezeichnet dabei eher das Phänomen, *variatio* eher den Prozess.

> Empfiehlt sich durch sich selbst, nicht durch des Autors Namen.
> Ich will des Alten Weise in der Fabeldichtung
> Bewahren; aber wenn ich etwas andres gebe
> Und meiner Worte Wahrheit Deinen Sinn ergötzt,
> So wünsch ich, Leser, daß du dieses günstig aufnimmst,
> Im Fall der Anekdote Kürze dies verdient.[28]

Die Formulierung, um die es hier geht, lautet im lateinischen Original: „Sed si libuerit aliquid interponere, dictorum sensus ut delectet varietas", was in wörtlicher Übersetzung so viel bedeutet wie: „Aber wenn ich so frei bin, etwas hinzuzufügen, dann zu dem Zweck, dass die Vielfalt des Ausdrucks Freude macht." Phaedrus' Erklärung ist nicht nur wegen der Selbstverständlichkeit interessant, mit der er die Abwechslung als Argument anführt, sondern auch wegen der Entschuldigung dafür, dass er das Alte nicht wortgetreu und wahrhaftig bewahrt.

Der Gedanke der Abwechslung, die erfreut, kommt aus dem Griechischen. Es gibt im *Orestes* des Euripides eine Szene, in der Elektra diesen Gedanken in einer Weise formuliert, die sich offenbar jedem Widerspruch entzieht. Orestes ist krank und wird von seiner Schwester Elektra gepflegt. Er bittet sie:

> Nein, heb mich wieder! Dreh mich wieder um! Des Kranken Launen werden schwer erfüllt.

Und Elektra antwortet:

> Willst Du die Füße nicht nach langer Zeit
> Zu Boden setzen? Wechsel tut so gut![29]

„Wechsel tut so gut!", so begründet Elektra ihren Vorschlag. Im griechischen Original des *Orestes* lautet die Phrase: „μεταβολὴ πάντων γλυκύ" („Die Veränderung aller Dinge ist süß"). Diese lebensweltliche Weisheit der Freude an der Abwechslung muss allgemeine Anerkennung besessen haben, denn sonst hätte sie Elektra nicht als Argument verwenden können. Euripides ist die früheste Quelle dieses Gedankens. Für seine Nachhaltigkeit spricht, dass Euripides' Szene offenbar noch fünfhundert Jahre später im Bewusstsein der Menschen gewesen ist. Denn in einem Haus in Ephesos findet sich in einer Wandmalerei aus dem 1. Jahrhundert n. Chr. eine Darstellung, die aller Wahrscheinlichkeit nach Orestes und Elektra zeigt, und zwar in dem Moment – so muss man es wohl lesen –, in dem Orestes die Füße zu Boden setzt.[30]

---

28 Phaedrus, *Liber Fabularum. Fabelbuch*, Zweites Buch, Vorrede, hg. und übers. von Friedrich Rückert und Otto Schönberger, Stuttgart 1975, S. 32f.

29 Euripides, „Orestes", in: *Euripides. Sämtliche Tragödien und Fragmente*, übers. von Ernst Buschor, hg. von Gustav Adolf Seeck, Darmstadt 1977, Bd. V., S. 5–130, hier S. 23.

30 Volker Michael Strocka, *Die Wandmalerei der Hanghäuser in Ephesos*, Wien 1977 (Forschungen in Ephesos VIII/1), S. 53f.

4 Die Lust an der Veränderung

Als Begründung für Techniken der Präsentation ist die Abwechslung, die erfreut, ein Grundgedanke der Gestaltung, nicht nur in der Rhetorik und für die Unterhaltung, sondern auch in anderen Künsten, die ein Publikum haben. Sie ist ohne Zweifel von praktischer Bedeutung, aber sie wirft auch grundlegende Fragen zur Natur des Menschen auf und damit zur Ethik seines Tuns.

In seiner antiken Rezeption erfährt der Gedanke der *varietas* sehr verschiedene und zum Teil auch sehr tiefgründige Ausdeutungen. Siebzig Jahre nach Euripides spricht Aristoteles in seiner *Rhetorik* von der Bedeutung der Abwechslung. Dabei geht es ihm nicht um die Rechtfertigung rhetorischer Techniken, sondern um Grundsätzliches. In seinen Ausführungen zu den Gerichtsreden fragt er nach dem Eigeninteresse des Tuns, von dem er sagt, dass es immer dem Nützlichen oder dem Vergnüglichen diene. „Lust“, sagt er,

> ist eine Art Bewegung der Seele und ihre massive und spürbare Zustandsänderung in die ihr grundgelegte Natur, Schmerz das Gegenteil davon. Wenn nun Lust etwas von dieser Art ist, dann ist das Lustvolle offenkundig das, was den besagten Zustand herstellt; das, was ihn aber beseitigt oder den gegenteiligen Zustand hervorruft, ist das Unlustbereitende. Also muss der Übergang in den naturgemäßen Zustand in den meisten Fällen vergnüglich sein, ganz besonders dann, wenn das, was natürlich zustande gekommen ist, seinen naturgemäßen Zustand wiedererlangt hat. Ebenso ist es mit den Gewohnheiten.[31]

In der Aufzählung dessen, was Lust bereitet und was angenehm ist, findet sich auch die Abwechslung. Und in diesem Zusammenhang verweist Aristoteles auf Euripides:

> Auch oftmals dasselbe zu tun ist angenehm, denn Gewohntes ist etwas Angenehmes. Angenehm ist aber auch die Abwechslung, sie führt zum natürlichen Zustand zurück. Immer ein- und dasselbe bewirkt nämlich eine Überspannung des bestehenden Zustandes, daher sagt man auch: „Süß ist die Abwechslung in allem“. Daher sind auch zeitliche Abstände, sowohl bei Menschen als auch bei Dingen, angenehm, denn dadurch kommt es zur Abwechslung vom gegenwärtigen Zustand [...].[32]

Auch in der *Nikomachischen Ethik* diskutiert Aristoteles die in der Natur des Menschen liegende Lust an der Veränderung. Den Rahmen seiner Abhandlung bildet das Ziel, das oberste Gut zu finden, das vollkommenste: „Jedes praktische Können und jede wissenschaftliche Untersuchung“, sagt er, „ebenso jedes Handeln

31 Aristoteles, *Rhetorik*, hg. und übers. von Gernot Krapinger, Stuttgart 2012, 1369b 33, S. 52.
32 Ebd. 1371a 28, S. 56.

und Wählen strebt nach einem Gut, wie allgemein angenommen wird. Daher die richtige Bestimmung von ‚Gut' als ‚das Ziel, zu dem alles strebt'".[33]

Später im Text stellt er fest: „Als solches Gut aber gilt in hervorragendem Sinne das Glück."[34] Als er schließlich zur Lust an der Veränderung gelangt, zitiert er wieder Euripides. Aber er begnügt sich diesmal nicht mit der Erkenntnis, dass die Veränderung Lust bereitet, sondern unterwirft diese Lust einem harten Urteil: „Doch ‚Immer sich ändern ist süßester Genuß', sagt der Dichter: dies ist die Folge einer gewissen Minderwertigkeit. Wie nämlich der Mensch, und zwar der minderwertige, leicht dem Anders-werden verfällt, so ist eine Natur, die des Anders-werdens bedarf, minderwertig, denn sie ist nicht einfach und nicht gut."[35]

Zur Begründung verweist Aristoteles auf die Natur, durch die wir den Keim des Vergänglichen in uns tragen, und auf das Wesen Gottes, des unbewegten Bewegers, der an der einfachen, nicht durch die Veränderung hervorgerufenen Lust Freude hat: „Ein und dasselbe Ding ist niemals ununterbrochen lustvoll,", schreibt er,

> weil unsere Natur keine einfache, unzusammengesetzte ist. Vielmehr ist in ihr noch etwas anderes, auf Grund dessen der Keim des Vergänglichen in uns steckt. Die Folge ist: wenn der eine Teil unseres Wesens etwas tut, so ist dies für den anderen Teil ein wesenswidriger Vorgang; wenn aber beide Teile in ein ausgeglichenes Verhältnis gebracht sind, so enthält der Vorgang weder Unlust noch Lust. Wäre dagegen die Natur eines Wesens einfach, (unzusammengesetzt), dann müßte immer ein und dasselbe Tun am lustvollsten sein. So wird es verständlich, daß Gott stets an der einen einfachen, (unzusammengesetzten) Lust seine Freude hat, denn es hat nicht nur der Zustand der Bewegung seine Aktivität, sondern auch der Zustand der Unbewegtheit, und Lust findet sich eher in der Ruhe als in der Bewegung.[36]

Bemerkenswert ist an dieser Begründung der Verweis auf die Natur des Menschen, dessen Wesen zwei miteinander in Konflikt stehende Teile besitzt. Hier zeigt sich eine Auffassung, die ähnlich in Schillers Postulat zweier grundlegender Triebe zu finden ist, dem *Sinnlichen Trieb* und dem *Formtrieb*. Aber auch in der maßgebenden Rolle des in der Ruhe verharrenden Gottes gibt es Ähnlichkeiten zu Schillers Begriff der Göttlichkeit, wenngleich auch eine aufschlussreiche Differenz.

Der oppositionelle ewige Gott wurde schon im antiken Diskurs zum Thema. 44 v. Chr. diskutiert Cicero im ersten Buch der *De Natura Deorum* eine Reihe von Fragen, die sich ergeben, wenn man annimmt, dass eine „zeitliche Welt durch

33 Aristoteles, *Nikomachische Ethik*, übers. von Franz Dirlmeier, Stuttgart 2013, hier Buch I, 1094a 1–3, S. 5.
34 Ebd., Buch I, 1097a, S. 15.
35 Ebd., Buch XII, 1154b, S. 211.
36 Ebd.

einen zeitlosen Gott" geschaffen wurde: Warum wurde die Welt gerade in diesem und in keinem anderen Zeitpunkt geschaffen? Was taten der Platonische Demiurg, der erste unbewegte Beweger, und die Pronoia der Stoa, die Vorsehung; was taten sie in der unendlichen Zeit, die der Erschaffung der Welt vorausging? Was veranlasste überhaupt den Demiurgen und die Pronoia, in einem bestimmten Zeitpunkt eine Welt zu schaffen? Genügte ihnen selber der ursprüngliche weltlose Zustand nicht mehr? Und wollten sie eine Welt für den Menschen schaffen?[37] In den letzten Fragen steckt, was hier interessiert.

Velleius, der Epikureer, fragt in Ciceros Dialog forsch:

> Sollen wir annehmen, er freue sich an der bunten Vielfalt, mit der wir Himmel und Erde geschmückt sehen? Was kann dies für eine Freude für einen Gott sein? Wäre es wirklich eine Freude gewesen, dann hätte er sie gewiss nicht so lange entbehren können. Oder ist dies alles, wie ihr etwa zu sagen pflegt, der Menschen wegen von Gott geschaffen worden? Etwa den Weisen zuliebe? Dann wäre ein so riesiger Aufwand nur für wenige getrieben worden. Oder gar der Toren wegen? Da war erstens kein Anlass, sich um die schlechten Menschen verdient zu machen; und was hat er zweitens erreicht, wenn doch alle Toren sich zweifellos schon immer im größten Elend befinden, vor allem gerade, weil sie Toren sind – denn was können wir Elenderes nennen als die Torheit? – und dann, weil es im Leben so viele Widerwärtigkeiten gibt, die die Weisen mit ihren Vorzügen auszugleichen vermögen, die Toren dagegen sie weder, wenn sie zu kommen drohen, vermeiden noch, wenn sie eingetroffen sind, ertragen können.[38]

Velleius sagt das mit voller Selbstverständlichkeit für die Berechtigung der Lust, die durch die Vielfalt bereitet wird, und in voller Überzeugung ihrer Bedeutung als eines Sinns des Lebens. In dieser Hinsicht setzt der Epikureer Velleius einen anderen Schwerpunkt als der Akademiker Aristoteles.

5 Veränderung und Form

Sich der Vielfalt und Abwechslung hinzugeben, ist bei Parmenides Eigenheit der verwirrten Sterblichen und bei Aristoteles ein Zeichen der Minderwertigkeit menschlicher Existenz. Der Vielfalt und Abwechslung gegenüber stehen bei Parmenides das von Gott durch die Notwendigkeit festgehaltene Sein, das Wahre und das Denken, und bei Aristoteles Gottes Ruhe und Unbewegtheit.

Abwechslung schafft für Orest und Elektra Erleichterung, und für den Epikureer Velleius sind Vielfalt und Abwechslung ein Teil des Lebenssinns. Bei Cicero sind sie ein rhetorisches Mittel der Rede vor Gericht und bei Phaedrus ein berech-

---

37 Siehe Markus Tullius Cicero, *De natura deorum. Vom Wesen der Götter*, Kommentar, hg. von Olof Gigon, Zürich 1996, S. 341.

38 Ebd., Liber primus, 22/23, S. 24f. Im lateinischen Original lautet die entscheidende Formulierung: *„post autem: varietatene eum delectari putamus, qua caelum et terras exornatas videmus?"*

tigtes Stilmittel der Erzählung. Der Verzicht auf Vielfalt und Abwechslung birgt für Cicero die Gefahr, nicht überzeugen zu können und bei Phaedrus das Risiko der Langeweile. Aber Phaedrus muss sich entschuldigen, wenn er, der Freude an der Abwechslung zuliebe, von der Worttreue seiner Darstellung abweicht. Die Freude an der Abwechslung ist offenbar nicht ungeteilt.

Für Goethes Theaterdirektor sind Vielfalt und Abwechslung eine ökonomische Notwendigkeit, um dem Publikum zu gefallen. Es scheint, als habe er sich von Parmenides' Göttin inspirieren lassen, von ihrem Blick auf die Sterblichen. Der Verzicht auf Vielfalt und Abwechslung ist mit dem Risiko des Missfallens beladen und mit dem daraus eventuell resultierenden finanziellen Verlust. Goethes Dichter auf der anderen Seite sieht in der Vielfalt und Abwechslung das Risiko der nur für den Augenblick erlebten Lust und in deren Verzicht die Chance auf Bewahrung der Wahrheit, auch er von der Göttin inspiriert, nur ihrer Göttlichkeit näher.

Offenbar haben wir es in der Welt, in der wir die Wahrheit suchen und Theater spielen können, mit zwei oppositionellen und miteinander in Konflikt stehenden Prinzipen zu tun: dem *Prinzip der Orientierung auf Vielfalt und Abwechslung hin*, das sich in dem Gedanken der *varietas* ausdrückt, und dem *Prinzip der Suche nach Gesetz und Wahrheit und nach deren Bewahrung und Ewigkeit.*[39] Konflikte und Fremdheit zwischen diesen beiden Prinzipien bestehen bis heute, vor allem im Alltagsleben und im Zusammenleben der Wissenschaften. Dort finden sie ihren vermutlich stärksten Ausdruck in der Unverträglichkeit der Techniken von Formalisierung und Narration.

Schiller formulierte seine anthropologische Begründung der Opposition dieser Prinzipien in seinen Briefen *Über die ästhetische Erziehung des Menschen*, insbesondere in den Briefen 12 bis 15, die 1794 und 1795 in den *Horen* erschienen.[40] Er sieht sie als Opposition von Veränderung und Form. Seine Analyse beginnt im 11. Brief:

---

39 Wollte man, ähnlich dem Gedanken der *varietas*, auch dem Gedanken von Gesetz und Wahrheit und deren Bewahrung und Ewigkeit einen lateinischen Namen geben, dann wäre es aus heutiger Perspektive naheliegend, von *veritas* zu sprechen. Denn dies entspräche wohl gut unserem heutigen Wahrheitsbegriff, zumal auch das lateinische Wort *veritas* ein breites Bedeutungsspektrum aufweist: „Wahrheit, Wirklichkeit, Naturtreue, Innere Wahrheit, Notwendigkeit, Wahrheitsliebe, Aufrichtigkeit, Ehrlichkeit, Offenheit, Unparteilichkeit, Rechtlichkeit und Regel". Pons Online-Wörterbuch, URL: https://de.pons.com/übersetzung?q=varietas&l=dela&in=&lf=de (1.8.2019). Aber ein zum Abstraktum erhobener lateinischer Begriff der *veritas* würde leicht den Eindruck erwecken, dass die Opposition von *varietas* und *veritas* schon in der Antike diskutiert wurde. Dafür gibt es jedoch keine Hinweise. Auch wenn die Rezeption des Begriffs der *varietas* auf Oppositionen verweist, wie die hier zitierten Passagen belegen, so steht dem allgemeinen Begriff der *varietas* doch kein einzelner Begriff als Opposition gegenüber (ich bedanke mich bei Christian Badura für seine hilfreichen Hinweise).

40 Friedrich Schiller, *Über die ästhetische Erziehung des Menschen in einer Reihe von Briefen*, hg. von Klaus L. Berghahn, Stuttgart 2000.

> Wenn die Abstraktion so hoch als sie immer kann hinaufsteigt, so gelangt sie zu zwey letzten Begriffen, bey denen sie stille stehen und ihre Grenzen bekennen muß. Sie unterscheidet in dem Menschen etwas, das bleibt, und etwas, das sich unaufhörlich verändert. Das bleibende nennt sie seine Person, das wechselnde seinen Zustand. [...] In dem absoluten Subjekt allein beharren mit der Persönlichkeit auch alle ihre Bestimmungen, weil sie aus der Persönlichkeit fließen. Alles was die Gottheit ist, ist sie deswegen, weil sie ist; sie ist folglich alles auf ewig, weil sie ewig ist.[41]

Obgleich nun ein unendliches Wesen, eine Gottheit, nicht werden kann, so muß man doch eine Tendenz göttlich nennen, die das eigentlichste Merkmal der Gottheit, absolute Verkündigung des Vermögens (Wirklichkeit alles Möglichen) und absolute Einheit des Erscheinens (Nothwendigkeit alles Wirklichen), zu ihrer unendlichen Aufgabe hat. Die Anlage zu der Gottheit trägt der Mensch unwidersprechlich in seiner Persönlichkeit in sich; der Weg zu der Gottheit, wenn man einen Weg nennen kann, was niemals zum Ziele führt, ist ihm aufgetan in den Sinnen.[42]

> Hieraus fließen nun zwey entgegengesetzte Anforderungen an den Menschen, die zwey Fundamentalgesetze der sinnlich-vernünftigen Natur. Das erste dringt auf absolute Realität: er soll alles zur Welt machen, was bloß Form ist, und alle seine Anlagen zur Erscheinung bringen: das zweyte dringt auf absolute Formalität: er soll alles in sich vertilgen, was bloß Welt ist, und Uebereinstimmung in alle seine Veränderungen bringen; mit anderen Worten: er soll alles innre veräußern und alles äussere formen. Beyde Aufgaben, in ihrer höchsten Erfüllung gedacht, führen zu dem Begriff der Gottheit zurück, von dem ich ausgegangen bin.[43]

Den 12. Brief beginnt er dann mit den Worten:

> Zur Erfüllung dieser doppelten Aufgabe, das Nothwendige in uns zur Wirklichkeit zu bringen und das Wirkliche ausser uns dem Gesetz der Nothwendigkeit zu unterwerfen, werden wir durch zwey entgegengesetzte Kräfte gedrungen, die man, weil sie uns antreiben ihr Objekt zu verwirklichen, ganz schicklich Triebe nennt. Der erste dieser Triebe, den ich den sinnlichen nennen will, geht aus von dem physischen Daseyn des Menschen oder von seiner sinnlichen Natur, und ist beschäftigt, ihn in die Schranken der Zeit zu setzen und zur Materie zu machen [...] mithin fordert dieser Trieb, daß Veränderung sey, daß die Zeit einen Inhalt habe. [...] Der zweyte jener Triebe, den man den Formtrieb nennen kann, geht aus von dem absoluten Daseyn des Menschen oder von seiner vernünftigen

41 Ebd., S.43.
42 Ebd., S. 45.
43 Ebd., S. 46.

> Natur, und ist bestrebt, ihn in Freyheit zu setzen, Harmonie in die Verschiedenheit seines Erscheinens zu bringen, und bey allem Wechsel des Zustands seine Person zu behaupten.[44]

Schiller sieht die beiden Triebe jedoch nicht in ihrer Gegensätzlichkeit, sondern, wie er im 13. Brief erklärt, in ihrer Wechselwirkung. In diesem Zusammenhang verweist er auf Fichtes *Grundlagen der gesamten Wissenschaftslehre,*[45] die 1793 und '94 heftig diskutiert wurden. „Sie sind", sagt er von den Trieben,

> einander also von Natur nicht entgegengesetzt, und wenn sie demohngeachtet so erscheinen, so sind sie es erst geworden durch eine freye Uebertretung der Natur, indem sie sich selbst misverstehen, und ihre Sphären verwirren. Ueber diese zu wachen, und einem jeden dieser beyden Triebe seine Grenzen zu sichern, ist die Aufgabe der Kultur, die also beyden eine gleiche Gerechtigkeit schuldig ist, und nicht bloß den vernünftigen Trieb gegen den sinnlichen, sondern auch diesen gegen jenen zu behaupten hat.[46]

Veränderung und Form im *Sinnlichen Trieb* und im *Formtrieb* stehen damit in engem Zusammenhang zu den Prinzipen der Orientierung auf Vielfalt und Abwechslung und der Suche nach Gesetz und Wahrheit und nach deren Bewahrung und Ewigkeit. Im Ideal eines Ausgleichs zwischen beiden Trieben sieht Schiller einen Bezug zur Göttlichkeit, und im Zusammenwirken beider erkennt er den *Spieltrieb*: „Der sinnliche Trieb will", schreibt er im 14. Brief, „daß Veränderung sey, daß die Zeit einen Inhalt habe; der Formtrieb will, daß die Zeit aufgehoben, daß keine Veränderung sey. Derjenige Trieb also, in welchem beyde verbunden wirken, [...] der Spieltrieb also würde dahin gerichtet seyn, die Zeit in der Zeit aufzuheben, Werden mit absolutem Seyn, Veränderung mit Identität zu vereinbaren."[47]

Auch wenn bei Schiller der Mensch und der ihm innewohnende, nach Göttlichkeit strebende Ausgleich in den Vordergrund tritt, so zeigen sich in der Zweiteilung und in der Beziehungskonstellation der Triebe doch auffällige Ähnlichkeiten zu Aristoteles' *Nikomachischer Ethik*, nicht zuletzt auch in dem Gedanken, dass mit der Dominanz der *varietas* als „freye Übertretung der Natur" zwar nicht „Minderwertigkeit", aber doch eine Distanz zur Göttlichkeit entsteht.

6 Modell und Regel

Die antiken Oppositionen, in denen *Vielfalt* und *Gesetz* und *Veränderung* und *Ewigkeit* im Konflikt stehen, so denke ich, begleiteten von Beginn an auch den Diskurs um Modelle. Ursprünglich ging es bei der Entwicklung von Modellen vermutlich

44 Ebd., S. 46–48.

45 Johann Gottlieb Fichte, *Grundlage der gesamten Wissenschaftslehre als Handschrift für seine Zuhörer* (1794), Einl. und Reg. von Wilhelm G. Jacobs, Hamburg 1997.

46 Schiller, *Über die ästhetische Erziehung des Menschen*, S. 50f.

47 Ebd., S. 56f.

um das Bedürfnis, Regeln zu finden, deren Anwendung eine angemessene und erfolgreiche Gestaltung sichern und die helfen, zu einem intendierten Optimum im Ziel zu gelangen. Offenbar sollten Modelle Gesetzescharakter haben. Aber man musste doch auch immer wieder der *varietas* Raum geben und damit das Wagnis eingehen, in der Gestaltung zu scheitern und das Optimum im Ziel zu verfehlen. Mit diesem Risiko gewann man zugleich die Chance der Innovation, der Bewahrung der Lebendigkeit und der Vermehrung der Vielfalt, von der ja nicht nur Cicero und Phaedrus wussten, dass sie Freude bereitet, sondern auch Aristoteles. Denn ausschließliche Verpflichtung gegenüber dem Gesetz, auch das wurde schon gesehen, barg die Gefahr der Erstarrung und Gleichförmigkeit. Diese Beobachtung, wenn es denn gerechtfertigt ist, sie zu einem allgemeinen Phänomen zu erheben, setzt Regeln und Modelle in eine gewisse Konkurrenz zueinander. Regeln, so könnte man grob sagen, sind Ausdruck der Überzeugung von Notwendigkeit und Gesetz, während Modelle, die der Vielfalt eine Form geben, kontingent sind. Denn eher noch als Regeln könnten Modelle auch anders sein, und anders als Regeln lassen Modelle Spielraum bei ihrem Gebrauch.

Das Modellsein ist durch eine *epistemische* und eine diese konstituierende *operationale* Kontextstruktur charakterisiert.[48] Die für Modelle typische Verknüpfung von Kontextbeziehungen findet sich ebenso bei Regeln, so dass es gerechtfertigt ist, auch eine Regel als Modell zu befragen. Regeln haben, wenn sie nicht einfach gesetzt sind, ihren Ursprung in der Erfahrung, die in der Vergangenheit liegt, und sie finden ihre Rechtfertigung in der wiederholten Bestätigung durch ihren Gebrauch. Modelle dagegen können der Phantasie entstammen und das Bild einer zukünftigen Realität malen. Bestätigt werden Modelle dann möglicherweise schon in nur einer einzigen Verwirklichung. Wir verbinden mit einer Regel selten einen umfassenden Zusammenhang, während uns Modelle oft dazu dienen, die Kohärenz und Konsistenz einer Gesamtheit zu begründen. Der entscheidende Unterschied zwischen beiden liegt jedoch in der Intention ihrer Herstellung oder Wahl und in den mit ihrem Gebrauch verbundenen Erwartungen. Charakteristisch für das allgemeine Verständnis von Regeln ist die Zweifelsfreiheit, mit der sie bedacht werden. Anders als Regeln können Modelle den Zweck, ihren Cargo auf das zu übertragen, was durch ihre Anwendung entsteht, nur möglicherweise erfüllen. Während Regeln *Notwendigkeit* und *Sicherheit* im Hinblick auf ein zu erreichendes Ziel zugeschrieben wird und ihnen dadurch etwas Zwingendes an-

48 Zur Theorie des Modellseins siehe: Bernd Mahr, „Ein Modell des Modellseins. Ein Beitrag zur Aufklärung des Modellbegriffs", in: *Modelle*, hg. von Ulrich Dirks und Eberhard Knobloch, Berlin 2008, S.187–218; Bernd Mahr, „Cargo. Zum Verhältnis von Bild und Modell", in: *Visuelle Modelle*, hg. von Ingeborg Reichle, Steffen Siegel und Achim Spelten, München 2008, S. 17–40; Bernd Mahr, „Die Informatik und die Logik der Modelle", in: *Informatik Spektrum*, 32/3 (2009), S. 228–249; Bernd Mahr, „On the Epistemology of Models", in: *Rethinking Epistemology*, hg. von Günter Abel und James Conant, Volume 1, Berlin/Boston 2011, S. 301–352; Bernd Mahr, „Modelle und ihre Befragbarkeit. Grundlagen einer allgemeinen Modelltheorie", in: *Erwägen, Wissen, Ethik* 26/3 (2015), S. 329–342 sowie Reinhard Wendler, *Das Modell zwischen Kunst und Wissenschaft*, München 2013.

haftet, wird Modellen meist eine aus ihrer Wahl oder Herstellung herrührende *Subjektivität* und *Kontingenz* zugestanden und ihrer Anwendung nicht selten der Charakter eines Experiments. Bei Modellen ist neben ihrer Herstellung oder Wahl im Allgemeinen auch ihre Anwendung mit Freiheiten verbunden. Die Anwendung einer Regel dagegen hat meist stark eingeschränkte und zudem meist auch nur kontrollierte Freiheitsgrade. Oft liegen diese in der Parametrisierung gekennzeichneter freier Parameter, die die Regel zu einem Schema macht. Im Alltag interessieren uns Regeln nicht und meist wollen wir nicht wissen, was sie uns sagen. Von diesem Umgang mit Regeln spricht Wittgenstein in seinen *Philosophischen Untersuchungen*:

> ‚Die Linie gibt's mir ein, wie ich gehen soll'. – Aber das ist natürlich nur ein Bild. Und urteile ich, sie gebe mir, gleichsam verantwortungslos, dies oder das ein, so würde ich nicht sagen, ich folgte ihr als einer Regel. (§ 222). Man fühlt nicht, daß man immer des Winkes (der Einflüsterung) der Regel gewärtig sein muß. Im Gegenteil. Wir sind nicht gespannt darauf, was sie uns jetzt wohl sagen wird, sondern sie sagt uns immer dasselbe, und wir tun, was sie uns sagt. Man könnte dem, den man abrichtet, sagen: ‚Sieh, ich tue immer das Gleiche: ich…' (§ 223).[49]

Weil sich der Gebrauch von Modellen und Regeln in dieser Weise unterscheidet, ist es in der Sache nicht begründet, an Modelle und ihre Anwendung Anforderungen zu stellen, die dem Modus der Notwendigkeit und dem Diktum der Regeltreue entlehnt sind. Modelle, die auf solche Anforderungen beschränkt sind, werden zu Regeln. Nun haben Modelle als Regeln eine lange Tradition, vor allem dann, wenn sie mit der Forderung nach weitgehender Ähnlichkeit mit ihrem Referenzobjekt belegt sind, *von dem* oder *für das* sie Modell sind. Plinius der Ältere erzählt im 35. Buch seiner *Naturalis Historia* die Geschichte der Erfindung des Töpfers Butades, der als Erster für die Herstellung eines porträtähnlichen Bildes aus Ton (*similitudo*) einen Schattenriss als Modell benutzt haben soll.[50] Und direkt im Anschluss an die Butades-Legende berichtet er, dass es Lysistratos aus Sikyon als erster unternommen habe, „das Bild eines Menschen am Gesicht selbst in Gips abzuformen und Wachs in diese Gipsform zu gießen und es dann zu verbessern". Er „machte es sich auch zur Aufgabe", schreibt Plinius, „den Bildern Ähnlichkeit zu verleihen [similitudines reddere]; vorher bemühte man sich nur um eine möglichst schöne Ausführung."[51] Wenn man dagegen das Besondere an Modellen in den Freiheiten ausmacht, die sie als Mittel der Gestaltung gewähren, und wenn man insbesondere in ihrer Unschärfe einen nutzbaren Wert erkennt,[52]

49 Ludwig Wittgenstein, „Philosophische Untersuchungen", in: ders., *Schriften*, Frankfurt a. M. 1960, Bd. 1, S. 279–544, hier S. 387.

50 Vgl. Gaius Plinius Secundus, *Naturalis Historiae Libri XXXVII, Buch XXXV: Farben, Malerei, Plastik*, hg. von Roderich König und Gerhard Winkler, Berlin/Boston 2011, § 151, S. 114.

51 Ebd., XXXV, § 153, S. 117.

52 Vgl. Wendler, *Das Modell zwischen Kunst und Wissenschaft*, S. 85–89.

Moduli der dorischen Hexastylosfront nach Vitruv

	Moduli		Moduli
1) Stylobatbreite	42 M	13) Regula samt Guttae	$\frac{1}{6}$ M
2) SUD	2 M	14) Frieshöhe	$1\frac{1}{2}$ M
3) SOD	$1\frac{2}{3}$ M	15) Triglyphenbreite	1 M
4) SH	14 M	16) Schlitz und Steg	je $\frac{1}{6}$ M
5) Kapitellhöhe	1 M	17) Halbglyphe	$\frac{1}{12}$ M
6) Abakusseitenlänge	$2\frac{1}{6}$ M	18) Triglyphenkopf	$\frac{1}{6}$ M
7) Abakushöhe	$\frac{1}{3}$ M	19) Metopenseitenlänge	$1\frac{1}{2}$ M
8) Echinushöhe	$\frac{1}{3}$ M	20) Eck-Restmetope	$\frac{1}{3}$ M
9) Säulenhals	$\frac{1}{3}$ M	21) Geisonhöhe	$\frac{1}{2}$ M
10) Architravhöhe	1 M	22) Geisonausladung	$\frac{2}{3}$ M
11) Architravstärke	$1\frac{2}{3}$ M	23) Normaljoch	$7\frac{1}{2}$ M
12) Architravtänie	$\frac{1}{7}$ M	24) Frontmitteljoch	10 M

Tabelle 1: *Moduli der dorischen Hexastylosfront nach Vitruv.*
Aus: Heiner Knell, *Vitruvs Architekturtheorie. Versuch einer Interpretation,*
Darmstadt 1985, S. 88.

dann sind Modelle als Regeln, die keinen Spielraum lassen und die sich einer Hinterfragung entziehen, eher ein Paradox. Der Preis für die dem Gedanken des Modells innewohnenden Freiheiten sind allerdings die Risiken des Irrtums und des Misslingens. In diesen Risiken liegt auch der Grund für die Geringschätzung von Modellen in der Hierarchie des erkennenden Weltbezugs, die Platon im *Staat* mit seinem Liniengleichnis begründet.[53]

7 Modell und Risiko bei Vitruv

Um das Jahr 15 v. Chr. legte Vitruv eine ihrem Anspruch nach umfassende Architekturtheorie vor. Seine *Decem Libri de Architectura*[54] sind der einzige aus der Antike erhaltene Architekturtraktat. Sie sind ein Kompendium von Gestaltungsregeln und Bauvorschriften, die in einen Rahmen der Verherrlichung der Architektur als Leitwissenschaft kultureller Entwicklung eingebettet sind. Vitruvs Architektur-

53 Platon, *Der Staat,* übers. von Rüdiger Rufener und hg. von Thomas A. Szlezák, Düsseldorf/Zürich 2000, 509 d–511 e, S. 557–563.

54 Vitruv, *De architectura libri decem/Zehn Bücher über Architektur,* übers. von Curt Fensterbusch, Darmstadt 1981.

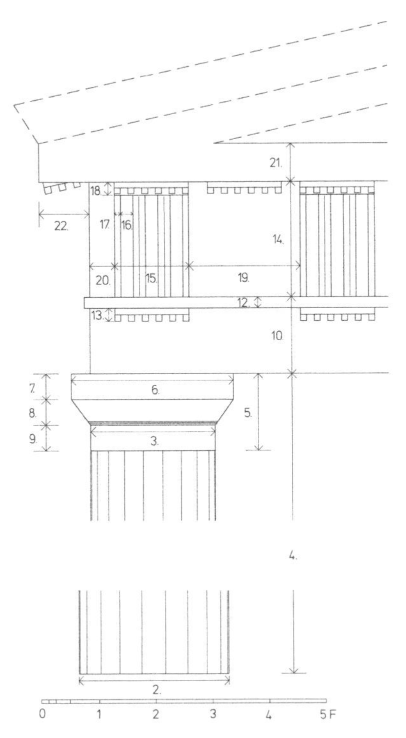

Abb. 3: *Dorischer Tempel-Entwurf nach Vitruv. Ausschnitt des Frontaufrisses.*
Aus: Heiner Knell, *Vitruvs Architekturtheorie. Versuch einer Interpretation,*
Darmstadt 1985, Abb. 32.

theorie hatte in der Zeit der Renaissance und später, bis ins 19. Jahrhundert hinein, dominierenden Einfluss auf die Baugeschichte.[55] Es geht Vitruv in seiner Theorie um ein durchgängiges System von Gesetzen und Bauanweisungen, deren Einhaltung in der Öffentlichkeit Gefallen findet und die dem Architekten für lange Zeit Ruhm garantieren. Die Formgebung von Tempeln, schreibt er, beruhe „auf Symmetrie, an deren Gesetze sich die Architekten peinlichst genau halten müssen." [56] Durch die Beachtung dieser Gesetze hätten „auch die berühmten Maler und Bildhauer großen und unbegrenzten Ruhm erlangt."[57]

Grundlegendes Element seines Systems ist die in Zahlen ausgedrückte regelhafte Beziehung des Ganzen zu seinen Teilen, deren Proportionen die Symmetrien erzeugen, die die Eurythmie des architektonischen Werkes realisieren. Maßeinheit der Proportionen ist der *modulus,* der als „berechneter Teil" als eine am

55 Vgl. Hanno-Walter Kruft, *Geschichte der Architekturtheorie. Von der Antike bis zur Gegenwart.* München 1995.
56 Vitruv, *De architectura,* Liber tertius, I (1), S. 137.
57 Ebd., Liber tertius, I (2), S. 139.

Bau befindliche Größe vorkommt (beim Bau einer Säulenfront ist der *modulus* der halbe Durchmesser des unteren Teils der Säule). Das auf Vitruv zurückgehende lateinische Wort *modulus* wurde zur etymologischen Wurzel unseres heutigen Wortes *Modell*.[58]

Obwohl es Vitruv um ein Regelwerk geht, das einem als innere Wahrheit, Notwendigkeit und Regeltreue verstandenen Gesetz verpflichtet ist, gibt es mehrere Gründe, seine Architekturtheorie auch als Modelltheorie zu lesen: Seine Symmetrie-Regeln weisen die epistemische und operationale Kontextstruktur auf, die Modelle auszeichnet; er stützt sie auf Erfahrungen, Beobachtungen und Messungen und verbindet sie mit einem deutlich bestimmten Zweck. Seine gestalterischen Festlegungen bilden einen Zusammenhang, der dazu dient, eine kohärente und konsistente Gesamtheit zu gestalten, seine Maßangaben sind keine starren Wiedergaben der Proportionen existierender Bauwerke, sondern Idealisierungen, bei denen er selbst gestaltend eingegriffen hat.[59] Die Anwendung seiner Vorschriften ist zumindest in Grenzen mit Freiheiten und Variationsmöglichkeiten verbunden.[60] Zudem ist Vitruvs Architekturtheorie kontingent, denn sie könnte auch anders sein.

Bei allem Wunsch nach Regeltreue sieht sich Vitruv gezwungen, Abweichungen von seinen Vorschriften zuzulassen, um die Eindeutigkeit der Eurythmie zu gewährleisten und optische Irritationen zu korrigieren. Resümierend schreibt er dazu:

> Da also, was wirklich ist, falsch gesehen wird und manche Dinge von den Augen anders beurteilt werden als sie sind, glaube ich, daß es nicht zweifelhaft sein darf, daß im Hinblick auf die Natur des Ortes oder andere zwingende Umstände Abzüge oder Zusätze (zu den errechneten Größenverhältnissen der Bauglieder) gemacht werden müssen, aber so, daß nichts an diesen Bauwerken beanstandet wird. Das aber wird auch durch angeborenes ästhetisches Empfinden, nicht durch wissenschaftliche Lehren allein erreicht.[61]

Er schließt auch Variationen nicht aus, um den Bau von Privathäusern dem sozialen Status und wirtschaftlichen Vermögen ihrer Bauherren anzupassen.[62] Und er lässt schließlich auch Gestaltungsspielräume zu, um individuellen Vorlieben zu entsprechen. Aber er rechtfertigt seine Zugeständnisse an die *varietas* nicht mit der Freude, die die Abwechslung mit sich bringt, wie Phaedrus dies tat, sondern immer nur mit großer Zurückhaltung und immer versehen mit einer (zuweilen

58 Vgl. Bernd Mahr, „Modellieren. Beobachtungen und Gedanken zur Geschichte des Modellbegriffs", in: *Bild Schrift Zahl*, hg. von Horst Bredekamp und Sybille Krämer, München 2003, S. 59–86.

59 Vitruv, *De architectura*, Liber quartus, S. 171–173.

60 Ebd., S. 166–174.

61 Ebd., Liber sextus, II (4), S. 271–273.

62 Ebd., V (1, 2), S. 283.

auch polemischen) Warnung vor Übermaß und Unangemessenheit, wie im Fall moderner Buntheit in der Wandmalerei, die ihm zuwider ist.[63] Man gewinnt bei der Lektüre seiner Bücher den Eindruck, dass Vitruv der *varietas* eine grundlegende Skepsis und Ablehnung entgegenbringt.

8 Modell und Risiko bei Alberti

Leon Battista Alberti, der mit seinen um 1450 verfassten *Zehn Büchern über die Baukunst*[64] eine direkte Relation zu Vitruv herstellt, fasst die *varietas* freier. Er nimmt Bezug auf die Abwechslung, die erfreut, und stimmt die Rolle von Modellen auf diese Freiheit ab. Aber auch er kann nicht über Gestaltungsspielräume bei der Herstellung von Gebäuden sprechen, ohne zugleich vor deren Risiken zu warnen. Er geht nicht mehr von der Regelhaftigkeit eines Werkes aus, die als Ideal aus Vorbildern abgeleitet ist und die so zum Modell wird, sondern er etabliert ein Ideal der Schönheit und der Richtigkeit des Besten: ein Optimum, das mithilfe von Modellen zu erreichen ist.

Schönheit, definiert er, ist „eine bestimmte gesetzmäßige Übereinstimmung aller Teile, was immer für einer Sache [...], die darin besteht, daß man weder etwas hinzufügen noch hinwegnehmen oder verändern könnte, ohne sie weniger gefällig zu machen."[65] Und aus dieser auf Gesetzmäßigkeit gegründeten Maßgabe des Optimums ergibt sich dann, wie man bauen muss:

> Man baue daher so, daß man an Gliedern nie mehr wünscht, als vorhanden sind, und nichts, was vorhanden ist, irgendwie getadelt werden kann. Doch soll damit nicht gesagt sein, daß man alles mit ein und demselben Linienzuge und nach demselben Schema entwerfe, so daß nirgends ein Unterschied ist, sondern anderes wird uns gefallen, wenn es größer, anderes uns zusagen, wenn es kleiner ist; anderes wird wieder aus der Mittelstellung zwischen diesen beiden Lob ernten. Manches wird durch seine aufrechten Linien Gefallen erwecken, manches wieder durch seine gekrümmten, und schließlich wird wieder anderes mit beiderlei Linienzug gebilligt werden; nur das eine meide, wovor ich dringend warne, daß du nicht in den Fehler verfällst, ein Ungeheuer mit ungleichen Schultern und Seiten geschaffen zu haben. Eine Würze zwar des Geschmackes ist die Verschiedenheit, wenn sie durch die wechselseitige Gleichförmigkeit der auseinanderliegenden Dinge untereinander eine sichere Grundlage hat; wenn aber infolgedessen alles einander in aufgelöster und unvereinbarer Ungleichheit sich widerspricht, so wird sie vollkommen sinnlos sein. Denn wie bei der Lyra, wenn die tiefen Stimmen zu den hellen gestimmt sind, und die in der Mitte zwischen beiden liegenden harmonisch miterklingen, aus der Verschiedenheit der Stimmen ein voller und herrlicher

63 Ebd., Liber septimus, V (1–8), S. 333–337.
64 Leon Battista Alberti, *Zehn Bücher über die Baukunst*, übers. von Max Theuer, Darmstadt 1991.
65 Ebd., Sechstes Buch, II, S. 293.

> Zusammenklang entsteht, der unsere Sinne in ganz eigener Weise gefangen nimmt und fesselt, so geht es auch mit allen anderen Dingen, die unsere Sinne zu bewegen und zu ergreifen imstande sind. Übrigens wird dies, wie's der Zweck, das Behagen und auch die löbliche Gewohnheit der Erfahrenen erheischt, auszuführen sein. Denn gegen die Gewohnheit in vieler Hinsicht anzukämpfen, bringt wohl Dank, doch auch ihr beizustimmen, ist ein Gewinn und von großem Vorteil. Sobald daher alle anderen hervorragenden Architekten durch ihre Werke offenbar zum Ausdruck brachten, daß hier am besten die Dorische, die Jonische, die Korinthische oder Toskanische Ordnung am Platze sei, so werden wir nicht durch bloße Übertragung ihrer Zeichnung auf unseren Bau wie durch Gesetze gebunden daran festhalten, sondern wir werden durch ihr Beispiel angeeifert, durch neue, bessere Entwürfe gleiches und womöglich noch größeres Lob zu ernten suchen.[66]

Vielleicht ist Albertis Plädoyer für einen harmonischen Ausgleich zwischen dem Einfachen und der Verschiedenheit und sein Sowohl-als-auch von Gewohnheit und das Ankämpfen gegen sie eine Replik auf Aristoteles, der mit seinem Verweis auf Gott die Vielfalt gegen die Einfachheit ausspielt. In jedem Fall aber wird für Alberti das Streben nach diesem Ausgleich zu einer neu bestimmten inneren Wahrheit im Werk. Denn das Optimum, das die Schönheit ist, ist nicht beliebig. Es liegt nicht im freien Urteil. „Die Schönheit", sagt er an einer anderen Stelle, „ist eine Übereinstimmung und ein Zusammenhang der Teile zu einem Ganzen, das nach einer bestimmten Zahl, einer besonderen Beziehung und Anordnung ausgeführt wurde, wie es das Ebenmaß, das heißt das vollkommenste und oberste Naturgesetz fordert."[67]

Dabei sind Modelle für Alberti nicht einfach Repräsentationen dieses Gesetzes, wie sie es noch für Vitruv waren, sondern praktische Mittel, die dazu dienen, die innere Wahrheit des Werkes zu erreichen: „Erwäge alles [...]", schreibt er,

> und zugleich ziehe Fachleute zu Rate, indem Du von Deinen Modellen Kopien machen läßt. An diesen geh, bitte, zweimal, dreimal, viermal, siebenmal, ja zehnmal mit Unterbrechungen und zu verschiedenen Zeiten alle Teile des zukünftigen Bauwerkes durch, bis es von den untersten Wurzeln bis zum obersten Ziegelstein nichts Unbekanntes, nichts Offenbares, nichts Großes und nichts Kleines am ganzen Bauwerk geben wird, von dem Du nicht lange und oft vorher erwogen, festgesetzt und bestimmt hast, mit welchen Mitteln, an welchen Stellen, nach welcher Ordnung es am besten versetzt, angeschlossen und zugerichtet werden soll und kann.[68]

66 Ebd., Erstes Buch, IX, S. 49f.
67 Ebd., Neuntes Buch, V, S. 492.
68 Ebd., Neuntes Buch, XIII, S. 511.

Ähnlich wie die Logik, die bei Frege dazu dient, die Wahrheit nicht zu verfehlen, vermeiden also auch Modelle ein Risiko. Da Modelle, die so in den Prozess der Gestaltung eingebunden sind, nicht von vorne herein schon Regeln sein können, ist ihr Gebrauch auch nicht von Risiken frei.

9 Schluss

Zum Konflikt im Prinzip der *varietas* und zum Risiko des Gebrauchs von Modellen, das sich daraus ergibt, könnte sehr viel mehr gesagt werden. Dafür müssten insbesondere die Bedeutungen des Begriffs *varietas* differenziert werden, um die sich in ihnen ausdrückenden Gemeinsamkeiten und Abweichungen zu schärfen. Aber wohin würde das führen? Ich denke, dass sich der Konflikt in der *varietas* und die Bemühungen um einen Ausgleich auch noch an neueren Modelltheorien nachweisen ließen. Dabei würde sich zeigen, dass mit der modernen Entwicklung von Modelltechniken der Ausgleich zunehmend zum Gegenstand der Regulierung wird, bis hin zu Metamodellen, die die Freiheiten des Modellgebrauchs selbst zum Gegenstand der Gestaltung machen. Durch analysierende Untersuchungen mit dem Modell des Modellseins[69] könnte man erkennen, wie der Konflikt genauer zu differenzieren wäre und wie sich die darauf beruhenden Risiken des Gebrauchs von Modellen klassifizieren ließen.

Bibliographie

Quellen

Alberti, Leon Battista, *Zehn Bücher über die Baukunst*, übers. von Max Theuer, Darmstadt 1991.

Aristoteles, *Nikomachische Ethik*, übers. von Franz Dirlmeier, Stuttgart 2013.

–, *Rhetorik*, hg. und übers. von Gernot Krapinger, Stuttgart 2005.

Cicero, Markus Tullius, *De natura deorum. Vom Wesen der Götter*, hg. von Olof Gigon, Zürich 1996.

–, *De oratore. Über den Redner*, hg. und übers. von Harald Merklin, Stuttgart 1976.

Euripides, „Orestes", in: *Euripides. Sämtliche Tragödien und Fragmente*, übers. von Ernst Buschor, hg. von Gustav Adolf Seeck, Darmstadt 1977, Bd. V., S. 5–130.

Fichte, Johann Gottlieb, *Grundlage der gesamten Wissenschaftslehre als Handschrift für seine Zuhörer*, Einl. und Reg. von Wilhelm G. Jacobs, Hamburg 1997.

Frege, Gottlob, „Logik", in: ders., *Schriften zur Logik und Sprachphilosophie. Aus dem Nachlass*, hg. von Gottfried Gabriel, Hamburg 1971, S. 35–73.

Goethe, Johann Wolfgang von, „Vorspiel auf dem Theater", in: ders., *Faust. Eine Tragödie*, Tübingen 1808, S. 9–19.

Leibniz, Gottfried Wilhelm, „Zum Begriff der Möglichkeit", in: ders., *Kleine Schriften zur Metaphysik*, hg. und übers. von Hans Heinz Holz, Frankfurt a. M. 1996, S. 172–189.

Parmenides, *Vom Wesen des Seienden. Die Fragmente*, hg. und übers. von Uvo Hölscher, Frankfurt a. M. 1969.

69 Vgl. Mahr, „Modelle und ihre Befragbarkeit".

Phaedrus, *Liber Fabularum. Fabelbuch*, hg. und übers. von Friedrich Rückert und Otto Schönberger, Stuttgart 1975.
Platon, *Der Staat*, übers. von Rüdiger Rufener und hg. von Thomas Alexander Szlezák, Düsseldorf/Zürich 2000.
Plinius Secundus, Gaius, *Naturalis Historiae libris XXXV, Buch XXXV: Farben, Malerei, Plastik*, hg. von Roderich König und Gerhard Winkler, Berlin/Boston 2011.
Schiller, Friedrich, *Über die ästhetische Erziehung des Menschen in einer Reihe von Briefen*, hg. von Klaus L. Berghahn, Stuttgart 2000.
Vitruv, *De architectura libri decem/Zehn Bücher über Architektur*, übers. von Curt Fensterbusch, Darmstadt 1981.
Wittgenstein, Ludwig, „Philosophische Untersuchungen", in: ders., *Schriften*, Frankfurt a. M. 1960, Bd. 1, S. 279–544.

Sekundärliteratur

Kruft, Hanno-Walter, *Geschichte der Architekturtheorie. Von der Antike bis zur Gegenwart*, München 1995.
Mahr, Bernd, „Cargo. Zum Verhältnis von Bild und Modell", in: *Visuelle Modelle*, hg. von Ingeborg Reichle, Steffen Siegel und Achim Spelten, München 2008, S. 17–40.
–, „Die Informatik und die Logik der Modelle", in: *Informatik Spektrum* 32/3 (2009), S. 228–249.
–, „On the Epistemology of Models", in: *Rethinking Epistemology*, hg. von Günter Abel und James Conant, Volume I, Berlin/Boston 2011, Bd. 1, S. 301–352.
–, „Ein Modell des Modellseins. Ein Beitrag zur Aufklärung des Modellbegriffs", in: *Modelle*, hg. von Ulrich Dirks und Eberhard Knobloch, Berlin 2008, S. 187–218.
–, „Modelle und ihre Befragbarkeit. Grundlagen einer allgemeinen Modelltheorie", in: *Erwägen, Wissen, Ethik* 26/3 (2015), S. 329–342.
–, „Modellieren. Beobachtungen und Gedanken zur Geschichte des Modellbegriffs", in: *Bild Schrift Zahl*, hg. von Horst Bredekamp und Sybille Krämer, München 2003.
Weber, Horst, „Varietas, variatio/Variation, Variante", in: *Handwörterbuch der musikalischen Terminologie*, Ordner VI: Si–Z, hg. von Albrecht Riethmüller, Stuttgart 1986, URL: www.sim.spk-berlin.de (1.8.2019).
Wendler, Reinhard, *Das Modell zwischen Kunst und Wissenschaft*, München 2013.

Onlinequellen

„varietas", in: Pons Online-Wörterbuch,
URL: https://de.pons.com/übersetzung?q=varietas&l=dela&in=&lf=de (1.8.2019).

Am Nullpunkt des Wissens. Platon mit Euklid

Wolfgang Schäffner

Es gibt nur wenige Modelle, die in grundlegender Weise das Wissen Europas geprägt haben und zugleich als Wissens-Modell eine über 2300-jährige kontinuierliche Geschichte aufweisen. Die geometrischen Gesetze des Pythagoras oder Euklid gelten immer noch, trotz aller nichteuklidischer Geometrien: ein geometrisches Modell also, das eine besondere *long durée* aufweist. Ganz in diesem Sinne heißt es in Husserls „Ursprung der Geometrie":

> Der Pythagoreische Satz, die ganze Geometrie existiert nur einmal, wie oft sie und sogar in welcher Sprache immer sie ausgedrückt sein mögen. Sie ist identisch dieselbe in der ›originalen Sprache‹ Euklids und in allen ›Übersetzungen‹; in jeder Sprache abermals dieselbe, wie oft sie sinnlich geäußert worden ist, von der originalen Aussprache und Niederschrift an in den zahllosen mündlichen Äußerungen oder schriftlichen und sonstigen Dokumentierungen.[1]

Solche idealen Objekte, wie sie die Mathematik seit Platon, aber besonders auch seit dem 19. Jahrhundert schätzt, sind der Ausgangspunkt meiner Überlegungen, bei denen es um den Modellcharakter der Geometrie als Wissensform geht. Einerseits also eine geradezu monolithische Übertragung eines Modells, eines geometrischen Codes über Jahrhunderte hinweg; doch andererseits, und das ist der eigentliche Gegenstand, um den es mir geht, gibt es innerhalb diese Modells eine Variante, die genau besehen, ein sehr radikales und konkurrierendes Modell der Geometrie betrifft, eine eigentümliche Überlagerung und Konkurrenz, deren Geschichte eigentlich unbekannt ist und die erst in der Frühen Neuzeit aktiviert wird und als solche vielleicht sogar erst in unserer Gegenwart die volle Sprengkraft entwickelt.

Die Folie, vor der sich die Geschichte dieses komplementären Modells entwickelt, ist die Geschichte des Modells der griechischen Geometrie, die anhebt mit der klassischen, immer noch gültigen ersten euklidischen Definition, die wir alle kennen und mit der Euklid das Element aller Elemente einführt: „Der Punkt hat keine Teile." Dies ist das Modell eines Ursprungs, das als passives und atomistisches Minimalelement den Anfang aller räumlichen Ausdehnung darstellt. Es

1 Edmund Husserl, „Ursprung der Geometrie (1936)", in: Jacques Derrida, *Husserls Weg in die Geschichte am Leitfaden der Geometrie. Ein Kommentar zur Beilage III der ‚Krisis'*, übers. von Rüdiger Hentschel und Andreas Knop, Vorwort von Rudolf Bernet, München 2001, S. 204–232, hier S. 208.

ist in diesem Sinne ein Grenzobjekt, das eigentlich nichts und doch schon etwas ist. Dieses Modell gründet in der Punkt-Einheit, der μονάς, die in der pythagoreischen Mathematik als Ursprungselement schlechthin gilt und trotz aller Veränderungen bis in die Frühe Neuzeit Bestand haben sollte.[2] Diese Punkt-Einheit besagt zunächst nichts weiter, als dass der Punkt und die Eins sich als Basiselemente von Geometrie und Arithmetik entsprechen. Beide begründen ihre Disziplin, indem sie jeweils deren Ursprung darstellen: Der Punkt ist ebenso Anfang aller Geometrie, wie die Eins den Ursprung aller Zahlen bildet. Diese Punkt-Einheit reiht sich damit in die antiken Begründungsmodelle des Wissens ein: Der Punkt wird zum Ursprungs-Modell und erscheint häufig dann als Anschauungsbeispiel, wenn es ganz allgemein um Ursprungsfragen des Wissens geht. Solche Begründungsfiguren werden ebenso von Philosophen behandelt, selbst wenn es diesen nicht um Geometrie im engeren Sinne geht. So findet die sogenannte pythagoreische Mathematik ebenso wie das philosophische System des Parmenides den zentralen Ausgangspunkt in einer ersten und absoluten Einheit, der Eins, der ἡ μονάς und dem τὸ ἕν. Von diesem Anfangspunkt aus ergeben sich zwei unterschiedliche Formen einer ungeteilten oder unteilbaren Einheit: Zum einen eine „Einheit ohne Lage", die μονάς ἄθετος, die als Ursprung der Zahlen verstanden wird, ohne selbst Zahl zu sein oder Lage und Ausdehnung zu haben;[3] zum anderen die „Einheit mit Lage", die μονάς θέσιν ἔχουσα,[4] also diejenige Einheit, die zudem noch einen Ort hat und deshalb den Ursprung und das Ausgangselement der räumlichen und geometrischen Größen bildet.

Beide Basiselemente sind nicht selber Teil, sondern vielmehr teillose Grenze und Ursprung ihrer jeweiligen Domäne. Dieses Modell, das ein einfaches Äquivalenzverhältnis von Geometrie und Arithmetik bestimmt, wird von Nikomachos auf die Pythagoreer, d. h. auf Philolaos zurückgeführt:[5] Ein Punkt entspricht der

---

2 Zur voreuklidischen Geometrie siehe u. a. Carl Anton Bretschneider, *Geometrie und die Geometer vor Euklides. Ein historischer Versuch,* Wiesbaden 1968 (Reprint von 1870); Oskar Becker (Hg.), *Zur Geschichte der griechischen Mathematik,* Darmstadt 1965; David H. Fowler, *The Mathematics of Plato's Academy. A New Reconstruction,* Oxford 1987.

3 Im Buch XIII der *Metaphysik* von Aristoteles lautet diese Formel: „ἡ γὰρ μονάς στιγμὴ ἄθετός ἐστιν: denn die Einheit ist ein Punkt ohne Lage." Aristoteles, *Metaphysik,* übers. von Hermann Bonitz, hg. und komm. von Horst Seidl, griechischer Text in der Edition von Wilhelm Christ, 2 Bde., Hamburg 1989–1991, 2. Halbband, 1084b 26f., S. 322f.

4 So als Wortlaut in Simplikios' Kommentar zu Aristoteles' Physik: „καὶ γὰρ τῆς γραμμῆς τὰ πέρατα σημεῖα, τὰ δὲ σημεῖα εἶναι μονάδας θέσιν ἐχούσας". Simplicius, *Simplicii in Aristoteles physicorum libros quattuor priores commentaria.* Consilio et auctoritate Academiae Litterarum Regiae Borussicae edidit Hermannus Diels, Berlin 1882, S. 454, 23f., d. i.: 104v 42f. Auch Proklos erwähnt diese Herleitung: „Da nun aber die Pythagoreer den Punkt auch definierten als Einheit mit einer bestimmten Lage (ἐπεὶ δὲ καὶ όι Πυθαγόρειοι το σημεῖον ἀφορίζονται μονάδα προσλαβοῦσαν θέσιν), so ist zu klären, was sie damit eigentlich sagen wollen." Diadochus Proclus, *Kommentar zum ersten Buch von Euklids „Elementen",* übers. und mit textkritischen Anm. von Leander Schönberger, komm. von Max Steck, hg. von Emil Abderhalden, Halle 1945, S. 232; griech: *Procli Diadochi In primum Euclidis elementorum librum commentarii,* hg. von Gottfried Friedlein, Hildesheim 1992 (Reprint von 1873), S. 21f.

5 Vgl. dazu *Nicomachi Gerasini Arithmeticae libri duo,* Paris 1538.

Eins; die Linie entspricht der Zwei; drei Punkte repräsentieren eine Drei und markieren den Winkel, das Dreieck als elementarste Fläche; vier Punkte, von denen einer außerhalb der Ebene des elementaren Winkels liegt, entsprechen dem elementaren dreidimensionalen Körper, dem Tetraeder.[6] Dabei ist die Geometrie von der Arithmetik abgeleitet, d. h. die Zahlen gehen den geometrischen Größen voraus. Denn der Punkt hat als Einheit mit einer Lage gegenüber der arithmetischen Einheit noch einen „Zusatz", wie Aristoteles in der *Analytica posteriora* sagt.[7] Diese Analogie von Arithmetik und Geometrie, die insbesondere von der Aristotelischen Physik transportiert wurde, prägt das europäische Wissen in fundamentaler Weise bis ins frühe 17. Jahrhundert.

Im Folgenden will ich diese Überlegungen zur Geometrie auf den Punkt als den Ursprung der Geometrie zuspitzen, und damit auf ein Modell des Modells, in dem sich diese Fragen in besonderer Weise verdichten. Als solches ist es sicher die „minimalste" Miniatur von denen, die dieser Band in den Blick nehmen will. Das soll in drei Schritten geschehen: Platons Kritik an diesem Modell der Geometrie führt mich auf Euklid und dessen Gegenmodell, das schließlich als frühneuzeitlicher Nullpunkt operativ werden kann.

1 Platons Kritik

Diese Punkt-Einheit scheint die erste Definition der Euklidischen Elemente auf den Punkt zu bringen, als Element aller Elemente. Als solches jedoch war dieses Element immer auch heftigem Zweifel ausgesetzt: Die Konzeptionsform einer Punkt-Einheit, einer Einheit, die eine Lage hat, die neben der στιγμή, dem Stich, zu Platons und Aristoteles' Zeiten bei den Philosophen, Mathematikern und Technikern kursierte, hat aber vor allem Platons Kritik auf sich gezogen. Aristoteles schreibt dazu in der *Metaphysik*:

> Ferner, woher sollen die Punkte (in den Linien) enthalten sein? Gegen ihre Gattung stritt Platon als gegen eine bloß geometrische Erfindung und nannte sie vielmehr den Anfang (ἀρχὴν) der Linie, wofür er auch oft den Ausdruck der ‹unteilbaren Linien› (ἀτόμους γραμμάς) gebrauchte.[8]

---

6 Inwieweit diese Entsprechungen tatsächlich auf die Pythagoreer zurückgehen, ist auf der existierenden Textbasis schwer zu entscheiden. Walter Burkert jedenfalls verweist darauf, dass „kein verläßlicher Anhalt für die Geometrie des Pythagoras und vor allem keinerlei Hinweis auf deren schriftliche Fixierung" existiert. Die grundlegende Bedeutung der Pythagoreer basiert für Burkert daher statt auf Zeugnissen auf dem „Bemühen Späterer [...], durch Rekonstruktion und Uminterpretation eine offenbar als erstaunlich empfundene Lücke zu schließen." Walter Burkert, *Weisheit und Wissenschaft. Studien zu Pythagoras, Philolaos und Platon*, Nürnberg 1962, S. 386 und S. 392.

7 Aristoteles, *Lehre vom Beweis oder Zweite Analytik (Organon IV)*, übers. und mit Anm. versehen von Eugen Rolfes, Einleitung und Bibliographie von Otfried Höffe, Hamburg 1990, 87a 35ff., S. 60.

8 Aristoteles, *Metaphysik*, 992a, S. 64f. Übersetzung leicht verändert.

Dies wird in den Texten Platons insoweit deutlich, wie dort ein eigentümlicher Begriff des Punktes, sei es als μονάς θέσιν ἔχουσα, als στιγμή oder gar als σημεῖον nicht auftaucht. Platons Vorbehalt gegenüber dem Punkt begegnet Aristoteles mit der einfachen Feststellung, dass dieses Zurückgehen bis zum Punkt das Resultat eines konsequenten Vorgehens bedeutet: „Aber es muss doch eine Grenze (περας) der Linie geben, und aus demselben Grunde, aus welchem die Linie existiert, muss auch der Punkt existieren: ὥστ' ἐξ οὗ λόγον γραμμή ἐστι, καὶ στιγμή ἐστιν."[9] Aristoteles kann sich dabei auch insoweit auf Platon selbst beziehen, wie dieser in *Menon* genau solche Überlegungen an geometrischen Objekten, an Flächen und Körpern, durchspielt: σχημα, die Gestalt, charakterisiert sich hier weder durch Formen, wie das Runde oder Gerade, noch durch die Farbe,[10] sondern als „die Grenze des Körpers".[11]

In umgekehrter Weise wird in Platons *Parmenides* das Eine dadurch bestimmt, dass es keine Grenze enthält, weil es weder Anfang noch Ende hat. Damit wird mit der Frage nach der Ungeteiltheit und Räumlichkeit des Einen zwar der Punkt in aller Deutlichkeit eingekreist, ohne aber selbst explizit zum Thema zu werden:

> Weder also kann das Eins ganz sein noch Teile haben, wenn es Eins sein soll. – Freilich nicht. – Wenn es nun gar keinen Teil hat: so hat es doch auch weder Anfang noch Ende noch eine Mitte. Denn dergleichen wären doch schon Teile desselben.[12]

Alle Eigenschaften, um die es hier geht, betreffen in gleicher Weise auch den Punkt.[13] Platons Dialog entspricht damit den überlieferten Fragmenten von Parmenides und dessen Schüler Zenon,[14] die sich zwar nie explizit, etwa durch den Gebrauch eines Begriffes wie στιγμή, auf den Punkt beziehen; dennoch haben die ganz unterschiedlichen Qualitäten dieses Ursprungs-Prinzips, wie auch der paradoxen Bewegungs- und Teilungsexperimente, ihren geheimen Fluchtpunkt

9 Vgl. Aristoteles, *Metaphysik*, 992a, S. 19ff.; außerdem Aristoteles, *De coelo*, 299a, S. 5ff.: „Man erkennt dann, daß es derselbe Gedanke ist, Räumliches aus Ebenen zusammenzusetzen, Ebenes aus Linien und Linien aus Punkten." Aristoteles, „Über den Himmel", in: ders., *Über den Himmel. Vom Werden und Vergehen. Die Lehrschriften*, hg., übers. und erläutert von Paul Gohlke, Paderborn 1958, S. 112.

10 Die Farbe hat insofern eine geometrische Bedeutung, als dass die Pythagoreer nach Aristoteles mit dem Begriff χροιά sowohl Farbe als auch Fläche bezeichneten. Vgl. dazu Burkert, *Weisheit und Wissenschaft*, S. 229.

11 Platon, „Menon", in: ders., *Sämtliche Werke*, übers. von Friedrich Schleiermacher, hg. von Walter F. Otto, Ernesto Grassi und Gert Plamböck, Hamburg 1977, Bd. 2, 75e und 76a, S. 15f.

12 Platon, „Parmenides", in: ders., *Sämtliche Werke*, Bd. 4, 137d, S. 74.

13 Ähnlich argumentiert auch Vincenzo Vita, wenn er feststellt, „il punto […] incomincia ad acquistare, anche se indirettamente, un'esistenza razionale; esso infatti viene inquadrato in un concetto più ampio, in quello dell'Uno (to hen), che è, come l'Essere di Parmenide, un ente intellegibile, avente l'attributo di indivisibilità che sarà riconosciuto peculiare del punto geometrico." Vincenzo Vita, „Sulle definizioni pre-euclide del punto", in: *Cultura e scuola* 76 (1980), S. 242–247, hier S. 244.

14 Vgl. Hermann Diels, *Fragmente der Vorsokratiker*, Berlin 1903, S. 130–140.

in der spezifischen Existenzform des geometrischen Punktes. Selbst die Negation in Form des unmöglichen Aufeinandertreffens von Achill und der Schildkröte, d. h. die Unmöglichkeit, den Ort dieses Treffpunkts genau anzugeben, führt auf das zentrale Problem: Mit dem geheimen, fraglichen und doch immer abwesend bleibenden Ziel des Wettlaufs von Achill und der Schildkröte steht nichts anderes als der Punkt auf dem Spiel, der das Aufeinandertreffen der beiden markieren würde.[15]

Platons Katalog negativer Bestimmungen von Parmenides' Einheit fügt sich genau in diese Logik; besonders deutlich wird dies, wenn er das Eine von Parmenides durch seine fundamentale Ortlosigkeit bestimmt.[16] Das Eine entspricht keiner στιγμή oder μονάς θέσιν ἔχουσα mehr, die mit ihrer ganzen Umgebung in Berührung stehen müsste; doch dies heißt zugleich, dass nach Platon diese Begriffe des Punktes nicht für die Bestimmung eines elementaren ontologischen Ursprungs dienen können. Damit wird die für das Verhältnis von Geometrie und Arithmetik so wichtige Verbindung von μονάς und θέσις problematisch.

Dieser nichtontologische Charakter des Punktes ist sicher der wesentliche Grund für Platons Vorbehalt gegen die Geometrie und ihre Begründung im Punkt, wie auch für sein Interesse an den unteilbaren Linien, von dem Aristoteles berichtet;[17] denn die unteilbare Linie als Prinzip der Linie würde den Ursprung der Geometrie ins Sein zurückholen. Platon geht es um elementare ontologische Definitionen von Ursprungsformen, die als solche eigentlich nicht geometrischer Natur sein können. Die Geometrie nimmt daher bei ihm keine begründende Stellung im Wissen ein; und sie scheint sich gerade wegen ihrer Fundierung im Punkt nicht als Begründungsdiskurs zu eignen.[18] Am deutlichsten wird diese Position in der *Politeia* formuliert, wenn es von der γεωμετρία heißt, sie könne keine Wissenschaft werden, weil sie sich, insofern sie auf dem Punkt gründet, nicht mit dem Sein befasst. Denn bei der

> Meßkunst (γεωμετρία) und was mit ihr zusammenhängt, sehen wir wohl, wie sie zwar träumen von dem Seienden, ordentlich wachend aber es wirklich zu erkennen nicht vermögen, solange sie Annahmen voraussetzend, diese unbeweglich lassen, indem sie keine Rechenschaft davon geben können. Denn wovon der Anfang ist, was man nicht weiß, Mitte und Ende also aus diesem, was man nicht weiß, zusammengeflochten sind, wie

15 Vgl. dazu Wolfgang Schäffner, „Zenon, der Geometer", in: *FAKtisch. Friedrich Kittler zum 60. Geburtstag*, hg. von Peter Berz, Annette Bitsch und Bernhard Siegert, München 2003, S. 83–88.

16 Platon, „Parmenides", 138a–b, S. 74; griech: ders., „ΠΑΡΜΕΝΙΔΗΣ", in: *Platonis Opera*, Recogniovit breviqve adnotatione critica instrvxit Ioannes Burnet, Tomvs II. Tetralogias III–IV continens, Oxford 1957 [1901], 138a 5–7.

17 Aristoteles, *Metaphysik*, 1. Bd., 992a, S. 64f.

18 Vgl. dazu Charles Mugler, *Platon et la recherche mathématique de son époque*, Naarden 1969, S. 1–43. „La critique des fondements de la géométrie représentant un des efforts les plus constants de la pensée géometrique de Platon et un de ceux qui ont eu une influence profonde sur les idées et la terminologie d'Euclide [...]." Ebd., S. 4.

> soll wohl, was auf solche Weise angenommen wird, jemals eine Wissenschaft sein können? (ᾧ γὰρ ἀρχὴ μὴν ὃ μὴ οἶδε, τελευτὴ δὲ καὶ τὰ μεταξὺ ἐξ οὗ μὴ οἶδεν συμπέπλεκται, τίς μηχανὴ τὴν τοιαύτην ὁμολογίαν ποτὲ ἐπιστήμην γενέσθαι;) – Keine gewiß! Sagte er.[19]

Die Geometrie beginnt und endet im Nichtwissen und Nichtseienden, ebenso wie jedes geometrische Gebilde, in einem Anfang und einem Ende, die jeweils nichts anderes als ein Punkt sind. Dieser Befund deutet trotz aller ontologisierenden Fragestellung, die Platon in die Mathematik hineinträgt, auf einen wichtigen Umstand: Wenn für die Klärung des epistemischen Charakters des Einen gerade geometrische Eigenschaften keine Rolle spielen und als mögliche Bestimmungsformen des Einen abgelehnt werden, so wird damit die von den Pythagoreern eingeführte Äquivalenz von Punkt und Eins, von Geometrie und Arithmetik in entscheidender Weise aufgelöst: Das Eine, auch in Form der Einheit, hat für Platon nichts mehr mit dem Punkt gemeinsam. Die Tatsache, dass dem Punkt eine ontologische Dimension fehlt, weist zumindest indirekt auf eine neue, andersartige Qualität des Punktes, die fundamentale Konsequenzen für die Operativität des Punktes hat, dennoch aber über Jahrhunderte hinweg die Gültigkeit des Punkt-Einheit-Modells nicht irritieren konnte.

2 Euklids Zeichen

Die Geometrie beginnt und endet mit dem Punkt im Nichtwissen und Nicht-Seienden. Genau diese Kritik am Modell der Punkt-Einheit wird von Euklid einige Jahrzehnte später um 300 v. Chr. zur Begründung des Elements aller Elemente. Denn genau diese Nichtigkeit und Nullheit des Punktes als der Sachverhalt, der für Platon die Unwissenschaftlichkeit der Geometrie im Sinne einer ontologischen Defizienz manifestiert und dazu führt, dass in seinen Texten kein eigener Begriff des Punktes auftaucht, wird von Euklid zur klassischen geometrischen Begründungsformel des Punktes, des σημεῖον, gewendet, das nichts ist und gerade darin seine Begründungsfunktion und vor allem seine fundamentale Operativität entfalten kann. Damit geben die *Elemente* des Euklid um 300 Platons Vorbehalt gegenüber dem Punkt eine deutliche Antwort. Dies geschieht schon in der ersten Definition, die wir eigentlich zu kennen glauben. Sie erinnern sich: „Der Punkt hat keine Teile." Doch der Blick in die griechische Version von Euklids erster Definition zeigt uns folgenden Satz:

> Σημεῖόν ἐστιν οὗ μέρος οὐθέν.

Die gängige lateinische Übersetzung: „Punctus est cuius pars non est", die in allen modernen Sprachen als die uns bekannte Formel „Der Punkt hat keine Teile" ankommt, ist ersichtlich falsch, denn sie verwendet den prä-euklidischen Be-

19 Platon, „Politeia", in: ders., *Sämtliche Werke*, Bd. 3, 533c, S. 239; griech: ders., „ΠΟΛΙΤΕΙΑΣ Ζ.", in: *Platonis Opera*, Tomvs IV, Tetralogiam VIII continens, Oxford 1957 [1902], 533c.

griff στιγμή, punctum, und nicht σημεῖον, Zeichen, wie es bei Euklid heißt. „Das Zeichen ist, dessen Teil nichts ist." So müsste die wörtliche Übersetzung lauten. Und neben dem Zeichen ist dabei auch das Nichts in diese Definition gerückt. Was aber folgt aus dieser eigentümlichen Verschiebung für die Euklidischen Elemente? Es ist genau der Scheidepunkt zweier unterschiedlicher Modelle des Geometrischen, deren fundamentaler Unterschied hier in dieser ersten Definition deutlich wird. Einerseits das Modell geometrischer Objekte, andererseits das Modell geometrischer Operationen, die erst in einem zweiten Schritt Objekte möglich machen. Aber auch die Rangfolge, nach der die Arithmetik der Geometrie vorausgeht, kehren die Elemente Euklids um, wenn sie mit dem Punkt beginnen und erst im Buch VII die arithmetische Einheit einführen. Zudem ist der Punkt bei Euklid keine Einheit mehr, keine στιγμή; er ist damit nicht nur kategorisch von dem getrennt, was als Ursprung der Zahlen gilt, sondern er ist sogar fundamentaler als die Einheit, die Eins.

Der Ursprung, das Element aller Elemente, ist also hier nicht im Sein, es ist keine Einheit, sondern, um mit Derrida zu reden, eine „ursprüngliche Differenz",[20] ein Zeichen, das in seinem Modellcharakter eine doppelte operative Qualität aufweist, als Zeichen von etwas, das ein Nichts sein kann, und zugleich als Zeichen für Operationen: Teilungen, Berührungen, Verbindungen. Diese Handlungen, die das Punkt-Zeichen vollbringen kann, führt der euklidische Text nach und nach ein. Das euklidische Zeichen ist also Repräsentation und Operation zugleich, als eine doppelte Operation, die auf etwas verweist und für etwas dienlich ist: Diese doppelte Operation ist als spezifische Zeichenoperation zu verstehen, in dem Sinne, dass das Zeichen von etwas auch als Zeichen selber eine neue Operabilität für bestimmte Handlungen ermöglicht. Insoweit könnte man sagen, dass das Zeichen einen doppelten Verweisungscharakter hat, als Relation zwischen dem Zeichen und dem Bezeichneten und dem Zeichen und der durch es selbst möglichen Aktion. So ist das Zeichen Produkt und Vorbild, und als solches wäre die Modelltheorie von Bernd Mahr, auf die ich mich hier beziehe, zugleich eine Zeichentheorie.[21]

Michel Serres hat dies an einer spezifischen Modellversion des operativen Punktes vorgeführt, am Gnomon, dem Schattenstab, der um 550 v. Chr. in Griechenland eingeführt wurde und einen entscheidenden Aspekt der griechischen Geometrie verkörpert. Denn anders als die Geschichte der Mathematik es gerne sieht, war die Idealität mathematischer Operationen in Griechenland, wie Michel Serres schreibt, „nie auf ein denkendes Subjekt bezogen und wurde nie im Rahmen eines Idealismus gedacht. [...] Punkt, Gerade, Winkel, Fläche, Kreis, Dreieck, Quadrat [...] entstehen dort als ideale Formen im Hell und Dunkel, mitten zwischen den Dingen selbst, in der wirklichen Welt, real wie Lichtstrahlen und

20 Jacques Derrida, „Ousia und grammé", in: ders., *Randgänge der Philosophie*, hg. von Peter Engelmann, Wien 1999, S. 57–92.
21 Vgl. Bernd Mahr, *Das Wissen im Modell*, Berlin 2004 (KIT-Report 150).

Schattenfransen."[22] Der Gnomon präsentiert wie kaum ein anderes Gerät diese Existenz geometrischer Operationen; er ist ein geradezu göttlicher Schattenzeiger, und als solcher eine indexikalische Maschine, die selbständig operiert, indem sie selbständig die Schatten anzeigt. „Diese Spitze", so Michel Serres, „schreibt von ganz allein auf den Marmor oder den Sand, gleichsam als ob die Welt sich selbst erkennen würde. [...] Der Gnomon verwirklicht eine der ersten automatischen Erkenntnisse der Geschichte, die erste Apparatur, die Materielles und Logisches, Hardware und Programme vereint."[23] Der πόλος des Gnomon normiert und geometrisiert als regelmäßiger Stab die von ihm geworfenen Schatten, und dies wird in alle Messgeräte implementiert. Solange die Sonne als Lichtquelle in diesem Gefüge existiert, zeigt der Gnomon; er vollzieht sein Zeigen beständig, ohne das Zutun eines Menschen. Das Zeichen Euklids, das ein ganzes Operationenbündel beschreibt, findet damit in dem Gnomon seine materiale Entsprechung. Der Gnomon mit seiner Spitze verkörpert das ganze operative Arsenal, das Euklid mit seinem Zeichen, diesem Element aller Elemente, an den Anfang aller Dinge stellt. Der operative Kern des Gnomons ist der Punkt, ein kleiner Automat, der geometrische Operationen vollzieht. Und das ist eine völlig andere Geschichte der Geometrie als diejenige, die wir kennen und deren Punkte einen Raum aufspannen und den geometrischen Objekten ihren Ort verleiht.

3 Descartes Nullpunkt

Dennoch blieb das pythagoreische Modell der Punkt-Einheit, das über Aristoteles und die veränderten Übersetzungen des Euklidischen Textes bis in die Frühe Neuzeit bestand, lange die Grundlage des geometrischen Wissens. Erst in der Frühen Neuzeit erfährt es eine entscheidende Veränderung, wodurch das operative Modell des Punkt-Zeichens zur Geltung kommen kann.

Lediglich ein paar Hinweise sollen deutlich machen, wie dieses Konkurrenzmodell nun einen radikal innovativen Charakter bekommt. Leon Battista Alberti macht in seiner Neuauflage der euklidischen Elemente, den *Elementi di pittura* (1450), den Punkt zum operativen Ursprung nicht nur der Geometrie, sondern der medientechnischen Verfahren des Zeichnens, Schreibens und Rechnens. Das operative Punktzeichen, ganz im Sinne von Michel Serres' Gnomon-Maschine, wird nun neu und in gewisser Weise erstmals wirklich gestartet: Was passiert, wenn Albrecht Dürer die griechische Hardware in Form der Punkt-Spitze des Gnomons ins menschliche Auge postiert? Es ist die Geburt eines operativen Subjekt-Auges, das einen neuen Seh- und Denkraum bestimmt. Dieser Nullpunkt, wie er in Euklids Zeichen formuliert wurde, wird mit seiner ganzen Operativität ins Auge und Subjekt implementiert. Descartes wird aus dieser Situation eine radikale Konsequenz ziehen, wenn er in seinen Meditationen dieses Punkt-Zeichen als

22 Michel Serres, „Gnomon. Die Anfänge der Geometrie in Griechenland", in: *Elemente einer Geschichte der Wissenschaften*, hg. von dems. und Michel Authier, übers. von Horst Brühmann, Frankfurt a. M. 1994, S. 109–176, hier S. 126.

23 Ebd., S. 118 und S. 122.

res cogitans bestimmt und zum operativen Element schlechthin erklärt. Der geometrische Punkt wird zum Nullpunkt des Wissens, der alles enthalten und operieren kann. Descartes' *cogito*, so schreibt Derrida, ist der „Nullpunkt […], wo der determinierte Sinn und der determinierte Nicht-Sinn sich in ihrem gemeinsamen Ursprung verbinden. […] In diesem Sinne ist nichts weniger beruhigend als das Cogito in seinem anfänglichen und eigenen Moment." So ist das *cogito* das „Vorhaben eines unerhörten und einzigartigen Exzesses, eines Exzesses in Richtung des Nichtdeterminierten, [das] auf das Nichts oder das Unendliche zielt."[24] Das ist eine andere Begründung des Wissens, diametral derjenigen entgegengesetzt, die Platon als Möglichkeitsbedingung des Wissens verstanden hat. Das Euklidische Zeichen jedoch ist genau dieses operative Element, das erst in diesem Rahmen offensichtlich werden kann. Deshalb ist es nicht zufällig, dass derselbe Descartes auch eine andere Konsequenz aus diesem Euklidischen Zeichen zieht, das eben keine Einheit ist und deshalb der pythagoreischen Äquivalenz von Punkt und Eins nicht entspricht. Denn der nichtontologische Nullcharakter des Punktes kann seit der Einführung der rationalen Zahlen und der Null eine neue Äquivalenz möglich machen, die als operative Praktik in impliziter Weise bei Euklid schon existierte. Nun entspricht die Eins der Linie, nicht mehr dem Punkt, der nun sein Äquivalent in der Null hat. Das macht die analytische Geometrie möglich, wie sie Descartes 1639 anhand eines griechisch-antiken Messinstruments, dem Mesolabium des Eratosthenes, entwickelte.[25]

4 Konkurrierende Modelle

Ein Satz, eine Definition, und dennoch zwei völlig unterschiedliche Modelle, die sich über Jahrhunderte überkreuzen und überlagern und dabei das operative Zeichenmodell des euklidischen Punktes in einer Art Stand-by-Stellung halten, wie eine Maschine, deren Schalter nicht wirklich betätigt wird bzw. deren Anleitung nicht wirklich gelesen werden kann, und sie deshalb, wenn überhaupt, nur zufällig anspringt.

Das atomistische Modell des Punktes ist aber mit Descartes nicht am Ende. Vielmehr ist es gerade als Basiselement des Newton'schen Raums noch lange wirksam. Vielleicht sind wir erst heute an der Schwelle, an der dieses Modell in einem grundlegenden Maße abgelöst wird von dem operativen Zeichen, das am Grund der Dinge kein passives unteilbares Einheitselement mehr situiert, sondern eine ursprüngliche Differenz, eine Operation, die ein verändertes Modell von Materie und Raum im Sinne einer active matter und einer Operationalisierung denkbar macht. Man könnte das eine Elementenlehre nennen, die die Welt

24 Jacques Derrida, „Cogito und die Geschichte des Wahnsinns", in: ders., *Die Schrift und die Differenz*, übers. von Rodolphe Gasché, Frankfurt a. M., S. 53–101, hier S. 90f.

25 René Descartes, „Die Geometrie", in: ders., *Entwurf der Methode. Mit der Dioptrik, den Meteoren und der Geometrie*, hg. und übers. von Christian Wohlers, Hamburg 2013, S. 315–412, hier S. 315ff.

nicht mehr aus Feuer, Wasser, Erde und Luft zusammengefügt denkt, sondern aus elementaren operativen Strukturen, wie sie das Zeichen Euklids formuliert hat.

Die eine Wahrheit der Geometrie, wie sie Husserl meinte, ist also, wenn man sich auf Euklid bezieht, mindestens eine doppelte. Die Sprache, die sie ausdrückt, steuert durch Einheits-Punkt und Punkt-Zeichen zwei radikal unterschiedliche Modelle an: ein kleiner philologischer Unfall als historische Miniatur, könnte man sagen, mit dramatischen Konsequenzen.

Doch vielleicht ist dieses doppelte Modell ja gerade die entscheidende Möglichkeit, in ihrem Zusammenspiel die ursprüngliche Differenz des Punkt-Zeichens zu einer Maschine zu machen, zu einem Elementenpaar, das als grundlegende mechanische Operationseinheit zu verstehen ist. Denn kein einzelner atomistischer Punkt kann der Ausgangspunkt von mechanischer Bewegung sein, sondern vielmehr eine Doppelung, ein Elementenpaar, wie dies Franz Reuleaux in seiner Maschinentheorie im 19. Jahrhundert in grundlegender Weise formuliert hat:[26] Die elementare mechanische Einheit ist eine Doppelung, eine Differenz von einem festgestellten und einem beweglichen Element. Nur dadurch lässt sich mechanische Bewegung, ganz im Sinne des euklidischen differentiellen Punkts, erzeugen.

Die Epistemologie geometrischer Codes, die Euklids Zeichen als das Modell aller Modelle steuern, wendet die klassische Idee von statischen geometrischen Objekten und Räumen in eine Dynamik, in der Raumpunkte, Atome und die Welt der Dinge, auf die sie verweisen und die sie operationalisieren, eine Agentivierung erfahren, deren Zukunft erst heute in den Labors entwickelt wird, wenn geometrische Operationen als analoger 3D-Code analysiert und gebaut werden, und deren Geschichte sich solchen eigentümlichen Verschiebungen widmet, wie sie sich in Sätzen der ersten Euklidischen Definition des Elements aller Elemente präsentieren.[27]

Der Autor dankt für die Unterstützung des Exzellenzclusters „Matters of Activity. Image Space Material", gefördert durch die Deutsche Forschungsgemeinschaft (DFG) im Rahmen der Exzellenzstrategie des Bundes und der Länder – EXC 2025/1.

26 Franz Reuleaux, *Theoretische Kinematik. Grundzüge einer Theorie des Maschinenwesens*, Braunschweig 1875.

27 Zu der Geschichte des analogen Codes vgl. Wolfgang Schäffner, *Punkt 0.1. Die Genese des analogen Codes in der Frühen Neuzeit*, (erscheint 2020).

Bibliographie

Quellen

Aristoteles, *Lehre vom Beweis oder Zweite Analytik (Organon IV)*, übers. und mit Anm. versehen von Eugen Rolfes, Einleitung und Bibliographie von Otfried Höffe, Hamburg 1990.
–, *Metaphysik*, übers. von Hermann Bonitz, hg. und komm. von Horst Seidl, griechischer Text in der Edition von Wilhelm Christ, 2 Bde., Hamburg 1989–1991.
–, „Über den Himmel", in: ders., *Über den Himmel. Vom Werden und Vergehen. Die Lehrschriften*, hg., übers. und erläutert von Paul Gohlke, Paderborn 1958.
Descartes, René, „Die Geometrie", in: ders., *Entwurf der Methode. Mit der Dioptrik, den Meteoren und der Geometrie*, hg. und übers. von Christian Wohlers, Hamburg 2013, S. 315–412.
–, *Nicomachi Gerasini Arithmeticae libri duo*, Paris 1538.
Platon, „Menon", in: ders., *Sämtliche Werke*, übers. von Friedrich Schleiermacher, hg. von Walter F. Otto, Ernesto Grassi und Gert Plamböck, Bd. 2, Hamburg 1977.
–, „Parmenides", in: ders., *Sämtliche Werke*, übers. von Friedrich Schleiermacher, hg. von Walter F. Otto, Ernesto Grassi und Gert Plamböck, Bd. 4, Hamburg 1977.
–, „ΠΑΡΜΕΝΙΔΗΣ", in: *Platonis Opera*, Recogniovit breviqve adnotatione critica instrvxit Ioannes Burnet, Tomvs II, Tetralogias III–IV continens, Oxford 1957 [1901], S. 126–166.
–, „Politeia", in: ders., *Sämtliche Werke*, übers. von Friedrich Schleiermacher, hg. von Walter F. Otto, Ernesto Grassi und Gert Plamböck, Bd. 3, Hamburg 1977.
–, „ΠΟΛΙΤΕΙΑΣ Z", in: *Platonis Opera*, Recogniovit breviqve adnotatione critica instrvxit Ioannes Burnet, Tomvs IV, Tetralogiam VIII continens, Oxford 1957 [1902], S. 514–541.
Proclus, *Kommentar zum ersten Buch von Euklids „Elementen"*, übers. und mit textkritischen Anm. von Leander Schönberger, komm. von Max Steck, hg. von Emil Abderhalden, Halle 1945.
–, *In primum Euclidis elementorum librum commentarii*, hg. von Gottfried Friedlein, Hildesheim 1992 (Reprint von 1873).
Simplicius, *Simplicii in Aristoteles physicorum libros quattuor priores commentaria*, Consilio et auctoritate Academiae Litterarum Regiae Borussicae edidit Hermannus Diels, Berlin 1882.

Sekundärliteratur

Becker, Oskar (Hg.), *Zur Geschichte der griechischen Mathematik*, Darmstadt 1965.
Bretschneider, Carl Anton, *Geometrie und die Geometer vor Euklides. Ein historischer Versuch*, Wiesbaden 1968 (Reprint von 1870).
Burkert, Walter, *Weisheit und Wissenschaft. Studien zu Pythagoras, Philolaos und Platon*, Nürnberg 1962.
Derrida, Jacques, „Cogito und die Geschichte des Wahnsinns", in: ders., *Die Schrift und die Differenz*, übers. von Rodolphe Gasché, Frankfurt a. M. 1976, S. 53–101.
–, „Ousia und grammé", in: ders., *Randgänge der Philosophie*, hg. von Peter Engelmann, Wien 1999, S. 57–92.
Diels, Hermann, *Fragmente der Vorsokratiker*, Berlin 1903.

Fowler, David H., *The Mathematics of Plato's Academy. A New Reconstruction*, Oxford 1987.
Husserl, Edmund, „Ursprung der Geometrie (1936)", in: Jacques Derrida, *Husserls Weg in die Geschichte am Leitfaden der Geometrie. Ein Kommentar zur Beilage III der ‚Krisis'*, übers. von Rüdiger Hentschel und Andreas Knop, Vorwort von Rudolf Bernet, München 2001, S. 204–232.
Mahr, Bernd, *Das Wissen im Modell*, Berlin 2004 (KIT-Report 150).
Mugler, Charles, *Platon et la recherche mathématique de son époque*, Naarden 1969.
Reuleaux, Franz, *Theoretische Kinematik. Grundzüge einer Theorie des Maschinenwesens*, Braunschweig 1875.
Schäffner, Wolfgang, „Zenon, der Geometer", in: *FAKtisch. Friedrich Kittler zum 60. Geburtstag*, hg. von Peter Berz, Annette Bitsch und Bernhard Siegert, München 2003, S. 83–88.
–, *Punkt 0.1. Die Genese des analogen Codes in der Frühen Neuzeit*, (erscheint 2020).
Serres, Michel, „Gnomon: Die Anfänge der Geometrie in Griechenland", in: *Elemente einer Geschichte der Wissenschaften*, hg. von dems. und Michel Authier, übers. von Horst Brühmann, Frankfurt a. M. 1994, S. 109–176.
Vita, Vincenzo, „Sulle definizioni pre-euclide del punto", in: *Cultura e scuola* 76 (1980), S. 242–247.

Das versklavte Modell und die Kultur der Verantwortungslosigkeit

Reinhard Wendler

1

In der Praxis und der Theorie der Modelle gibt es eine gleichsam optimistische Konstante. Claude Lévi-Strauss hat sie in *La pensée sauvage* exemplarisch gefasst. Das *modèle reduit*, so schreibt er, werde als begreiflicher betrachtet als dasjenige, worauf es verweist. Dies sei der Fall einerseits durch die Reduktion der Größe und der Aspekte, andererseits dadurch, dass es eigenhändig hergestellt sei.[1] Lévi-Strauss skizziert damit ein asymmetrisches Szenario. Auf der einen Seite steht das begreifbare, einfache, kontrollierte Modell, auf der anderen der partiell unbegreifliche, komplexe oder unkontrollierte Bezugsgegenstand. Diese asymmetrische Vorstellung[2] prägt das Verständnis von Modellen insbesondere in den Wissenschaften und ist dort mitkonstitutiv für die Begriffe der Forschung, des Wissens, der Planung und Gestaltung. Zugleich aber ist sie eine pragmatische Fiktion, weil eine nähere Betrachtung von Modellen, Modellobjekten, Modellauffassungen und Modellsituationen eine solche Asymmetrie nicht zu finden vermag: Auch die Komplexität vieler Modelle übersteigt die Fassungkraft der Modellierenden. Modelle halten weder unter den leiblichen noch unter den geistigen Augen still; die Auffassung springt von einem Aspekt zum anderen, schichtet palimpsestartig Kontexte auf und verändert fortwährend die Bedeutung und Performanz des Modells. Darüber hinaus werden durch die Modellauffassung oftmals ihrerseits unverstandene Gegenstände in den „extended mind“[3] eingebunden, etwa wenn das Sonnensystem als Modell des Atoms bemüht wird. Nicht nur die Bezugsgegenstände der Modelle entziehen sich damit dem Verständnis, sondern auch die Modelle selbst, die ihrerseits teilweise unbegreiflich, komplex und unkontrolliert sind. Horst Rittel hat sie daher als „paradox of rationality“[4] bezeichnet und sie in die Nähe von „wicked problems“,[5] bösartigen Problemen, gerückt. Den Umgang mit ihnen hat er in der Folge als „a venture, if not an adventure“[6] bezeichnet.

---

1 Vgl. Claude Lévi-Strauss, *Das wilde Denken*, Frankfurt a. M. 1968, S. 37.

2 Lévi-Strauss spricht selbst von einer Illusion, ebd.

3 Andy Clark und David J. Chalmers, „The Extended Mind“, in: *Analysis* 58/1 (1998), S. 7–19.

4 Horst Rittel, „On the Planning Crisis: Systems Analysis of the ‚First and Second Generations‘“, in: *Bedriftsøkonomen* 8 (1972), S. 390–396, hier S. 391.

5 Ebd.

6 Ebd.

Die in den Ingenieurswissenschaften entstandene Ähnlichkeitstheorie und das vor allem in der Wirtschaft gebräuchliche Konzept des Modellrisikos sind Versuche, dieser Ungreifbarkeit der Modelle zu begegnen und die eingangs genannte produktive Asymmetrie zu konstituieren. Dies ist allerdings weitaus schwieriger zu realisieren, als vielfach angenommen wird. So besteht etwa stets das Risiko, das Modell unbeabsichtigt oder unbemerkt an die Stelle seiner Bezugsgegenstände zu stellen und mit diesen zu verwechseln. Richard Braithwaite hatte 1953 aus diesem Grund notiert: „The price of the employment of models is eternal vigilance."[7] Diese Aussage suggeriert nun ihrerseits, dass ewige Wachsamkeit das Risiko der Verwechslung tatsächlich eliminieren könne. Doch dies ist schon deshalb nicht der Fall, weil die Vermischung und partielle Verwechslung des Modells mit seinen Bezugsgegenständen ein elementarer Bestandteil der Modellierung ist. Sie *soll* zwar kontrolliert herbeigeführt und später wieder aufgelöst werden, aber in der Praxis gelingt, streng genommen, weder das eine noch das andere. Die durch eine Modellbeziehung miteinander verbundenen Gegenstände erzeugen etwas Neues, das sich nicht mehr nach seinen Provenienzen aufgliedern lässt.

Eine andere Kraft, die der Stabilisierung einer Asymmetrie Widerstand leistet, besteht darin, dass das Modell selbst Gefahr läuft, seine Identität und Existenz zu verlieren. Dieser Vorgang ist Gegenstand des vorliegenden Beitrags. Den Ausgangspunkt bildet ein imaginärer Gerichtsprozess, den Seneca der Ältere im *Zehnten Buch der Streitenden* aufführt.[8] Der griechische Maler Parrhasios habe, so die Anklage, nach der Eroberung von Olynth durch die Athener einen Gefangenen als Sklaven gekauft. Sein klagevolles Gesicht habe ihn an den von Zeus bzw. Jupiter gefolterten Prometheus erinnert. Parrhasios habe den Greis daher zum Modell für ein Gemälde des Prometheus gemacht und ihn während der Arbeit am Bild foltern lassen, um ein ausdrucksstarkes Vorbild zu erhalten. Der Greis sei schließlich gestorben und das Bild im Tempel der Minerva aufgestellt worden. Carl Schnaase nennt diese Geschichte ein „ohne Zweifel unwahres Gerücht",[9] Heinrich Brunn „ein zum Behuf von Redeübungen erdichtetes Thema".[10] In den hier folgenden Ausführungen wird die Geschichte als eine Miniatur dynamischer Epistemologien aufgefasst, deren Gegenstand das Risiko des Modells ist, im Exzess der Unmittelbarkeit vernichtet zu werden.

Ein Gemälde des Prometheus aus der Hand des Parrhasios ist nicht erhalten. Stattdessen wird hier ein Gemälde von Dirck van Baburen aus dem Jahre 1623

7 Richard Bevan Braithwaite, *Scientific Explanation. A Study of the Function of Theory, Probability and Law in Science*, Cambridge 1953, S. 93; vgl. ders., „The Nature of Theoretical Concepts and the Role of Models in an Advanced Science", in: *Revue Internationale de Philosophie* 8 (1954), S. 114–131.

8 Lucius Annaeus Seneca der Ältere, *Sentenzen, Einteilungen, Färbungen von Rednern und Redefehlern*, übers. von Otto und Eva Schönberger, Würzburg 2004, S. 240–274.

9 Carl Schnaase, *Geschichte der bildenden Künste*, Düsseldorf 1843, Bd. 2.2: Geschichte der bildenden Künste bei den Alten: Griechen und Römer, S. 305.

10 Heinrich Brunn, *Geschichte der griechischen Künstler*, Braunschweig 1856, Bd. 2, S. 98.

Abb. 1: Dirck van Baburen, *Prometheus wird von Vulkan angekettet* (1623).
Öl auf Leinwand, 201 x 182 cm. Rijksmuseum Collection, Amsterdam.

herangezogen, das sich im *Rijksmuseum* in Amsterdam befindet (Abb. 1). Es zeigt Vulkan und Merkur, die Prometheus anketten, um ihn ewiger Folter auszusetzen. Das Bild ist im vorliegenden Kontext hilfreich, weil der Maler die Szene vom Kaukasus in eine Werkstatt versetzt hat und damit einen visuellen Gedanken zu formen erlaubt: Das Gemälde kann als ein Kippbild angeschaut werden, in dem einmal Prometheus, Vulkan und Merkur und einmal der Olynthische Greis mit seinen Folterknechten aus den Augen des Parrhasios zu sehen sind. Durch diese interpretatorische Anverwandlung des Gemäldes wird einerseits der Zusammenhang zwischen der Prometheuslegende und Senecas Parrhasiosgeschichte visuell realisiert, andererseits das konstitutiv instabile Verhältnis zwischen Bild, Modell und Sujet.

Parrhasios' Arbeit am Bild wird im imaginären Parrhasios-Prozess zum Beispiel wie folgt geschildert: „Man schlägt den alten Mann. ‚Das reicht nicht', sagt der Maler. Man brennt ihn: ‚Es reicht immer noch nicht'. Er wird zerfleischt. ‚Das mag für Philipps Zorn genügen, noch nicht aber für Jupiters Groll.'"[11] Parrhasios versucht diesen Unterstellungen zufolge, Zorn und Folter des Zeus bzw. Jupiter möglichst genau am Modell nachzuvollziehen, um ein Vorbild vollkommenen Leides für sein Bild zu bekommen. „‚Lege Feuer nach! Er stellt mir den Prometheus noch nicht dar'",[12] oder: „‚Noch passt das Antlitz nicht zur Sage.'"[13] Hier wird die Mimesis aus dem Modell herausgefoltert, wie das Geheimnis aus dem feindlichen Kämpfer.

Das Modell leidet an der unerbittlichen Gründlichkeit des Malers. „Mit welcher Sorgfalt führt er seine Sache!"[14] Die Ursache dieser Gründlichkeit könnte in der Angst des Künstlers liegen, für eine Abweichung von den Gesetzen der Mimesis so hart bestraft zu werden wie der Prometheus für seine Anmaßung. Anders gesagt geht Parrhasios mit größter Konsequenz der eigenverantwortlichen Neuschöpfung aus dem Weg: „‚So spannt ihn, so schlagt ihn, so sorgt dafür, daß er eben diesen Ausdruck beibehält, sonst müßt ihr selbst zum Modell dienen!'"[15] Zum Modell dienen und Unterwerfung, Folter und Tod erleiden, bedeuten hier ein und dasselbe. Parrhasios wird von den Kommentatoren überdies vorgeworfen, kein Modell im Sinne einer Verkleinerung, Verkürzung oder Abstraktion zu benutzen, sondern die Sache selbst vor Augen zu zwingen. Dieses Ringen um Unmittelbarkeit ist es, dem das Modell zum Opfer fällt und das die Deklamatoren am Genausten ausarbeiten: „Auf die eine Seite tritt Parrhasius mit seinen Farben, auf die andere der Folterknecht mit Feuer, Peitschen, Folterpferd. […] Bei dieser schrecklichen Szene weiß man nicht, ob Parrhasius eifriger malt oder der Folterknecht eifriger wütet. Drehe, schlage, brenne, so mischt dieser Henker seine Farben."[16] In dieser Bemerkung, die auch als Subtext von Dirck van Baburens Gemälde gelten könnte, werden letztlich alle Elemente der Modellsituation miteinander vermischt. Einerseits werden die Leiden des Modells mit denen des Prometheus vermischt, womit das Leid selbst vors Auge gezwungen wird. Die Folterknechte andererseits werden mit Vulkan und Merkur, aber auch mit dem Maler vermengt, so wie umgekehrt dieser von einem Folterknecht nicht mehr zu unterscheiden ist. Er foltert sein Sujet, sein Modell, sein Bild und letztlich auch dessen Betrachtende, wobei er selbst von den Anforderungen der Mimesis gepeinigt wird.

11 Seneca, *Sentenzen*, S. 265.
12 Ebd., S. 266.
13 Ebd., S. 268.
14 Ebd.
15 Ebd., S. 266.
16 Ebd., S. 267.

Einer der wenigen Verteidiger des Parrhasios führt an, dieser sei lediglich weltfremd und habe eine „volkstümliche Rechtsauffassung [...], nach der dem Herrn gegen einen Sklaven alles erlaubt ist (wie auch der Maler alles malen dürfe)".[17] Diese Bemerkung bringt mit der „Rechtsauffassung" ein Metamodell ins Spiel, das hier eine ausschlaggebende Rolle spielt. Die „volkstümliche Rechtsauffassung" in Bezug auf den Sklaven entspricht der Mimesistheorie in Bezug auf das Bild. In ihrem Namen oktroyiert der Maler dem Modell und der Herr seinem Sklaven ein ikonisches Regime. Er zwingt sein Modell, ein vollkommenes Abbild, eine *vera icon*, des gefolterten Prometheus zu sein. Das damit verbundene Todesurteil bezieht sich nicht auf den Prometheus, denn der hat das Martyrium ja schließlich überlebt, sondern auf den Olynthier, der in seiner Eigenheit, seiner individuellen Besonderheit eliminiert werden muss, um das Wunder der Mimesis zu ermöglichen. Der Preis für Parrhasios' Bild ist daher sein Modell. Dieses tritt seine Eigenständigkeit und Eigenwertigkeit an das Bild ab und verliert damit seine Existenz. Der Sklave spricht: „,Parrhasius, ich sterbe!'" und der Maler antwortet: „,Bleib so!'"[18]

2

Der Tod des Modells im Furor der Mimesis oder im Exzess der Unmittelbarkeit ist ein Topos der europäischen Kunsttheorie geblieben. So schiebt etwa Giorgio Vasari in den *Vite* dem Bildhauer Jacopo Sansovino eine Anekdote unter, die ebenso ein „ohne Zweifel unwahres Gerücht"[19] ist wie Senecas Parrhasiosfall. Vasari schreibt, Sansovino habe für seine Bacchus-Statue seinen Gehilfen Pippo del Fabbro zum Modell genommen. Die Statue wurde zwischen 1510 und 1512 geschaffen und befindet sich heute im *Museo del Bargello* in Florenz (Abb. 2). Der Gehilfe habe seine Rolle als Modell des Bacchus derart ernst genommen, dass er in einen bacchantischen Taumel geraten sei, den Verstand verloren habe, stundenlang auf den Dächern als Bacchus und andere *personae* posiert habe und schließlich an Erschöpfung gestorben sei. Victor Stoichiță, der diese Anekdote ausführlich untersucht hat,[20] sieht eine Zwangsläufigkeit in Pippos Verwirrung, nicht nur weil er das perfekte Modell zu sein versuchte, sondern auch weil dieses ausgerechnet den Bacchus abbilden sollte, den Gott der Schauspieler und des Rausches. Die Tendenz zum Identitätsverlust wirkt also auf beiden Seiten. Das Modell, so Stoichiță, vermischt sich in Vasaris Pippo-Legende derart nachhaltig mit seinem Bezugsgegenstand, dass man nicht mehr sagen kann, ob hier die Verrücktheit des Modells oder die des Bacchus selbst zum Ausdruck kommt.[21]

17 Ebd., S. 268.
18 Ebd.
19 Schnaase, Geschichte der bildenden Künste, S. 305.
20 Vgl. Victor Ieronim Stoichiță, *Der Pygmalion-Effekt. Trugbilder von Ovid bis Hitchcock*, übers. von Ruth Herzmann, München 2011; vgl. Reinhard Wendler, „Das bacchantische Modell bei Vasari", in: *Rheinsprung 11. Zeitschrift für Bildkritik* 02 (Nov. 2011), S. 13–28, hier S. 21.
21 Vgl. Stoichiță, *Der Pygmalion-Effekt*, S. 69.

Abb. 2: Jacopo Sansovino, *Bacchus* (1511–1512).
Marmor, Höhe: 146 cm. Museo del Bargello, Florenz.

Die Gewichte in dieser Miniatur sind anders verteilt als bei der Parrhasiosgeschichte, in der Grundstruktur aber gibt es wesentliche Entsprechungen. Auch hier spielt der gesteigerte Wille zum ‚wahren Bild' eine zentrale Rolle. Auch Jacopo Sansovino genießt das Privileg, in gewissem Sinne nach dem ‚Original' arbeiten zu können. Auch hier ist der Preis für die Unmittelbarkeit die Eliminierung des Modells. Auch hier tritt das Modell seine Lebendigkeit an das Bild ab. Und auch die Bacchus-Statue lässt sich – wie vorhin Dirck van Baburens Gemälde des Prometheus – als ein Kippbild anschauen. Diesmal ist einerseits der Bacchus und andererseits der entrückte Pippo zu sehen, der nachts auf den Dächern den Bacchus verkörpert. Anders aber als der Olynthier bei Seneca versucht Pippo del

Fabbro aus freien Stücken ein vollkommenes Abbild zu sein. Hier ringt also nicht nur der Künstler, sondern auch das Modell um Unmittelbarkeit und beide unterwerfen sich dem tyrannischen Metamodell des Abbildes.

Aus einer Reihe ähnlicher Erzählungen sei als drittes und letztes Exemplum noch Edgar Allan Poes Kurzgeschichte *Life in Death* oder *The Oval Portrait* von 1842 genannt.[22] Im Zentrum steht die Beziehung zwischen einem ehrgeizigen Maler, einem Bild und seiner Modell stehenden Frau. Je länger der Maler in Edgar Allan Poes Erzählung an dem Bild arbeitet, desto mehr verliert seine Frau an Lebenskraft und desto weniger nimmt der Maler sie zur Kenntnis. Ihre zunehmende Schwächung entgeht ihm, weil das Bild seine Aufmerksamkeit mehr und mehr auf sich zieht. Mit den letzten Pinselstrichen wird es vollendet und das Modell getötet:

> And then the brush was given, and then the tint was placed; and, for one moment, the painter stood entranced before the work which he had wrought; but in the next, while he yet gazed, he grew tremulous and very pallid, and aghast, and crying with a loud voice, ‚This is indeed Life itself!' turned suddenly to regard his beloved: -- She was dead![23]

Poe variiert hier die alte Geschichte vor allem dadurch, dass er sie zuspitzt. Das Modell versucht diesmal nicht, zum Preis seines Lebens eine andere Person zu repräsentieren, und dennoch stirbt sie an ihrer Rolle als Modell. Tödlich ist hier nicht allein, ein Abbild zu sein, sondern darüber hinaus auch das Abgebildete, wobei es stets das Metamodell der Abbildlichkeit ist, das die Kräfte dem Modell entzieht und ins Bild verschiebt. Poes Kurzgeschichte macht deutlich, dass *beide* an der mimetischen Beziehung beteiligten Entitäten dem Risiko ausgesetzt sind, ausgelöscht zu werden. Die Frau weiß um die Risiken, die das Modellsein mit sich bringt. Sie fürchtet die Palette, die Pinsel und die anderen Werkzeuge, als habe sie Senecas Parrhasiosprozess gelesen. „It was thus a terrible thing for this lady to hear the painter speak of his desire to pourtray [sic] […] his young bride."[24] Dennoch nimmt sie diese Rolle – aus Liebe und Devotion, wie zu vermuten ist – an und bleibt auch bis zu ihrem Tod passiv. Doch nicht nur sie ist eine Sklavin der Mimesis, auch der Maler wird geknechtet, obwohl das für ihn nicht den Tod bedeutet. Dem Exzess der Unmittelbarkeit ist er aber immer noch direkt genug ausgeliefert, dass er die Schwächung und den Tod seiner Frau nicht bemerkt. Das Modell verschwindet unbemerkt, weil der Maler sein Handeln dem Metamodell der Mimesis unterwirft und in der Folge nur mehr Augen für sein Bild hat. Die unmenschliche Logik des Abbildes tötet das Modell und degradiert den Maler zum bloß ausführenden System.

22 Edgar Allan Poe, „The Oval Portrait", in: *The Works of Edgar Allan Poe. The Raven Edition*, New York 1903, Bd. 1, S. 194–196.
23 Ebd., S. 195.
24 Ebd., S. 196.

Die Modelle bei Seneca, Vasari und Edgar Allan Poe sterben fiktive Tode. Ihre Geschichten hatten aber vermutlich zu ihren jeweiligen Zeiten reale Hintergründe. Zumindest wäre dies angesichts des Umstands zu vermuten, dass auch in der Gegenwart Modelle, nämlich die *top models*, an ihrer Rolle sterben. Auch sie sterben, so könnte man sagen, an der Gewalt eines ikonischen Regimes, das ihnen auferlegt, manipulierten Fotographien zu ähneln und einem welt- und körperfremdem Ideal zu entsprechen. Die Grundelemente der zuvor genannten Geschichten finden sich auch hier: der Eifer der Produzenten und der als Modelle auftretenden Frauen, der Furor der Mimesis, die Unmenschlichkeit des Strebens nach Verwirklichung eines Ideals. In Eigendünkel gegründete Überheblichkeit gegenüber dem folternden Parrhasios ist also nicht angebracht. Stattdessen ist die Frage nach der Aktualität und Realität des scheinbar Alten und Überzeichneten neu zu stellen.

3

Das Ringen um Unmittelbarkeit findet sich auch in der wissenschaftstheoretischen Modelltheorie. Dort ist es nicht auf menschliche Modelle bezogen, aber einige wesentliche Beobachtungen lassen sich dennoch übertragen. Es geht um Positionen wie die von Arturo Rosenblueth und Norbert Wiener, Max Black, Klaus-Dieter Wüstneck, Mary Morgan und Margaret Morrison, Stephan Hartmann und anderen.[25] Bei aller Verschiedenheit haben ihre Ansätze doch eine wesentliche Gemeinsamkeit darin, dass sie ihren Reflexionen dasselbe Fundamentalszenario zugrundelegen: Eine *a priori* existierende Welt wird von einem *a posteriori* hergestellten Modell abgebildet. Herbert Stachowiak stellt dieses Szenario in seinem Aufsatz *Erkenntnisstufen zum Systematischen Neopragmatismus und zur Allgemeinen Modelltheorie* von 1983 in den Kontext der Dichotomie von Leben und Tod.[26] Stachowiak schreibt:

> Leben und Tod, Leib und Seele, Natur und Geist, Sein und Denken, Objekt und Subjekt, Notwendigkeit und Freiheit sind einige der aus [dem] Dichotomisieren erwachsenden Elementarbefunde des Menschen. [...] In dieser Denkbewegung hat sich *eine* Dichotomie bis in unsere Gegenwart als nicht nur im Grundsätzlichen und auf Dauer tragfähig, sondern als geradezu unentbehrlich und daher unauflösbar erwiesen: Die Dichotomie eines (wie und wodurch immer) primär Gegebenen einerseits und seines sekundären Nachvollzuges (im bloßen Denken oder auch bereits im Tun) andererseits. Es ist dies die Dichotomie von in der Zeit Vor-gegebenem und Nach-gemachtem, von Urbild und Abbild, von Original und Modell.[27]

25 Vgl. Reinhard Wendler, *Das Modell zwischen Kunst und Wissenschaft*, München 2013, S. 144–150.

26 Herbert Stachowiak, „Erkenntnisstufen zum Systematischen Neopragmatismus und zur Allgemeinen Modelltheorie", in: *Modelle – Konstruktion der Wirklichkeit*, hg. von dems., München 1983, S. 87–146.

27 Herbert Stachowiak, „Erkenntnisstufen zum Systematischen Neopragmatismus und zur Allgemeinen Modelltheorie", S. 87.

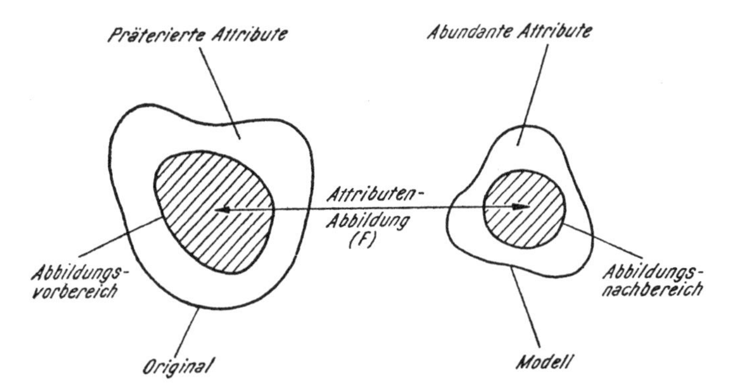

Abb. 3: *Modell der Abbildungsbeziehungen von Modellen.*
Aus: Herbert Stachowiak, *Allgemeine Modelltheorie,* Wien/New York 1973, S. 157.

Das hier imaginierte Szenario sieht nicht vor, dass das Modell dem ‚Original' auch *vorgängig* sein könnte, dass es das ‚Original' beeinflusst, formt oder überhaupt konstituiert. Die Materialität der Modelle ist ebenso irrelevant wie ihre Medialität und Performanz, ihr Eigensinn und ihre konkrete praktische Rolle. Stachowiak hat dies in einem Diagramm dargestellt (Abb. 3). Nicht alles am ‚Original' wird abgebildet, nicht alles am Modell bildet ab. Nur zwischen den beiden ‚Eigelben' herrscht eine eineindeutige, in den Worten Stachowiaks: eine „ikomorphe"[28] Beziehung. Die großen geisteswissenschaftlichen Forschungsthemen zur Rolle der Objekte, Kulturtechniken, Medien und des Designs fallen hier in Bezug auf die Modellfrage allesamt in die Kategorie der ‚abundanten Attribute'. Wegen dieser Reduktion ist die einzig wichtige Frage die nach der Validität der Modelle, also danach, ob es sich um eine Repräsentation handelt oder nicht. Um ein Modell von einem Gegenstand handelt es sich nur dann, wenn es zwischen beiden eine objektivierbare Repräsentationsbeziehung gibt.

Die Theorien, die sich auf das von Stachowiak exemplifizierte Szenario gründen, versuchen, das Modell zu degradieren, und zwar sowohl als Element der wissenschaftlichen Erkenntnis als auch als Gegenstand der theoretischen Reflexion. Das Modell wird als etwas Uneigentliches definiert, das allein und ausschließlich in jenen Aspekten zu beachten ist, die es mit dem ‚Original', also dem eigentlichen Gegenstand des Interesses teilt. Hans-Georg Gadamer hat in *Wahrheit und Methode* über das Abbild geschrieben, es erfülle sich „in seiner Selbstaufhebung".[29] Dies entspricht dem Verständnis des Modells als Abbild in der wissenschaftstheoretischen Modelltheorie. Das Modell fällt nicht selbst ins Gewicht, es spielt keine Rolle, es macht sich nicht bemerkbar und – vor allem – es verfälscht nicht

28 Herbert Stachowiak, *Allgemeine Modelltheorie,* Wien/New York 1973, S. 313.
29 Hans-Georg Gadamer, *Wahrheit und Methode,* Tübingen 2010, Bd. 1, S. 143.

den Blick auf das ‚Original'. Es ist so umfassend unterworfen und kontrolliert, dass es sich selbst aufhebt und daher nicht einmal mehr eliminiert werden muss.

Das so verstandene Verhältnis zwischen einem Modell und seinem Bezugsgegenstand weist einige Parallelen zu den zuvor aufgerufenen Texten auf. So ist der Greis als Modell bei Seneca ein Uneigentliches, das die Verbindung zwischen Prometheus und dem Bild zwar herstellen, aber nicht beeinflussen soll. Sein Leiden am Modellsein wird in den Augen des Malers zum Abbild des Martyriums des Sujets. Der Gehilfe bei Vasari arbeitet an seiner Selbstaufhebung, um ein ‚wahres Bild' des Bacchus zu liefern. Sein durch das Ringen um das Modellsein entfachter Wahnsinn wird in den Augen des Malers zum Abbild der Persönlichkeit des Bacchus. Die Geliebte bei Poe fügt sich aus Liebe in die ihr zugewiesene Rolle, wobei sich ihre Passivität gegenüber dem Geliebten mit der Passivität des Modellseins zur jener des Todes potenziert. In allen drei Fällen unterwerfen sich die Beteiligten dem Metamodell der Mimesis, infolgedessen die Modelle überhaupt erst in ihre unglückliche Lage geraten. Diese Geschichten überzeichnen nicht einfach eine künstlerische Praxis. Vielmehr formulieren sie *ante litteram* und auf andere Art und Weise das wissenschaftstheoretische Ideal, das Modell erfülle sich als Abbild in seiner Selbstaufhebung.

Stachowiak selbst stellt, siehe das oben angeführte Zitat, die Dichotomie von ‚Original' und Modell in den Kontext der Dichotomie von Leben und Tod. Vermutlich ohne Absicht zitiert er damit den klassischen Topos vom Tod des Modells herbei. Man könnte nun diesen unbeabsichtigten Denkanstoß aufnehmen und – im forensischen Jargon von Senecas Prozess – der Wissenschaftstheorie unterstellen, sie versuche, das Modell für tot zu erklären. Auf mögliche Motive für ein solches bemerkenswertes Plädoyer bietet Senecas Parrhasiosfall einige Hinweise, zu denken wäre etwa an die Rechtfertigung des eigenen Tuns. Parrhasios versucht unter Beweis zu stellen, dass er ein wahrhaftiger Künstler in dem Sinne sei, dass er nichts an seinem Bild erfindet. Ähnliches gilt für Sansovino und Pippo del Fabbro. Beide treiben das Modell in den Wahnsinn, um ein Bildnis zu erzeugen, dass als ‚wahres Bild' angeschaut werden kann. Auch Poes Maler giert so sehr nach dem ‚wahren Bild' seiner Frau, dass er die Aufhebung des Modells in Kauf nimmt.

Auf viele Modellvorstellungen der Wissenschaftstheorie übertragen heißt das, dass nur dasjenige als Vermittler toleriert wird, was die Unmittelbarkeit zwischen Gegenstand und Erkenntnis nicht beeinträchtigt. Weil das ‚wahre Bild' und die ‚wahre Erkenntnis' beide keine Vermittlung dulden, muss ein Vermittler imaginiert werden, der in seiner Vermittlung verschwindet und so das Paradox ermöglicht, durch Vermittlung eine Unmittelbarkeit herzustellen. Im zunächst philosophischen und dann wissenschafstheoretischen Traum vom absolut fügsamen Medium spiegelt sich das ältere kunsttheoretische Ideal vom absoluten Abbild. Für das wissenschafstheoretische Verschwinden des Modells ist übrigens auch dann gesorgt, wenn es sich nicht in seiner Erfüllung aufhebt. Denn in diesem Falle handelt es sich der Definition zufolge von vorneherein nicht um ein Modell. Das Modell verschwindet daher so oder so, in der Vermittlung oder indem man ihm den Rang und die Rolle des Modells abspricht. Im forensischen Jargon könnte man hier von einem tückischen Plan sprechen, der die Eliminierung des Modells in jedem Fall sicherstellt.

Ein weiteres Motiv besteht im Ausschluss anderer, nichtmimetischer Bild- und Modellverfahren. Nur das ist das ‚wahre Bild', das zum Preis des Modells erworben wurde. Wenn sich das Modell in seiner eigenen, individuellen Präsenz einbringt, dann wird aus einer zweistelligen Relation sozusagen ein Dreikörperproblem. Dann steht nicht mehr das eine ‚wahre Bild' vor Augen, sondern eine unabsehbare Zahl verschiedener möglicher Bilder von einer und derselben Sache. Keines dieser Bilder ist allen anderen hinsichtlich seiner Wahrheit oder Wahrscheinlichkeit überlegen. Das Modell, das sich in seiner Erfüllung nicht aufhebt, macht daher Entscheidungen erforderlich, für die irgendjemand die Verantwortung übernehmen muss. Die prekäre Nähe von Folterwerkzeugen, Pinseln und Farben im Parrhasiosprozess macht den Zusammenhang deutlich: Je mehr das Leiden des Sklaven dem des Prometheus entspricht, desto stärker ist der Maler gezwungen, dies und nicht jenes zu tun. So wird nicht nur das Modell, sondern auch der Maler als Einflussgröße ausgeschaltet. Übertragen auf den wissenschaftstheoretischen Modellbegriff: Nicht nur das wissenschaftliche Modell, sondern auch der Wissenschaftler wird als Einflussfaktor ausgeschaltet.

Die Eliminierung des Modells pflanzt sich aber nicht nur in Richtung der Modellierenden und des Applikats fort, sondern auch in Richtung auf sein ‚Original', auf seine Matrix.[30] Viele der von Seneca aufgeführten Deklamatoren beklagen, dass der Sklave viel schlimmer habe leiden müssen als Prometheus: „Parrhasius, was tust du? Du bleibst nicht bei deinem Vorhaben; was du zufügst ist mehr, als Prometheus erleidet. Man darf, wenn Parrhasios malt, nicht mehr leiden, als wenn Iupiter zürnt."[31] Der Exzess der Unmittelbarkeit wendet sich hier gegen das ‚Original'. Nun muss nicht mehr das Modell dem ‚Original' nahekommen, sondern dieses wird umgekehrt dem Regime des Modells unterworfen. Für die mimetische Entsprechung ist es gleichgültig, ob das Modell seiner Matrix oder diese dem Modell angeglichen wird. Daher wendet sich die Gewalt auch gegen das ‚Original'. Der Prometheus wird durch Parrhasios gleichsam ein weiteres Mal gefoltert, weil auch das Modell seinem ‚Original' seine eigene Form aufzwingt.

Die Geschichten von Seneca, Vasari und Poe sind erfunden, wie letztlich auch die von Stachowiak. Parrhasios hat nach dem Stand der Kenntnisse niemals einen Sklaven als Modell zu Tode foltern lassen. Es handelt sich eben um ein Gerücht, eine Redeübung, ein Denkstück. Ebenso wenig, so könnte man sagen, hat sich

30 Vgl. Bernd Mahr, „Modelle und ihre Befragbarkeit. Grundlagen einer allgemeinen Modelltheorie", in: *Erwägen, Wissen, Ethik* 26/3 (2015), S. 329–342.

31 Seneca, *Sentenzen*, S. 267.

nach dem Stand der Kenntnisse jemals ein Modell vollständig in seiner Selbstaufhebung erfüllt. Die Modelle sterben vielleicht, aber sie heben sich nicht auf. Stattdessen schreiben sie sich in alles ein, was mit ihnen gedacht und getan wird, andernfalls man sie kurzerhand nicht bräuchte. So könnte man sagen, es handele sich bei den hier diskutierten Exemplaren nur um theoretische Modelle, die an der epistemischen, planerischen, gestalterischen Praxis vorbeizielen. Aber wie alle anderen Modelle wirken sich auch theoretische Modelle auf dasjenige aus, was man unter ihrem Einfluss denkt und tut.[32] Der Exzess der Unmittelbarkeit wird durch das Metamodell der Abbildlichkeit mit großer Macht eingefordert. Eignet man es sich an, etwa um das eigene Tun zu rechtfertigen, so unterwirft man sich und andere einem unmenschlichen Regime.

Dies ist unter anderem der Fall beim eingangs genannten Modellrisiko. Dieser Terminus beschreibt eben jene Risiken, die die Verwendung eines Modells, insbesondere in der Wirtschaft, mit sich bringt. Um das *Modellrisiko* zu minimieren, wird das Modell intensiv auf seine Validität, auf seine Abbildgenauigkeit und seine Zuverlässigkeit geprüft. Es wird von externen Personen revidiert, die Prüfungen werden dokumentiert, Verantwortlichkeiten geklärt usw. Man versucht also mit großem Aufwand, das Risiko zu minimieren, das aus der Anwendung von Modellen resultiert. Im Kontext des hier Vorgestellten ist dies eine *riskante* Praxis, und zwar aus folgenden Gründen: Erstens werden die Modelle dabei unter großem Aufwand als eigen- und widerständige Größe nicht *ausgeschaltet*, sondern lediglich ausgeblendet. Die Wirkungen des Modells werden nur aus dem Bewusstsein gedrängt, nicht aber getilgt. Zweitens wird die Matrix des Modells unbemerkt nach dem Modell geformt, und dies umso stärker, je sorgfältiger das Modell zuvor abgesichert wurde. Drittens werden die Anwender des Modells ihrer Entscheidungskompetenz beraubt und von ihrer Verantwortung befreit. So gibt das für gut befundene, aber letztlich unverstandene Modell schließlich die Handlungen vor und führt so das Projekt zielstrebig ins Unbestimmte. Der Exzess der Unmittelbarkeit stellt daher nicht nur für das Modell ein Risiko dar, sondern für das ganze Projekt, sei es ein künstlerisches, planerisches, gestalterisches, wissenschaftliches oder wirtschaftliches. Die Anerkennung des Modells in seiner Eigenständigkeit und Eigensinnigkeit ist daher nicht nur ein Desiderat aktueller Forschungsprojekte, sondern auch ein Mittel gegen die riskante Kultur der Verantwortungslosigkeit unserer Zeit.

Die ewige Wachsamkeit, die Richard Braithwaite als Preis für die Verwendung von Modellen bezeichnet hat, muss daher auf die Modellbegriffe ausgeweitet werden. Indem sie ein unrealistisches Bild von der Möglichkeit entwerfen, das Modell als Einflussfaktor auszuschalten, führen sie eine riskante Fiktion in die Modellierung und den Modellgebrauch ein. Dies kann, wie hier anhand von Beispielen gezeigt wurde, verheerende Folgen haben, nicht nur für das Modell,

32 Vgl. Reinhard Wendler, „Modelltheorien als Akteure", in: *Erwägen, Wissen, Ethik* 26/3 (2015), S. 417–419.

sondern auch für die Matrix, das Applikat, die Modellierenden respektive Modellnutzenden und schließlich auch für den Anwendungszweck des Modells. „[E]ternal vigilance"[33] muss daher nicht in erster Linie den Ungenauigkeiten bei der Herstellung und Benutzung eines Modells gelten, sondern zuallererst dem Umstand, dass das Modell als Einflussfaktor nicht eliminiert werden kann. Das Modell gleichsam am Leben zu lassen, es in seinen Eigenheiten zu erkennen und zu bewahren, darin liegt die Kunst der Modellierung, nicht nur in den Künsten und den Wissenschaften, sondern in allen Bereichen, in denen Modelle zum Einsatz kommen.

Bibliographie

Quellen

Brunn, Heinrich, *Geschichte der griechischen Künstler*, Braunschweig 1856, Bd. 2.
Poe, Edgar Allan, „The Oval Portrait", in: *The Works of Edgar Allan Poe. The Raven Edition*, New York 1903, Bd. 1, S. 194–196.
Schnaase, Carl, *Geschichte der bildenden Künste*, Düsseldorf 1843, Bd. 2.2: Geschichte der bildenden Künste bei den Alten: Griechen und Römer.
Seneca der Ältere, Lucius Annaeus, *Sentenzen, Einteilungen, Färbungen von Rednern und Redefehlern*, übers. von Otto und Eva Schönberger, Würzburg 2004.

Sekundärliteratur

Braithwaite, Richard Bevan, *Scientific Explanation. A Study of the Function of Theory, Probability and Law in Science*, Cambridge 1953.
–, „The Nature of Theoretical Concepts and the Role of Models in an Advanced Science", in: *Revue Internationale de Philosophie* 8 (1954), S. 114–131.
Clark, Andy und Chalmers, David J., „The Extended Mind", in: *Analysis* 58/1 (1998), S. 7–19.
Gadamer, Hans-Georg, *Wahrheit und Methode*, Bd. 1, Tübingen 2010.
Lévi-Strauss, Claude, *Das wilde Denken*, Frankfurt a. M. 1968.
Mahr, Bernd, „Modelle und ihre Befragbarkeit. Grundlagen einer allgemeinen Modelltheorie", in: *Erwägen, Wissen, Ethik* 26/3 (2015), S. 329–342.
Rittel, Horst, „On the Planning Crisis: Systems Analysis of the ‚First and Second Generations'", in: *Bedriftsøkonomen* 8 (1972), S. 390–396.
Stachowiak, Herbert, *Allgemeine Modelltheorie*, Wien/New York 1973.
–, „Erkenntnisstufen zum Systematischen Neopragmatismus und zur Allgemeinen Modelltheorie", in: *Modelle – Konstruktion der Wirklichkeit*, hg. von dems., München 1983, S. 87–146.
Stoichiță, Victor Ieronim, *Der Pygmalion-Effekt. Trugbilder von Ovid bis Hitchcock*, übers. von Ruth Herzmann, München 2011.
Wendler, Reinhard, „Das bacchantische Modell bei Vasari", in: *Rheinsprung 11. Zeitschrift für Bildkritik* 02 (Nov. 2011), S. 13–28.
Wendler, Reinhard, *Das Modell zwischen Kunst und Wissenschaft*, München 2013.
–, „Modelltheorien als Akteure", in: *Erwägen, Wissen, Ethik* 26/3 (2015), S. 417–419.

33 Braithwaite, *Scientific Explanation*, S. 93; vgl. ders., „Nature of Theoretical Concepts".

Was macht der Esel auf der Brücke?
Zur widersprüchlichen Geschichte des *pont aux ânes* zwischen Farcentradition und Logikgeschichte

Anita Traninger

> sappi che queste bestie che tu vedi,
> uomini, come te, furon nel mondo
>
> Machiavelli, *L'Asino*

Die Eselsbrücke, die ja die simpelste aller Merkhilfen zu sein scheint, hat eine durchaus komplexe Geschichte. Im Deutschen ist eine Eselsbrücke heute ein mnemotechnischer Vers oder Spruch; im Französischen dagegen steht *pont aux ânes* für das Banalste vom Banalen, das, was ohnehin alle wissen: „une banalité connue de tous", wie der *Petit Robert* stellvertretend für viele andere Wörterbücher definiert. Diese semantische Differenz ist ein schwaches Echo einer verschlungenen Begriffsgeschichte, denn historisch steht der Ausdruck für ganz unterschiedliche, teils widersprüchliche Signifikate ein. Mir wird es daher im Folgenden um die wechselvolle Geschichte der Eselsbrücke und ihrer unterschiedlichen, teils gegenstrebigen Semantisierungen sowohl in unterschiedlichen kontemporären Diskursbereichen als auch in ihrer Langfristentwicklung gehen. Dabei werde ich der Frage nachgehen, wofür die Eselsbrücke jeweils als Modell diente und insbesondere, wo dabei das Risiko war.

Einen der ältesten Belege für den volkssprachlichen Ausdruck finden wir im Französischen, in der Farce *Le pont aux ânes*. Datiert wird sie auf das Ende des 15. Jahrhunderts, der Verfasser ist nicht bekannt.[1] Als theatrale Gattung stellt die Farce des französischen Mittelalters den Rahmen für eine Verhandlung des Geschlechterverhältnisses her, die allerdings nicht ergebnisoffen ist: Vielmehr geht es stets um die Einregulierung der aufmüpfig gewordenen Frau in die angestammten Machtverhältnisse. Mithin wird eine aus den Fugen geratene Welt auf die Bühne gebracht, und der Schlüssel zur Wiederherstellung der gottgegebenen Hierarchie wird dabei sogleich mitgeliefert. Dass es auf diese Restitution der Dominanzverhältnisse hinausläuft, ist dabei von Anfang an klar: Wenn in der Exposition eines solchen Stücks die Frau den Ehedienst verweigert, kann das so nicht bleiben.

1 S. die Einleitung des Herausgebers zu „Le pont aux ânes" in: *Recueil de farces (1450–1550)*, hg. von André Tissier, Bd. 6, Genf 1990, S. 63–78.

In *Le pont aux ânes* ist dies nicht anders. Gattungstypisch kommt das Stück mit einem kleinen Raster von *dramatis personae* aus: *le mary, la femme,* ein Geistlicher, Messire Dominé Dé, und *le boscheron* („der Holzfäller“). Die Ausgangssituation ist, dass die Frau die Haushaltsführung verweigert. Der Mann lässt sich auf die argumentative Auseinandersetzung über den Sachverhalt ein, und trotz aller Berufung auf die Tradition, das Recht ebenso wie auf die Bibel, bleibt die Frau unbeeindruckt. Unzählige Male endet die Debatte im Befehl „tu obéiras“ („du wirst gehorchen“) und der kaltschnäuzigen Antwort: „certes, non“ („sicher nicht“):

Le mary
Il fault que nous seigneurion.
Droict le veult et force l'emporte.

La femme
Et esse ton oppinion?
Me veulx-tu pugnir de tel sorte?
Ce sera quant je seray morte
Doncques que je t'obeiray;
Car, tant que l'ame du corps me parte,
Un pas pour toy ne passeray.

Le mary
Si obeyras-tu.
La femme
Non feray.[2]

Nach einem weiteren ermüdenden Hin und Her, in dem die verhärteten Positionen immer weiter wiederholt werden, verlässt der Mann entnervt das Haus und trifft auf Messire Dominé Dé, der ein Kauderwelsch aus Latein, Italienisch und Französisch spricht und von seinen intellektuellen Qualitäten mehr als überzeugt ist: „Jo so la persona prudente“[3] – preist er sich an. Auf jede der Beschwerden des Mannes hat er nur eine Empfehlung: „Vade, tenés le pont aux asgnes; / Et va[de] le mode de faire.“[4]

Der *pont aux ânes* ist im Stück eine Brücke im ganz wörtlichen Sinne. Der Mann trifft dort den Holzfäller, der seinen Esel über die Brücke treiben will; naturgemäß bockt der Esel. Der Holzfäller hat aber eine Lösung parat, und die heißt: Schläge. Der Ehemann hat damit seinerseits das Modell für die Lösung der

2 „Le pont aux ânes“, S. 86. „Der Ehemann: Wir müssen herrschen. Das Recht will es und die Stärke gewinnt die Oberhand. – Die Ehefrau: Ist das deine Meinung? Willst Du mich so bestrafen? Erst wenn ich tot bin, werde ich dir gehorchen. Bis meine Seele meinen Körper verlässt, werde ich nicht einen Handgriff für dich tun. – Der Ehemann: Doch! Du wirst gehorchen. – Die Ehefrau: Sicher nicht.“

3 Ebd., S. 93.

4 Ebd., S. 94, S. 100.

Krise am heimischen Herd gefunden – ein Stock aus Buchenholz ist das Züchtigungsinstrument der Wahl:

> Et pour ce gros baston de haistre,
> Dont je vous casseray les os.
> [...]
> Dya, j'ay esté au pont aux asgnes;
> Je sçay comme il les fault conduire.
> [...]
> Trottez, vieille, trottez, trottez;
> Et servez quand il est besoing.[5]

Die Eselsbrücke hat damit in zweierlei Hinsicht Modellcharakter: Was den Esel in Bewegung setzt, wirkt auch bei der Frau. Die Eselsbrücke erweist das, was ohnehin evident ist. Man darf vermuten, dass in der ersten Hälfte des Stücks, als der Ehemann sich auf endlose Debatten mit seiner aufmüpfigen Frau einlässt, für das Publikum die Lösung längst auf der Hand lag: Warum macht er nicht von seinem Züchtigungsrecht Gebrauch? Doch erst der satirisch überzeichnete Scholar weist ihm den Weg zur Eselsbrücke, wo die Lösung evident wird.[6] Diese Konzeption der Eselsbrücke mag daher mit der modernen französischen Auffassung einer allen bekannten Banalität korrespondieren, sie steht allerdings in diametralem Gegensatz zur heutigen deutschen (und auch niederländischen) Auffassung einer möglichst schmerzlosen Merktechnik.[7]

Im Deutschen ist eine Eselsbrücke heute ein Merkvers oder ein vielfach auch anagrammatischer Merkspruch für grammatikalische Regeln, Chronologien, Tonleitern oder historische Ereignisfolgen. Rhythmus, Reim und Homophonie sind dabei bewährte Vehikel des Merkens. Ein in diesen Hinsichten nachgerade überdeterminiertes Beispiel liefert *The Sound of Music.* Dort bringt Julie Andrews als Kindermädchen Maria den Kindern des Barons von Trapp die C-Dur-Tonleiter (Do-re-mi-fa-so-la-ti) durch Silbenhomophonie bei: ‚Re' wird zum Sonnenstrahl (*ray*), ‚mi' zu ich (*me*), ‚ti' zu Tee (*tea*), etc.

5 Ebd., S. 108f. „Und mit diesem großen Buchenprügel werde ich Euch die Knochen brechen. [...] Ich war bei der Eselsbrücke; ich weiß, wie man sie lenken muss. [...] Lauft, Alte, lauft, lauft; und bedient mich, wenn es nötig ist."

6 Dass Fragen des Geschlechterverhältnisses in der Farce immer wieder thematisch werden, hat einige Interpreten dazu veranlasst, von einem Feminismus *avant la lettre* zu sprechen. Nachdem aber zugleich die Devianz immer wieder einreguliert wird, schlägt Konrad Schoell vor, allein schon die Darstellung der Situation der Frau, ihr Thematischwerden, als Schritt auf dem langen Weg zu deren *libération* zu sehen: Konrad Schoell, *La Farce du quinzième siècle,* Tübingen 1992, S. 82–93. Vgl. auch die literatursoziologische Perspektive auf Wandelphänomene des Geschlechterverhältnisses in ders., *Das komische Theater des französischen Mittelalters. Wirklichkeit und Spiel,* München 1975.

7 Im Englischen steht „bridge of asses" für die fünfte Proposition im ersten Buch von Euklids *Elementen* und aufgrund von deren Schwierigkeit im übertragenen Sinn für einen „critical test of understanding" bzw. einen „stumbling block". Vgl. J. L. Heilbron, „The Bridge of Asses", in: *Encyclopaedia Britannica 2008 Ultimate Reference Suite,* Chicago 2008.

Maria:

Do-re-mi-fa-so-la-ti
Let's see if I can make it easy

Doe, a deer, a female deer
Ray, a drop of golden sun
Me, a name I call myself
Far, a long, long way to run
Sew, a needle pulling thread
La, a note to follow Sew
Tea, a drink with jam and bread
That will bring us back to Do (oh-oh-oh)[8]

Abgesehen davon, dass der kommunizierte Inhalt („when you know the notes to sing, you can sing most anything") unsinnig ist – denn natürlich muss man sich die Notenbezeichnungen nicht merken, um singen zu können –, ist doch die Kombination von homophoner Eselsbrücke und eingängiger Melodie nachgerade ein Gedächtnisgarant. Gebräuchlicher freilich – und einfacher – ist die Bildung eines Satzes, dessen Bestandteile mit den zu merkenden Worten die Anfangsbuchstaben teilen: „Mein Vater erklärt mir jeden Sonntag unseren Nachthimmel" als Merkspruch für die Planeten Merkur, Venus, Erde, Mars, Jupiter, Saturn, Uranus und Neptun.[9] Auch abstrakte Buchstabenreihen können in Sätze überführt werden: „Geh, du alter Esel!" soll helfen, die Stimmung der vier Saiten der Violine (G – D – A – E) zu memorieren.[10] Neben der Merkspruchbildung ist auch die Merkwortkonstruktion ein historisch belegtes Verfahren, so etwa in Jan Amos Comenius' Akronym SCHOLA für die Aufgaben der Schule: „sapienter cogitare, honeste operari, loqui argute" („weise denken, ehrenvoll handeln, scharfsinnig sprechen").[11]

Die akronymische Gedächtnisstütze ist alt, und sie ist ein Langzeitphänomen. Ein herausgehobener Hort der mnemotechnischen Eselsbrücke ist die Lehrtradition der Dialektik, die Regeln und Terminologie in Abundanz zu vermitteln hatte. Lehrbücher der Dialektik sparen daher nicht mit Akronymen, Versen und sonstigen Merksprüchen. Weithin bekannt sind die Chiffren für die Modi des Syllogismus:

8 „Do-Re-Mi", in: *The Sound of Music*, Text: Oscar Hammerstein II, Musik: Richard Rodgers, 1959, URL: http://www.youtube.com/watch?v=bJJUG_Elt5g (TC 00:20– 01:13) (1.8.2019).

9 Bis 2006 konnte formuliert werden: „unsere neun Planeten"; seit Pluto nicht mehr als Planet gilt, ist der autoreflexive Charakter des Spruchs verloren. Vgl. Manfred Gaida, „Warum ist Pluto kein Planet mehr?", in: *Archiv Astronomische Frage der Woche*, Woche 40 (2009), URL: http://www.dlr.de/desktopdefault.aspx/tabid-5170/8702_read-20224/ (1.8.2019).

10 Das Beispiel entnehme ich dem Band Wolfgang Riedel, *Eselsbrücken. Die schönsten Merksätze und ihre Bedeutung*, Mannheim/Zürich 2012 (Duden Allgemeinbildung), S. 53, der eine Vielzahl von – teils auch nicht wirklich bekannten – Merksätzen mehr oder weniger launig kommentiert.

11 Vgl. Andreas Fritsch, „‚Die neueste Sprachenmethode' in den ‚Opera didactica omnia' des Johann Amos Comenius", in: *Sitzungsberichte der Leibniz-Sozietät* 106 (2010), S. 105–123, hier S. 110.

Barbara celarent darii ferio baralipton
Celantes dabitis fapesmo frisesomorum.
Cesare cambestres festino barocho darapti.
Felapto disamis datisi bocardo ferison.[12]

Bemerkenswert ist zunächst, dass es sich um Wörter handelt, die völlig artifiziell sind, allenfalls an lateinische Ausdrücke anklingen, aber im Satzverbund in diesen Bedeutungen sinnlos sind. Worauf zielt das ab? Diese arbiträren Prägungen stehen für die insgesamt 19 zulässigen Modi des Syllogismus. Erstmals festgehalten wurden sie von William of Sherwood im 13. Jahrhundert, tradiert von allen weiteren namhaften Lehrbuchautoren, allen voran Petrus Hispanus.[13]

Beim Syllogismus handelt es sich bekanntlich um eine dreigliedrige Deduktion, bei der aus zwei Prämissen (Ober- und Untersatz bzw. *propositio maior* und *minor*), die einen Terminus – den Mittelbegriff – gemeinsam haben, eine Konklusion folgt. Die einzelnen Worte der Merkverse sind jeweils mehrfach codierte Chiffren und stellen eigentlich Formeln dar. Die Vokale geben jeweils den Aussagetyp der drei Sätze des Syllogismus an, wobei universal affirmativ mit a (*affirmo*), universal negativ mit e (*nego*), partikular affirmativ mit i (*affirmo*) und partikular negativ mit o (*nego*) bezeichnet wird. So steht z. B. „Barbara" für den ersten Modus der ersten Figur, der durch zwei universal affirmative Prämissen und eine ebensolche Konklusion gekennzeichnet ist:

Alle Menschen sind sterblich.
Alle Griechen sind Menschen.
Ergo: Alle Griechen sind sterblich.

Je nach Position des Mittelbegriffes fallen die Syllogismen unter drei Figuren. In der ersten Figur ist der Mittelbegriff Subjekt in der ersten Prämisse (Obersatz) und

12 Petrus Hispanus, *Tractatus, called afterwards Summule Logicales,* hg. und mit einer Einl. von L. M. de Rijk, Assen 1972, IV, 13, S. 52.

13 Dass es sich in der Tat um ein Langfristphänomen handelt, belegt u. a. Molières *Bourgeois gentilhomme* aus dem Jahr 1670. Der Bürger Jourdain, der so gern ein Adliger werden möchte, holt sich zur entsprechenden Ausbildung einen Philosophielehrer ins Haus, und dieser legt ihm immer noch die Kunstwörter des Merkverses ans Herz – womit die Unterrichtung in der Syllogistik auch gleich wieder zu Ende ist, erscheinen doch dem Monsieur Jourdain die Worte „zu sperrig":
„MONSIEUR JOURDAIN.- Qu'est-ce que c'est que cette Logique?
MAÎTRE DE PHILOSOPHIE.- C'est elle qui enseigne les trois opérations de l'Esprit.
MONSIEUR JOURDAIN.- Qui sont-elles, ces trois opérations de l'Esprit?
MAÎTRE DE PHILOSOPHIE.- La première, la seconde, et la troisième. La première est, de bien concevoir par le moyen des Universaux. La seconde, de bien juger par le moyen des Catégories: Et la troisième, de bien tirer une conséquence par le moyen des Figures. Barbara, Celarent, Darii, Ferio, Baralipton, etc.
MONSIEUR JOURDAIN.- Voilà des mots qui sont trop rébarbatifs. Cette Logique-là ne me revient point. Apprenons autre chose qui soit plus joli."
Molière, *Œuvres complètes,* hg. von Georges Forestier, 2 Bde., Paris 2010 (Bibliothèque de la Pléiade), Bd. 2, S. 280.

Prädikat in der zweiten (Untersatz). In der zweiten Figur ist der Mittelbegriff in beiden Prämissen Prädikat, in der dritten in beiden Subjekt. Auch hierfür gibt es einen Merkvers, wiederum stammt er von William of Sherwood: „Sub prae prima, bis prae secunda, tertia bis sub."[14] Doch zurück zu den Versen, die die Modi des Syllogismus auflisten: Ganz ausgefeilt ist die Merktechnik dort nicht, fallen doch die Figuren nicht durchgehend mit den Versgrenzen zusammen; vielmehr stehen die ersten neun Ausdrücke (Barbara – Frisesomorum) für die Modi der ersten Figur, die folgenden vier für die Modi der zweiten Figur (Cesare – Baroco), die letzten sechs schließlich für jene der dritten Figur (Darapti – Ferison).[15]

Die Regeln der Dialektik – die ich hier nicht einmal anreißen kann – beanspruchen für sich Notwendigkeit, die sie nicht zuletzt aus dem Modellcharakter der Syllogistik insgesamt beziehen: Es ist der menschliche Verstand selbst, der nach mittelalterlicher und frühneuzeitlicher Auffassung in Syllogismen operiert, und die Dialektik ist nichts anderes als die Extrapolation seiner Verfahren.[16] Aber haben die Scholastiker diese Merkhilfen auch als Eselsbrücke oder, wie sie gesagt hätten, *pons asinorum* bezeichnet und verstanden? Wo und in welcher Bedeutung ist der Ausdruck ‚pons asinorum' belegt? Grimms Wörterbuch bietet mit Blick auf das 14. Jahrhundert Folgendes an:

> eselsbrücke, f. *inertiae adjumentum,* fr. *le pont aux ânes.* der ausdruck soll durch Johann Buridan im 14. jh. aufgekommen sein, der spöttisch *asinus Buridanus* und dessen schrift super summulas *‚asini pons'* genannt wurde. Ritter gesch. der Philosophie 8, 606. andere verstehen darunter eine schwierigkeit, wovor unwissende stutzen, wie der esel vor der brücke.[17]

14 William of Sherwood, *Introductiones in Logicam. Einführung in die Logik,* lateinisch – deutsch, hg., übers., eingel. und mit Anm. versehen von Hartmut Brands und Christoph Kann, Hamburg 1995, S. 76.

15 Ich folge für diese Darstellung William Kneale und Martha Kneale, *The Development of Logic,* Oxford 1984, S. 73f. Den drei Figuren entsprechen bestimmte Argumentationsstrategien und -ziele. Wer in der ersten Figur argumentiert, beweist seine Schlussfolgerung dadurch, dass er zeigt, dass eine bestimmte hinreichende Bedingung erfüllt ist. In der ersten Figur muss der Obersatz universal sein; wenn er partikulär ist, folgt nichts. Der Untersatz muss affirmativ sein, wenn er negativ ist, folgt nichts.
Wer in der zweiten argumentiert, beweist seine Konklusion, die negativ sein muss, dadurch, dass er zeigt, dass eine notwendige Bedingung für die Applikation des Prädikats auf das Subjekt *nicht* erfüllt ist. Formal muss dafür gelten, dass der Obersatz universal und dass eine Prämisse negativ ist.
Und wer schließlich in der dritten Figur argumentiert, beweist seine Konklusion, die partikulär sein muss, indem er zeigt, dass Beispielfälle angeführt werden können. Die Konklusion muss auf jeden Fall partikulär sein und der Untersatz affirmativ.

16 Thomas von Aquin, *Summa Theologica. Deutsch-lateinische Ausgabe der Summa theologica,* mit Kommentaren von Alexander von Siemer und Heinrich M. Christmann, Bd. 1, Graz 1982, ST I^{a} q. 84 a. 8 ad 2, URL: http://www.corpusthomisticum.org/sth1084.html#32008 (1.8.2019); ebenso aber auch z. B. Marsilio Ficino, *Théologie Platonicienne de l'immortalité des âmes,* lat. und frz., krit. hg. von R. Marcel, Paris 1964, Bd. 6, S. 435.

17 Jacob und Wilhelm Grimm, Art. „eselsbrücke", in: dies., *Deutsches Wörterbuch,* Leipzig 1862, Bd. 3, Sp. 1151.

Das lateinische vermeintliche Synonym „inertiae adjumentum" verweist auf ein Hilfsmittel der Faulen, einen unerlaubten Studienbehelf – eine Bedeutung von *pons*, die im Pennälerjargon des 19. und auch noch 20. Jahrhunderts durchaus präsent war und dort zumeist unter dem Tisch konsultierte Klassikerübersetzungen meinte.[18] Die Grimms berufen sich also dreifach auf Johannes Buridan, der im 14. Jahrhundert an der Universität von Paris lehrte:

1. Er sei der Schöpfer des Ausdrucks ‚pons asinorum',
2. zugleich sei Buridan selbst ‚asinus Buridanus' genannt worden,
3. und auch Buridans Schrift *Super summulas* habe ‚asini pons' geheißen.[19]

Diese so deutlich überdeterminierte Herleitung erscheint einigermaßen verdächtig, und in der Tat ist keine der drei Angaben historisch belastbar. In den Schriften Buridans findet sich nirgends eine Formulierung zum *pons asinorum*.[20] Dass Buridan selbst als Esel bezeichnet worden wäre, kann aus den Quellen nicht belegt werden, ebenso wenig wie eine colloquiale Bezeichnung seiner Schrift *Super summulas*. Buridans Name ist allerdings sehr wohl mit einem Esel assoziiert: Buridans Esel, der zwischen zwei gleich großen und gleich weit entfernten Heuhaufen nicht entscheiden kann und daher verhungert. Freilich ist auch dieser Esel nicht in Buridans Schriften anzutreffen (in seinem Kommentar zu *De caelo* gibt es allerdings einen Hund, der sich nicht zwischen zwei gleich großen Futterportionen entscheiden kann),[21] doch hat sich der Ausdruck etabliert.

Historisch ist es Pierre Bayle, der eine Beziehung zwischen Buridans Esel und dem *pont aux ânes* hergestellt hat. Entgegen seiner Programmatik, in seinem *Dictionnaire historique et critique* allein die Irrtümer anderer zu korrigieren,[22] trägt er unter dem Lemma „Buridan" eine gänzlich unfundierte, aber nicht uncharmante Spekulation vor: Der *pont aux ânes* sei ihm zwar bisher von niemandem so richtig erklärt worden, die Problematik sei aber doch wohl jene von Buridans Esel. Die Homophonie von französisch *âne* (Esel) und lateinisch *an* (oder) verweise auf die Struktur der scholastischen *quaestio*, die ja zwingend die Form *utrum/an* (entweder/oder) hatte:

---

18 Vgl. Philipp Plattner, „Nachträge zu Sachs' Wörterbuch", in: *Zeitschrift für neufranzösische Sprache und Literatur* 7 (1885), S. 275–301, hier S. 300. Heute ist der klandestine Beigeschmack verschwunden und Pons eine etablierte Verlagsmarke der Klett-Gruppe.

19 Der Gewährsmann Ritter steht freilich nur für die dritte Information ein, vgl. Heinrich Ritter, *Geschichte der Philosophie*, 12 Bde., Hamburg 1829–1853, Bd. 8, S. 606.

20 So auch Nicholas Rescher, „Choice without Preference. A Study of the History and the Logic of the Problem of ‚Buridans's Ass'", in: *Kant-Studien* 51 (1960), S. 142–175, hier S. 153f.

21 Rescher merkt zu Recht an, dass dieses wenig verbreitete Manuskript wohl kaum die Quelle für die Wendung von ‚Buridans Esel' sein kann, siehe Rescher, „Choice without Preference", S. 154.

22 Vgl. Pierre Bayle, „Dissertation qui fut imprimée au devant de quelques essais ou fragmens de cet ouvrage […] sous le titre de Projet d'un dictionaire critique, à Mr. Du Rondel, professeur aux Belles-Lettres à Maestricht", in: ders., *Dictionnaire historique et critique*, Amsterdam u. a. ^{5}1740, Bd. 4, S. 606–615, hier S. 607.

> En ce qui concerne le Sophisme appellé *l'Asne de Buridan*, ce pourroit bien n'être autre chose que le *Pont aux Asnes de Logique* [...]. On veut que *l'Asne de Buridan* soit proprement l'état d'un *Asne* situé entre deux picotins d'avoine, dont rien ne le détermine à entamer l'un plutôt que l'autre: mais peut-être n'a t-on pas pris garde à l'équivoque d'*Asne* à l'Adverbe *An*, synonyme du fameux *Utrùm* des Philosophes [...].[23]

Der rat- und hilflose Esel zwischen den beiden Haferrationen wird so mit der Wissenspraxis der Scholastik als solcher kurzgeschlossen: Der *pont aux ânes* verweise auf ein Meer von *utrum* und *an*, aus dem man nicht herausfinde. Zugleich aber sei er ein Mittel, um genau dieses *mare crisium* zu überqueren, zitternd wie die Esel auf der Brücke, deren schlecht zusammengefügte Bohlen den Blick auf das darunter liegende Wasser freigeben:

> *Pont-aux Asnes*, signifie aussi, tantôt une *Mer* de ces *An* ou de ces *Utrùm* dont on ne sait comment sortir; tantôt un Répertoire de ces mêmes *An* ou *Utrùm*, avec des solutions, ou les moiens de passer par dessus en tremblant, comme les *Asnes* sur un pont, dont les ais mal-joints leur laissent entrevoir l'eau qui passe par dessous.[24]

Der scharfsinnige Bayle erliegt hier seiner Scholastikverachtung und vergisst ganz, dass die Scholastiker ja von einem ‚asinus' gesprochen hätten und nicht von einem ‚âne', dass also die Homophonie nicht in ihren Ohren klang, und dass es zudem nicht sehr wahrscheinlich ist, dass sie ihre eigene Kerntätigkeit des Stellens und Disputierens von *quaestiones* als hilfloses Starren angesichts des Unentscheidbaren oder aber als verzweifeltes Zittern angesichts eines Meers von Alternativen gefasst hätten.[25]

Mit dieser Auffassung steht Bayle freilich nicht allein. Zedlers *Universal-Lexicon* schreibt die Prägung des Ausdrucks ‚pons asinorum' ebenfalls den Verächtern der Dialektik zu, konkretisiert den Begriff aber mit Blick auf ein spezifisches Problem: das Auffinden des Mittelbegriffs für den Syllogismus – und führt die Problematik weg von der vermeintlichen scholastischen Aporie, wie Bayle sie in dem Begriff emblematisch gefasst sehen will, hin zu einer Findetechnik:

> PONS ASINORUM, wird von den Verächtern der Dialectick die Dialectische Kunst das Mittelglied (*medium terminum*) in einem Schlusse zu erfinden genennet, und dieses zwar deswegen, weil sie denen in der Logic un-

---

23 Pierre Bayle, Art. „Buridan", in: ders., *Dictionnaire historique et critique*, Amsterdam u. a. [5]1740, Bd. 1, S. 708–711, hier S. 709.

24 Ebd. Dass Esel nicht über Brücken gehen, bei denen sie durch die Bohlen hindurch das Wasser sehen können, berichtet Plinius d. Ä., Hist. nat. VIII, 169.

25 Vgl. die Kritik in Rescher, „Choice without Preference", S. 153, Anm. 31.

> erfahrnen Mittel an die Hand giebt, bey ieder Gelegenheit ein Argument ausfündig zu machen.[26]

Dass in meiner kurzen Diskussion der scholastischen Mnemotechnik der Fokus auf dem Aussagemodus der drei Sätze des Syllogismus lag, verstellt ein wenig den Blick dafür, was in der Praxis die eigentliche Herausforderung für das dialektische Ingenium ist: Es ist nicht die Konklusion. Wenngleich sie in der Notation das Ergebnis der Inferenz ist, ist sie eigentlich der Ausgangspunkt des Verfahrens; sie ist der Satz, den es zu prüfen gilt. Es ist auch nicht die *propositio minor*, die der Einzelfall ist, der Casus, der mit einem Gesetz relationiert werden soll. Und es ist sicher nicht die *propositio maior*, im dialektischen Syllogismus die allgemein anerkannte Meinung, mithin die Prämisse, die schon feststeht. Die eigentliche Herausforderung ist das Finden des Mittelbegriffs, der in der Konklusion nicht vorkommen darf und der die Beziehung zwischen Subjekt und Prädikat der Konklusion herstellt. Er ist, so hat es Umberto Eco einmal formuliert, „the triggering device of the whole process".[27]

Das Auffinden des Mittelbegriffs diskutiert Aristoteles in den *Analytica priora* (43a20–45b12).[28] Der Mittelbegriff wird als in einer je spezifischen Inferenzbeziehung zum Subjekt und zum Prädikat der Konklusion stehend gedacht: Er kann aus Prädikat bzw. Subjekt jeweils folgen oder aber umgekehrt, Subjekt bzw. Prädikat folgen aus dem Mittelbegriff. Schließlich können natürlich aber auch Prädikat bzw. Subjekt und Mittelbegriff unvereinbar sein. Daraus ergeben sich sechs Typen von Begriffen, die Aristoteles im 28. Kapitel der *Analytica priora* unterscheidet. Die hier vorgestellte Notation ist bereits das Ergebnis eines Transferprozesses, nämlich in die lateinische Terminologie der Scholastik. So sind auch lateinische an die Stelle von Aristoteles' griechischen Buchstaben getreten:

A – Prädikat der Konklusion
- B – Begriffe, die aus dem Prädikat folgen (*consequens ad praedicatum*)
- C – Begriffe, aus denen das Prädikat folgt (*antecedens ad praedicatum*)
- D – Begriffe, die mit dem Prädikat unvereinbar sind (*extraneum ad praedicatum*)

E – Subjekt der Konklusion
- F – Begriffe, die aus dem Subjekt folgen (*consequens ad subiectum*)
- G – Begriffe, aus denen das Subjekt folgt (*antecedens ad subiectum*)
- H – Begriffe, die mit dem Subjekt unvereinbar sind (*extraneum ad subiectum*)[29]

---

26 Johann Heinrich Zedler, *Grosses vollständiges Universal-Lexikon*, Halle/Leipzig 1732–1754, Lemma „Pons asinorum", Bd. 28, S. 1447. Ein Lemma „Eselsbrücke" existiert nicht.

27 Umberto Eco, „Horns, Hooves, Insteps: Some Hypotheses on Three Types of Abduction", in: *The Sign of Three. Dupin, Holmes, Peirce*, hg. von Umberto Eco und Thomas A. Sebeok, Bloomington/Indianapolis 1988, S. 198–220, hier S. 203.

28 Aristoteles, *Lehre vom Schluß oder Erste Analytik*, hg. und übers. von Eugen Rolfes, Hamburg 1992 (Organon III).

29 Die lateinische Terminologie aus: Aristoteles, *Dialectica cum quinque vocibus Porphyrii Phe-*

Alexander von Aphrodisias (um 200 n. Chr.) spricht in seinem Kommentar zum 28. Kapitel der *Analytica priora* von einem Diagramm, in dem diese Beziehungen dargestellt worden seien, ohne dass es freilich in seinem Text überliefert wäre.[30] Das deutet auf eine Lehrpraxis hin, die sich der Visualisierung der Relationen bediente, ohne dass dies gleich Eingang in die Kommentartradition gefunden hätte. Johannes Philoponus soll im sechsten Jahrhundert der erste gewesen sein, der das auch vor Augen stellte.[31] Unklar ist, ab wann das Diagramm, das auch von Averroes und auch Albertus Magnus diskutiert wurde,[32] die Bezeichnung *pons asinorum* erhielt. Es scheint plausibel, dass der Ausdruck in der dominant oralen Universitätskultur des Mittelalters über lange Zeit kursierte, belegt ist er erstmals in den Schriften des Petrus Tartaretus (gest. 1522).[33] Tartaretus lehrte als Theologe an der Universität von Paris und war über eine lange Karriere hinweg einer der führenden Interpreten des Duns Scotus. François Rabelais verewigte ihn im fiktiven Katalog der Bibliothek St. Victor, wo ihm ein Traktat *De modo cacandi* zugeschrieben wird.[34] In Verbindung mit seiner Lehrtätigkeit ist sein reiches Kommentarwerk zu sehen, das den scholastischen Kanon von den Schriften des Organon über die *Sententiae* des Petrus Lombardus bis hin zu den *Summulae logicales* des Petrus Hispanus abdeckt. Die zahlreichen Drucke seiner Arbeiten zur scholastischen Philosophie belegen eine starke Nachfrage und eine weite Verbreitung; in Wittenberg waren sie beispielsweise die Standardlehrwerke, bis sie durch Melanchthons *Dialektik* ersetzt wurden.[35]

Wie sieht nun die Eselsbrücke aus? Ein Bild scheint sich aufzudrängen: Subjekt und Prädikat als Brückenpfeiler, der *terminus medius* als Brücke. Das Diagramm freilich, das der *Ersten Analytik* an entsprechender Stelle bei Tartaretus beigegeben ist, sieht alles andere als einfach aus:

---

nicis: Argyropilo traductore: a Joanne Eckio Theologo facili explanatione declarata, Augsburg 1517, fol. XXIX.

30 Kneale/Kneale, *The Development of Logic,* S. 186; Charles L. Hamblin, „An Improved *Pons Asinorum*?", in: *Journal of the History of Philosophy* 14 (1976), S. 131–136, hier S. 131. Vgl. Alexander von Aphrodisias, *In Aristotelis Analyticorum Priorum Librum I Commentarium,* hg. von M. Wallies, Berlin 1883 (Commentaria in Aristotelem Graeca 2,1), S. 290–322.

31 Johannes Philoponus, *In Aristotelis Analytica Priora Commentaria,* hg. von M. Wallies, Berlin 1905 (Commentaria in Aristotelem Graeca 13,2), S. 270–300, hier S. 274.

32 Vgl. die Verweise bei Hamblin, „An Improved *Pons Asinorum*?", S. 131; Lorenzo Pozzi, *Studi di logica antica e medioevale,* Padua 1974, S. 63.

33 Hamblin, „An Improved *Pons Asinorum*?", S. 131.

34 François Rabelais, *Œuvres complètes,* hg. von Mireille Huchon, Paris 1998 (Bibliothèque de la Pléiade), S. 237. Der Witz speist sich aus der Bedeutung von ‚tarter' = Stuhlgang haben, vgl. ebd. S. 1263, Anm. 8.

35 James K. Farge, „Pierre Tartaret", in: *Contemporaries of Erasmus,* hg. von Peter G. Bietenholz, 3 Bde., Toronto/Buffalo/London 2003, Bd. 3, S. 310f. Spezifisch zu den Aristoteles-Kommentaren siehe Charles H. Lohr, „Medieval Latin Aristotle Commentaries. Authors: Narcissus – Richardus", in: *Traditio* 28 (1972), S. 281–396, bes. S. 372–376. Zu Tartarets *fama* und der Verwendung seiner Lehrbücher u. a. in Wittenberg siehe Ricardo G. Villoslada, *La universidad de Paris durante los estudios de Francisco de Vitoria O. P. (1507–1522),* Rom 1938, S. 218f. sowie S. 131 zur Kritik Philipp Melanchthons an der Pariser (und insbesondere Tartarets) Logik.

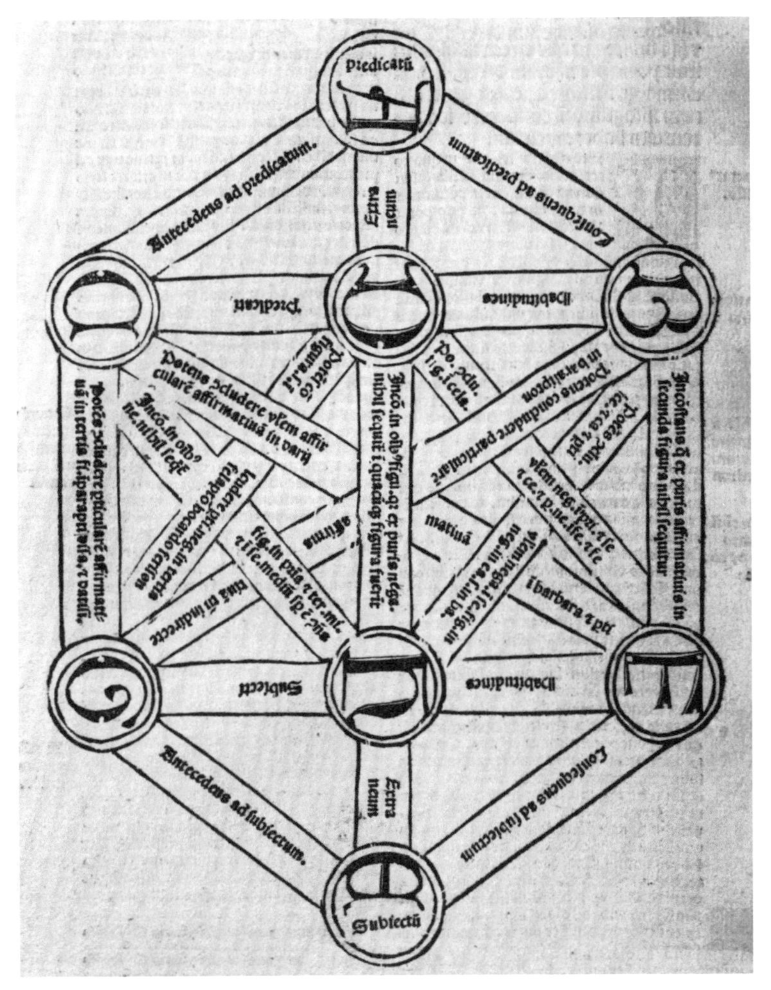

Abb. 1: Petrus Tartaretus, *Expositio Magistri Petri Tatereti super textu logices Aristotelis.* Lyon 1503, fol. LXXIIv.

Und in der Tat betont Tartaretus die Schwierigkeit der Figur:

> Ut ars inueniendi medium cunctis sit facilis plana atque perspicua ad manifestationem ponitur sequens figura quae communiter **propter eius apparentem difficultatem pons asinorum dicitur**.[36]

36 Petrus Tartaretus, *Expositio Magistri Petri Tatereti super textu logices Aristotelis*, Lyon 1503, fol. LXXII^{r}, meine Hervorhebung. Der Gesamtkatalog der Wiegendrucke weist die erste Ausgabe dieses Werks mit Poitiers 1493 nach, vgl. http://gesamtkatalogderwiegendrucke.de/docs/TARTPET.htm (1.8.2019). Carl von Prantl, *Geschichte der Logik im Abendlande*, 4 Bde., Leipzig

> Damit die Technik, den Mittelbegriff zu finden, für alle einfach, klar und deutlich sei, wird die folgende Figur vorgestellt, die gemeinhin wegen ihrer offensichtlichen Schwierigkeit ‚pons asinorum' genannt wird.

Zwei Dinge sind bemerkenswert an der Formulierung: Zum einen, dass sich Tartaret auf einen gemeinhin akzeptierten Sprachgebrauch beruft; er ist also weniger der Begriffspräger als vielmehr derjenige, der in die Schriftform bringt, was im colloquialen Usus schon verankert ist. Zum anderen ist der Ausdruck ‚apparens' zentral: Lorenzo Pozzi deutet ihn so, dass Tartaretus hier eine nur scheinbare Schwierigkeit benennen will („per significare una difficoltà solo apparente").[37] Ich würde Tartaret demgegenüber so lesen, dass das Diagramm Eselsbrücke heißt, nicht weil es selbst eine simple Steighilfe ist, sondern wegen seiner offenkundigen Schwierigkeit. Natürlich wird die diagrammatische Visualisierung gegenüber der textuellen Explikation als klar, einfach und deutlich vorgestellt. In sich selbst bleibt die Technik des Findens des Mittelbegriffs aber schwierig, und daher ist es nur zu verständlich, dass die Studenten zurückscheuen und bocken wie die Esel des Holzfällers in der oben zitierten Farce. Diese Auffassung wird durch die weitere Bildtradition, die bis in das 17. Jahrhundert reicht, deutlich unterstrichen.

Esel sind gerade nicht jene, denen mit der Brücke über das *mare crisium* geholfen wird, sondern jene, die die Risikopassage nicht bewältigen.[38] Ein Stich aus dem 17. Jahrhundert zeigt dies auf besonders eindringliche Weise. Er ist mir in drei Exemplaren bekannt: Eines befindet sich in der KU Leuven (Abb. 2), eines im Warburg Institute in London (Abb. 3),[39] auf ein weiteres komme ich gleich zu sprechen.

Genau genommen zeigt das Blatt keine Brücke, sondern das Diagramm des Tartaretus, um 90 Grad gedreht und auf Stelzen gesetzt, damit es vom Wasser unterspült werden kann. Die beiden Drucke sind auf den ersten Blick identisch. Im Wasser unter der ‚Brücke' tummeln sich abgestürzte Esel; der Grund für ihr Versagen wird durch Attribuierung gleich mitgeliefert: dass sie ihre Zeit statt dem Studium anderen Zeitvertreiben gewidmet haben, hat sie auf der Brücke ausrut-

---

1855–1870, Bd. 4, S. 206f., formuliert die ‚Erfindung' des *pons asinorum* durch Tartaretus als Vermutung. Martin Grabmann, *Die Geschichte der scholastischen Methode*, 2 Bde., Berlin 1956 [1911], hat nichts zu Tartaretus zu sagen. Walter Ong bildet Tartaretus' Eselsbrücke mit der Legende „Logic in Space" ab, ohne auf das Konzept einzugehen, s. Walter J. Ong, *Ramus, Method, and the Decay of Dialogue. From the Art of Discourse to the Art of Reason*, Cambridge 1983, Abb IV, o. P. (zwischen S. 79 und 80).

37 Pozzi, *Studi di logica antica e medioevale*, S. 64.

38 Vgl. die Einschätzung von A. Greebe: „De figuur is dus volgens sommigen niet een pons voor ezels, maar wel een pons, die de ezels afschrikt en door hen niet te overschrijden is." A. Greebe, „Ezelsbrug. Pons asinorum – Eselsbrücke – Pont aux ânes – Asses' bridge", in: *Tijdschrift voor Nederlandse Taal- en Letterkunde* 37 (1918), S. 65–79.

39 Michael W. Evans, „The Geometry of the Mind", in: *Architectural Association Quarterly* 12/4 (1980), S. 32–55, hier S. 55, gibt folgende Beschreibung des Drucks: „Anonymous engraving bound into a MS in the possession of C B Schmitt, Warburg Institute [...] (photograph, Warburg Institute)." Der Aufsatz von Michael Evans ist inklusive einer Bildergalerie digital aufbereitet zugänglich auf http://she-philosopher.com/library/evans_Pt2.html (1.8.2019).

Abb. 2: Michael Hayé, *Pons asinorvm*, KU Leuven, Ms. 250, fol. 132, Digitalisat auf http://www.europeana.eu.

schen lassen. Von links nach rechts sehen wir Esel mit Büchse, mit Tennisschläger, Violine, Pfeife, ganz hinten schon gänzlich untergegangene und einen eitlen mit modischer Frisur, rechts Spielkarten, Bierkrug und Würfel. Der Eselsdruck verbindet mithin eine Auffassung vom *pons asinorum* als eines Instruments, mittels dessen Esel von Gelehrten geschieden werden, mit der Besorgnis um die Hingabe an Zeitvertreibe anstelle des Studiums.

Doch die Blätter weisen auch bemerkenswerte Unterschiede auf: Das Leuvener Blatt hat eine Landschaft. Auf dem Londoner Blatt hält der ausrutschende Mann – solang er noch oben auf der Brücke ist, hat er sich offenbar noch nicht als Esel erwiesen – eine Palette in der Hand, was ein Hinweis auf einen weiteren Zeitvertreib sein könnte, der den Studienerfolg behindert. Makaber ist freilich ebendort ein Detail links, auf dem Steg, der für das *consequens subiecti* steht: ein Student hat sich angesichts der Aufgabe erhängt.

Das Leuvener Blatt gibt neben dem Titel noch den Drucker an, Michael Hayé, der von ca. 1630–1660 in Leuven tätig war. Die beiden Drucke sind hinreichend verschieden, um sie zwei verschiedenen Druckern zuzuordnen, und möglicherweise lassen sich weitere Drucke über eine größere Zeitspanne hinweg annehmen. 2013 gelangte beim Auktionator Henri Godts in Brüssel ein Manuskript zur Versteigerung, das eine Vorlesungsmitschrift aus dem *Collège d'humanité de Houdain* im belgischen Mons darstellt: Ein Jean-François de Jonghe aus Hoboken (heute ein Stadtteil von Antwerpen) hat die Dialektik-Vorlesung des Professors Croquet im Jahr 1764 mitgeschrieben. Zu den überlieferten Unterlagen, die er in seiner Kladde versammelte, gehört eben dieser Eselsdruck, und zwar in der Fassung der KU Leuven, aber ohne die Druckerangabe – damit ist ein drittes Exemplar gegenüber den beiden hier vorgestellten identifiziert, das zugleich belegt, dass Hayés wohl Mitte des 17. Jahrhunderts anzusiedelnde *inventio* bis weit in das 18. Jahrhundert hinein kopiert und vertrieben wurde.[40] Der Druck ist nicht die einzige Beilage: Beigebunden sind dem Exemplar insgesamt vier Originalzeichnungen und sieben Emblem-Drucke, dazu sechs große Stiche, darunter eben der *Pons asinorum*. Dies deutet auf eine Unterrichtsmethode hin, wie sie Johann Balthasar Schupp z. B. im Hessen des 17. Jahrhunderts vorexerzierte: dass nämlich die Studenten mnemotechnische Drucke kaufen konnten, um die herum die Vorlesung aufgebaut war.[41]

Das Leuvener Blatt ist in einem ganz ähnlichen Materialverbund lokalisiert. Das Ms. 250 der KU Leuven beinhaltet die Mitschrift, die der Student Georgius Jodoigne von der Logik-Vorlesung des Professors Robertus de Novilia angefertigt hat.[42] Das Chronostichon, mit dem Jodoigne den Titel beschließt, verweist auf

40 Der Auktionskatalog war verfügbar unter http://www.the-saleroom.com/en-gb/auction-catalogues/henri-godts-antiquarian-bookdealer-and-auctioneer/catalogue-id-2879057/lot-17191447 (8.5.2017). Das Lot wurde mit folgendem Eintrag verzeichnet:
„(Manuscrit, Didactica) – ‚Dialectica dictata a Domino croquet professore collegii houdani montibus hannoniae. Scripta vero per me Joannem Franciscum De Jonghe hobocanum Lovany. septimâ martii 1764'. In-4° : 420 pp.; 12 h.-t. Rel. de l'époque: plein veau, dos fleuronné doré à nerfs (mouill. sur les plats, pet. coups sur le plat sup., coupes et coins émoussés, étiq. de bibl. sur le plat sup. et les gardes). Cours dicté par le professeur Croquet du Collège d'humanité de Houdain (collège établi en 1545 par le Magistrat de la Ville de Mons), par Jean-François de Jonghe de Hoboken. Cours donné selon l'enseignement de l'Université de Louvain, illustré d'un titre gravé acheté chez l'éditeur louvaniste Denique (avec inscription ms. ‚De Defensione'), de 4 dessins originaux (diagrammes aquarellés), de 7 gravures d'emblemata interfoliées (‚De signo', ‚De voce', ‚Convertibiles', ‚Repungnantia' [sic], etc.) et de 6 grandes gravures interfoliées (‚Pons asinorum',‚De sillogismo in Baroco',‚Argumentatine' [sic], ‚Equivocis' qui figure 4 tete en une seule, etc.)."

41 Vgl. Gerhard F. Strasser, „Wissensvermittlung durch Bilder in der Frühen Neuzeit: Vorstufen des ‚pädagogischen Realismus'", in: *Evidentia*, hg. von Gabriele Wimböck, Karin Leonhard und Markus Friedrich, Berlin 2007, S. 191–214, darin bes. S. 198–200.

42 Die Titelformulierung lautet: „Logica sub amplissimo vero dño Roberto a Noúilia Sacra. theologia. Licentiato metropolitana. Cameracensis Canonico Artium facultatis Decano phi-

Abb. 3: Anonym, *Pons asinorvm*, Warburg Institute, London.
Digitalisat auf http://she-philosopher.com/library/evans_Pt2.html.

das Jahr 1677. Das Konvolut enthält bemerkenswerterweise teilweise dieselben Drucke wie jenes aus dem 18. Jahrhundert, das 2013 versteigert wurde.[43] So findet sich neben Hayés *De Argumentatione* (fol. 308ʳ), das eine Gruppe disputierender

---

losophia. In famosissimo falconis pa.dagogio professore primario etc: sCrIpsIt Me GeorgIVs IVDoIgne phILosophVs TVngrensIs." S. dazu jetzt Jan Papy, „Logicacursussen aan de oude Leuvense Universiteit. Scholastieke traditie en innovatie?", in: *Ex Cathedra. Leuvense college-dictaten van de 16de tot de 18de eeuw*, hg. von Geert Vanpaemel u. a., Leuven 2012, S. 107–124, sowie das Digitalisierungs- und Erschließungsprojekt „Magister Dixit" des Leuven Centre for the Study of the Transmission of Texts and Ideas in Antiquity, the Middle Ages and the Renaissance (Lectio), URL: http://lectio.ghum.kuleuven.be/ (1.8.2019).

43 Vgl. die Liste der enthaltenen Drucke in der Lotbeschreibung in Anm. 40.

Männer zeigt, auch dessen *De sillogismo in Baroco* (fol. 162^{r}), das mysteriöserweise ein Paar an einer Mühle vorbeigehend darstellt, wobei der Mann sich übergibt und ein Priester, in der Mühlentür stehend, die Szene beobachtet. Neben kleinen Tonden, die so etwas wie Kapitelmarkierungen sein dürften, finden sich darüber hinaus auch konventionelle, gegenstandsbezogene Abbildungen wie die *Arbor porphyriana* (fol. 78^{r}) oder die *Tabula oppositarum* (fol. 284^{r}). Doch nicht alle eingebundenen Drucke sind funktionalisiert: Am Beginn (fol. 7^{v}) findet sich eine ganzseitige Allegorie der Dialektik (im Disputationsgestus mit einem Raben auf dem Kopf und einer Schlange um den Unterarm), später die Erschaffung der Eva im Paradies (fol. 17^{r}). Die überwiegende Mehrheit dieser Drucke stammt aus der Offizin von Michael Hayé, der ganz offenbar ein florierendes Geschäft mit ‚Studienunterlagen' betrieb, die teils Grundlage einer mündlichen Instruktion waren und deren Rätselhaftigkeit funktional die professorale Explikation herausforderte, die teils aber auch Unterhaltungs- oder ornamentalen Charakter hatten.

Warum ist nun aber die Brücke so gefährlich, warum rutscht man so leicht aus oder verzweifelt gleich ganz daran? Anders als in der Forschungsliteratur fallweise behauptet, handelt es sich beim *pons asinorum* nicht um ein „simple substitute for the usual theory of the syllogism".[44] Wenn der *pons asinorum* die Figuren und Modi, die in der mittelalterlichen Universität in extenso gelehrt wurden, ersetzt, warum wären diese dann so ausführlich in den Lehrbüchern – man denke an die *Summulae logicales* des Petrus Hispanus – diskutiert worden? Warum sollte man sich diesfalls die oben diskutierten Merkverse einprägen?

Der *pons asinorum* ist kein Ersatz für die Syllogistik, er dient vielmehr ihrer Beschleunigung. Es reicht nicht aus, zu wissen, wie man Syllogismen formt, man muss das auch rasch und unter Druck tun können – dieses Spontaneitätsgebot ist der agonalen Interaktionssituation der Disputation geschuldet. Johannes Eck kommentiert die entsprechende Passage in seinem Kommentar zur *Ersten Analytik* folgendermaßen: „Non sufficit scire formare syllogismos sed oportet habere promptitudinem syllogisandi. ideo Aristote. tradit artem prompte syllogisandi." („Es reicht nicht, Syllogismen bilden zu können; es ist vielmehr nötig, eine Schnelligkeit beim syllogistischen Folgern zu haben. Deshalb lehrt Aristoteles die Kunst des schnellen syllogistischen Folgerns.")[45] Die Eselsbrücke ist damit nicht ein Ersatz für die Lehre vom Syllogismus, sondern vielmehr deren Inventionsakzelerator mit Korrektheitsgarantie.

Die Wege der Brücke rasch laufen zu können, und zwar ohne auf einen Holzweg zu kommen oder aber in die Irre zu gehen, das soll mit dem Studium des Diagramms eingeübt werden. Denn je nach Modus, in dem man argumentiert, kommen nur bestimmte Wege in Frage, wie der Eselsdruck explizit ausweist, und drei von acht möglichen Kombinationen der Inferenz des Mittelbegriffs halten gar nicht – so ist es auf den Planken auch eingetragen: *non stant*. Von den drei

44 Hamblin, „An Improved *Pons Asinorum*?", S. 133.

45 Aristoteles, *Dialectica*, fol. XXVIII^{v}. Meine Übersetzung.

Verbindungen, die nicht ‚begehbar' sind, ist jene zwischen H und D unmittelbar einleuchtend: Wenn der Mittelbegriff sowohl mit Subjekt als auch Prädikat unvereinbar ist, folgt gar nichts. Weiterhin unmöglich ist, dass der Mittelbegriff sowohl aus Subjekt als auch Prädikat folgt (F und B), und schließlich, dass er mit dem Subjekt unvereinbar ist und das Prädikat aus ihm folgt (H und C). Wie diese umständliche Formulierung vermuten lässt, gibt es auch hierfür eine eigene Codierung mit zugehörigem Merkvers.

Vtriusque extremi	Consequens	Febas
	Antecedens	Cageti
	Extraneum	Hedas
Extraneum	Subiecti & antecedens praedicati	Hecas
	Subiecti & consequens praedicati	Hebare
Antecedens	Subiecti & consequens praedicati	Gebali
	Subiecti & extraneum praedicati	Gedaco
	Praedicati & consequens subiecti	Fecana
Consequens	subiecti & extraneum praedicati	Dafenes

Die gültigen und ungültigen Wege präge man sich so ein:

> Fecana, Cageti, Dafenes, Hebare, Gedaco
> Gebali stant: sed non stant Febas, Hedas & Hecas.[46]

Das heißt, die oben ausformulierte Erklärung lässt sich so auf den Punkt bringen, dass Febas, Hedas und Hecas unmöglich sind. Für die 19 Modi kommen jeweils nur insgesamt sechs verschiedene ‚Wege' in Frage, was den Beschleunigungsfaktor evident werden lässt. Den wiederum zugehörigen Merkvers rezitiere man „more gymnico",[47] so rät Johannes Eck, um die Zuordnungen dem Gedächtnis anzuvertrauen:

46 Aristoteles, *Dialectica*, fol. XXX^{r}. Die Unterstreichungen in der Tabelle sind meine Hinzufügungen, sie markieren die unmöglichen Verbindungen.
47 Ebd.

Merkvers	*Syllogistische Modi*	*Weg auf der Eselsbrücke*
Per Fecana Darii cum Barbara syllogisabis	Barbara, Darii	Fecana
Darapti Disamis Datisique Cageti	Darapti, Disamis, Datisi	Cageti
Per Dafenes Celarent Cesare Ferioque Festino	Celarent, Cesare, Ferio, Festino	Dafenes
Per Hebare Celantes, Camestresque Baroco	Celantes, Camestres, Baroco	Hebare
Per Gedaco Fapes. Fris. Felap. Bocardo Ferison	Fapesmo, Frisesomorum, Felapton, Bocardo, Ferison	Gedaco
Per Gebali Baralip. Dabitis, sic media quaeris.	Baralipton, Dabitis	Gebali

Nachdem nun die gangbaren Wege nachvollzogen und ihre mittelalterlichen Codierungen aufgelistet sind, sehen wir, dass die Brücke noch eine Schwierigkeit hat: Die Plattformen sind trügerisch, denn es sind keine Begriffe, auf die man springen oder zu denen man hintänzeln könnte – man geht nicht von Subjekt zu Prädikat über den Mittelbegriff – sondern die Brücke besteht ausschließlich aus Relationen, dem ‚Zwischen' der Begriffe. Tatsächlich ist sie also eine Risikopassage ohne Haltepunkte.

Vor dem Hintergrund dieses Befundes – und im Sinne einer Zusammenfassung – lässt sich eine Passage aus François Rabelais' *Pantagruel* neu betrachten. Es ist darin von einer Eselsbrücke die Rede, deren Interpretation die Rabelaisforschung in beträchtliche Interpretationskonflikte geführt hat. Am Ende des 28. Kapitels, gleichsam am Vorabend der Schlacht gegen die 300 Riesen, tritt plötzlich der Erzähler mit einem Musenanruf in den Vordergrund:

> O qui pourra maintenant racompter comment se porta Pantagruel contre les troys cens geans. O ma muse, ma Calliope, ma Thalie inspire moi à ceste heure, restaure moy mes esperitz, car **voicy le pont aux asnes de Logicque**, voicy le trebuchet, voicy la difficulté de pouvoir exprimer l'horrible bataille que fut faicte.

> Oh, wer könnte nun berichten, wie Pantagruel gegen die dreihundert Riesen loszog! Oh meine Muse, meine Kalliope, meine Thalia, inspiriere mich in dieser Stunde, stärke meinen Geist, denn **hier ist die Eselsbrücke der Logik**, hier ist der Tribock, hier ist die Schwierigkeit, diese schreckliche Schlacht zu beschreiben, die geschlagen wurde![48]

Der Kommentar zur Stelle in der maßgeblichen *Pléiade*-Ausgabe notiert zuerst die Parodie des epischen Musenanrufes und erläutert dann den „sens propre" von *pont aux asnes* unter Rückgriff auf die *Pantagruel*-Ausgabe von N. Cazauran, zieht sich also auf einen vorgängigen Text zurück: Der *pons asinorum* sei eine berühmte Methode der scholastischen Logik, um ohne Schwierigkeiten den Mittelbegriff eines Syllogismus aufzufinden. Die Dummen könnten dafür immer den gleichen Weg nehmen, wie die Esel. Schließlich stelle der Mittelbegriff eine Brücke zwischen den beiden Prämissen des Syllogismus dar:

> [...] le terme appartient à la langue de la logique formelle – *pons asinorum* – et désigne une méthode célèbre dans la logique scolastique pour trouver sans difficulté le moyen terme du syllogisme. La formule substituée à *inventio medii* – l'art de trouver le moyen (terme) – fait image: les gens stupides pouvaient ainsi toujours prendre le même chemin, comme des ânes, pour construire leur syllogisme, le moyen terme formant ‚pont' (passage) entre la majeure et la mineure pour aboutir à la conclusion.[49]

Abgesehen davon, dass angesichts des soeben entfalteten Befundes so gut wie nichts an diesem Kommentareintrag stimmt, passt die Erläuterung auch nicht mit der Stelle zusammen. Der Erzähler ruft doch die Musen an, weil die vor ihm liegende Aufgabe so unbewältigbar erscheint: so schwierig wie der *pons asinorum*, so bedrohlich wie ein Katapult. Der Rabelais'sche Erzähler vermittelt hier, was in der vormodernen Dialektik das gemeine Sentiment gegenüber der *inventio medii* war: Respekt und Nervosität angesichts der Schwierigkeit der Aufgabe. Während sowohl die Farcentradition als auch – und weitaus mehr noch – das moderne Verständnis der Eselsbrücke als mnemotechnische Krücke auf die Bockigen und die Dummen abstellen mögen, ist es die Eselsbrücke der Logik, die die beiden Zentralbegriffe dieses Bandes in exemplarischer Weise zusammenführt: Modell und Risiko.

Bibliographie

Quellen

Alexander von Aphrodisias, *In Aristotelis Analyticorum Priorum Librum I Commentarium*, hg. von M. Wallies, Berlin 1883 (Commentaria in Aristotelem Graeca 2,1).

Aristoteles, *Dialectica cum quinque vocibus Porphyrii Phenicis: Argyropilo traductore: a Joanne Eckio Theologo facili explanatione declarata*, Augsburg 1517.

–, *Lehre vom Schluß oder Erste Analytik*, hg. und übers. von Eugen Rolfes, Hamburg 1992 (Organon III).

Bayle, Pierre, *Dictionnaire historique et critique*, 5 Bde., Amsterdam ^{5}1740.

48 Rabelais, *Œuvres complètes*, S. 315, meine Hervorhebung und Übersetzung. Ein *trébuchet* (dt. Tribock) ist eine auf dem Katapultprinzip beruhende Wurfmaschine, eines der gefährlichsten Kriegsgeräte der Vormoderne.

49 Ebd., S. 1324; ders., *Pantagruel*, hg. von Nicole Cazauran, Paris 1989, S. 301.

–, „Dissertation qui fut imprimée au devant de quelques essais ou fragmens de cet ouvrage […] sous le titre de Projet d'un dictionaire critique, à Mr. Du Rondel, professeur aux Belles-Lettres à Maestricht", in: ders., *Dictionnaire historique et critique*, Amsterdam u. a. [5]1740, Bd. 4, S. 606–615.

Ficino, Marsilio, *Théologie Platonicienne de l'immortalité des âmes*, lat. und frz., krit. hg. von R. Marcel, Paris 1964.

Grimm, Jacob und Grimm, Wilhelm, Art. „eselsbrücke", in: dies., *Deutsches Wörterbuch*, Leipzig 1862, Bd. 3, Sp. 1151.

Johannes Philoponus, *In Aristotelis Analytica Priora Commentaria*, hg. von M. Wallies, Berlin 1905 (Commentaria in Aristotelem Graeca 13,2).

Molière, *Œuvres complètes*, hg. von Georges Forestier, 2 Bde., Paris 2010 (Bibliothèque de la Pléiade).

Petrus Hispanus, *Tractatus, called afterwards Summule Logicales*, hg. und mit einer Einl. von L. M. de Rijk, Assen 1972.

Rabelais, François, *Pantagruel*, hg. von Nicole Cazauran, Paris 1989.

–, *Œuvres complètes*, hg. von Mireille Huchon, Paris 1998 (Bibliothèque de la Pléiade).

Recueil de farces (1450–1550), hg. von André Tissier, Bd. 6, Genf 1990.

Ritter, Heinrich, *Geschichte der Philosophie*, Bd. 8, Hamburg 1845.

Tartaretus, Petrus, *Expositio Magistri Petri Tatereti super textu logices Aristotelis*, Lyon 1503.

Thomas von Aquin, *Summa Theologica. Deutsch-lateinische Ausgabe der Summa theologica*, mit Kommentaren von Alexander von Siemer und Heinrich M. Christmann, Bd. 1, Graz 1982, URL: http://www.corpusthomisticum.org/sth1084.html#32008 (1.8.2019).

William of Sherwood, *Introductiones in Logicam. Einführung in die Logik*, lateinisch–deutsch, hg., übers., eingel. und mit Anm. versehen von Hartmut Brands und Christoph Kann, Hamburg 1995.

Zedler, Johann Heinrich, Art. „Pons asinorum", in: ders., *Grosses vollständiges Universal-Lexicon*, Bd. 28, Halle/Leipzig 1741, S. 1447.

Sekundärliteratur

Eco, Umberto, „Horns, Hooves, Insteps: Some Hypotheses on Three Types of Abduction", in: *The Sign of Three. Dupin, Holmes, Peirce*, hg. von Umberto Eco und Thomas A. Sebeok, Bloomington/Indianapolis 1988, S. 198–220.

Evans, Michael W., „The Geometry of the Mind", in: *Architectural Association Quarterly* 12/4 (1980), S. 32–55. Hypertext-Digitalisierung auf URL: http://www.she-philosopher.com/library/evans.html (1.8.2019).

Farge, James K., „Pierre Tartaret", in: *Contemporaries of Erasmus*, hg. von Peter G. Bietenholz, 3 Bde., Toronto/Buffalo/London 2003, Bd. 3, S. 310f.

Fritsch, Andreas, „‚Die neueste Sprachenmethode' in den ‚Opera didactica omnia' des Johann Amos Comenius", in: *Sitzungsberichte der Leibniz-Sozietät* 106 (2010), S. 105–123.

Grabmann, Martin, *Die Geschichte der scholastischen Methode*, 2 Bde., Berlin 1956 (Unveränderter Nachdruck der Ausgabe Freiburg i.Br. 1911).

Greebe, A., „Ezelsbrug. Pons asinorum. – Eselsbrücke. – Pont aux ânes. – Asses' bridge", in: *Tijdschrift voor Nederlandse Taal- en Letterkunde* 37 (1918), S. 65–79.

Hamblin, Charles L., „An Improved *Pons Asinorum*?", in: *Journal of the History of Philosophy* 14 (1976), S. 131–136.

Heilbron, J. L., „The Bridge of Asses", in: *Encyclopaedia Britannica 2008 Ultimate Reference Suite*, Chicago 2008.
Kneale, William und Kneale, Martha, *The Development of Logic*, Oxford 1984.
Lohr, Charles H., „Medieval Latin Aristotle Commentaries. Authors: Narcissus – Richardus", in: *Traditio* 28 (1972), S. 281–396.
Ong, Walter J., *Ramus, Method, and the Decay of Dialogue. From the Art of Discourse to the Art of Reason*, Cambridge 1983.
Papy, Jan, „Logicacursussen aan de oude Leuvense Universiteit. Scholastieke traditie en innovatie?", in: *Ex Cathedra. Leuvense collegedictaten van de 16de tot de 18de eeuw*, hg. von Geert Vanpaemel u. a., Leuven 2012, S. 107–124.
Plattner, Philipp, „Nachträge zu Sachs' Wörterbuch", in: *Zeitschrift für neufranzösische Sprache und Literatur* 7 (1885), S. 275–301.
Pozzi, Lorenzo, *Studi di logica antica e medioevale*, Padua 1974.
Prantl, Carl von, *Geschichte der Logik im Abendlande*, 4 Bde., Leipzig 1855–1870.
Rescher, Nicholas, „Choice without Preference. A Study of the History and the Logic of the Problem of ‚Buridans's Ass'", in: *Kant-Studien* 51 (1960), S. 142–175.
Riedel, Wolfgang, *Eselsbrücken. Die schönsten Merksätze und ihre Bedeutung*, Mannheim/Zürich 2012 (Duden Allgemeinbildung).
Ritter, Heinrich, *Geschichte der Philosophie*, 12 Bde., Hamburg 1829–1853.
Schoell, Konrad, *Das komische Theater des französischen Mittelalters. Wirklichkeit und Spiel*, München 1975.
–, *La Farce du quinzième siècle*, Tübingen 1992.
Strasser, Gerhard F., „Wissensvermittlung durch Bilder in der Frühen Neuzeit: Vorstufen des ‚pädagogischen Realismus'", in: *Evidentia*, hg. von Gabriele Wimböck, Karin Leonhard und Markus Friedrich, Berlin 2007, S. 191–214.
Villoslada, Ricardo G., *La universidad de Paris durante los estudios de Francisco de Vitoria O. P. (1507–1522)*, Rom 1938.

Videos

„Do-Re-Mi", in: *The Sound of Music*, Text: Oscar Hammerstein II, Musik: Richard Rodgers, 1959, URL: http://www.youtube.com/watch?v=bJJUG_Elt5g (TC 00:20–01:13) (1.8.2019).

Onlinequellen

Gaida, Manfred, „Warum ist Pluto kein Planet mehr?", in: *Archiv Astronomische Frage der Woche*, Woche 40 (2009), URL: http://www.dlr.de/desktopdefault.aspx/tabid-5170/8702_read-20224/ (1.8.2019).
Gesamtkatalog der Wiegendrucke, URL: http://gesamtkatalogderwiegendrucke.de/docs/TARTPET.htm (1.8.2019).
„Magister Dixit". Digitalisierungs- und Erschließungsprojekt des Leuven Centre for the Study of the Transmission of Texts and Ideas in Antiquity, the Middle Ages and the Renaissance (Lectio), URL: http://lectio.ghum.kuleuven.be/ (1.8.2019).
The-saleroom.com, Portal für Auktionen von Kunstwerken und Antiquitäten, URL: http://www.the-saleroom.com/en-gb/auction-catalogues/henri-godts-antiquarian-bookdealer-and-auctioneer/catalogue-id-2879057/lot-17191447 (8.5.2017).

Über drei mechanische Himmelsmodelle (de' Dondi, Rittenhouse, Bauersfeld)

Hans-Christian von Herrmann

1975 veröffentlichte Hans Magnus Enzensberger unter dem Titel *Mausoleum. Siebenunddreißig Balladen aus der Geschichte des Fortschritts* eine Sammlung von lyrischen Nachrufen auf ganz unterschiedliche Wegbereiter des modernen Lebens. Am Anfang steht der Italiener Giovanni de' Dondi, geboren 1318, gestorben 1389. Der Mediziner aus Padua ist heute durch das von ihm konstruierte Astrarium bekannt, das er 1364 fertigstellte. In Enzensbergers *Mausoleum* steht es am Eingang zu einer Welt, deren Leitstern die mathematische Berechenbarkeit der Natur ist. Im 20. Jahrhundert wird sie durch Alan Mathison Turing die Form einer universell programmierbaren Maschine erhalten.

> Giovanni de' Dondi aus Padua
> verbrachte sein Leben
> mit dem Bau einer Uhr.
>
> Einer Uhr ohne Vorbild,
> unübertroffen
> vierhundert Jahre lang.
> Das Gangwerk mehrfach,
> elliptische Zahnräder,
> verbunden durch Gelenkgetriebe,
> und die erste Spindelhemmung:
> eine unerhörte Konstruktion.
>
> Sieben Zifferblätter
> zeigen den Zustand des Himmels an
> und die stummen Revolutionen
> aller Planeten.
>
> Ein achtes Blatt,
> das unscheinbarste,
> wies die Stunde, den Tag und das Jahr:
> A. D. 1346.

> *Geschmiedet mit eigener Hand:*
> eine Himmelsmaschine,
> zwecklos und sinnreich wie die *Trionfi,*
> eine Uhr aus Wörtern,
> erbaut von Francesco Petrarca.
>
> [...]
>
> Dauer des Tageslichts,
> Knoten der Mondbahn,
> bewegliche Feste.
> Ein Rechenwerk, und zugleich
> der Himmel noch einmal.
> Aus Messing, aus Messing.
> Unter diesem Himmel
> leben wir immer noch.
>
> [...]
>
> Der Ursprung jener Maschine
> ist problematisch.
> Ein Analog-Computer.
> Ein Menhir. Ein Astrarium.
> *Trionfi del tempo.* Überbleibsel.
> Zwecklos und sinnreich
> wie ein Gedicht aus Messing.[1]

In Enzensbergers lyrischer Ekphrasis ist de' Dondis Gedicht aus Messing viel mehr als ein Instrument zur Zeitmessung. Es bildet vor allem die Bewegung der Planeten mechanisch nach und holt auf diese Weise das göttliche Spektakel der Wandelsterne auf die Erde. Das im Original nicht erhaltene Astrarium war ein heptagonales Gerüst, das auf verschiedenen Zifferblättern neben dem Lauf von Sonne und Mond die Bewegung der fünf Planeten Merkur, Venus, Mars, Saturn und Jupiter gemäß der ptolemäischen Epizykeltheorie zeigte – ein Modell des Himmels, genauer: der an ihm erscheinenden Himmelskörper, deren Bewegungen es relativ zum Standpunkt auf der Erde sichtbar machte.[2]

„Ein Rechenwerk, und zugleich / der Himmel noch einmal" – indem de' Dondis Astrarium die idealen Bewegungen der Himmelskörper mechanisch beschrieb, wurde es zugleich zur Markierung einer metaphysischen Differenz: Der Ewigkeit und Schönheit der Planetenbewegungen stehen die Unordnung und der

1 Hans Magnus Enzensberger, *Mausoleum. Siebenunddreißig Balladen aus der Geschichte des Fortschritts,* Frankfurt a. M. 1994, S. 7f. Die Jahreszahl „A. D. 1346" ist vermutlich ein Erratum, das in „A. D. 1364" zu korrigieren ist.

2 Vgl. Henry C. King, in Zus.arb. mit John R. Millburn, *Geared to the Stars. The Evolution of Planetariums, Orreries, and Astronomical Clocks,* Toronto 1978, S. 28–41.

Abb. 1: Philips Galle (nach Maarten van Heemskerck), *Der Triumph der Zeit* (um 1565). Kupferstich. Aus: Manfred Sellink und Marjolein Leesberg, *The New Hollstein Dutch & Flemish Etchings, Engravings and Woodcuts, 1450–1700. Philips Galle*, Pt. II, Rotterdam 2001, S. 249.

Verfall in der geschichtlichen Welt der Menschen gegenüber. „All Ding auf Erden muß der Zeit erliegen",[3] heißt es bei Petrarca, auf dessen Gedicht *Thriumphus Temporis* Enzensberger mehrfach anspielt. Und: „Es fliehen Monde, Jahre, Tage, Stunden, / Bis wir nach wenger Augenblicke Zählen / Zusammen all ein andres Land gefunden."[4] Ein niederländischer Stich aus dem 16. Jahrhundert zeigt diesen Triumph der Zeit als Zug eines greisen Chronos, der auf einem von Hirschen gezogenen Gespann mit Rädern aus Zifferblättern und zwischen Sanduhren thronend die ganze Welt allegorisch seinem Gesetz unaufhaltsamen Ruins unterstellt. Das Eigentümliche von de' Dondis Konstruktion besteht also darin, dass es sich um eine physische Maschine mit metaphysischen Effekten handelt. Die Zeit wird von ihr aufgeteilt in zwei getrennte Reiche: die himmlische Ewigkeit, die zwar Bewegung, aber keine Veränderung kennt, und die menschliche oder geschichtliche Welt, die dem Wechsel von Werden und Vergehen unterworfen ist.

3 Francesco Petrarca, „Triumphus Temporis", in: ders., *Canzoniere. Triumphe. Verstreute Gedichte*, Italienisch und Deutsch, hg. von Hans Grote, Düsseldorf/Zürich 2002, S. 652–661, hier S. 659.

4 Ebd., S. 657.

Ilya Prigogine und Isabelle Stengers haben in ihrem 1979 erschienenen Buch *La nouvelle alliance. Métamorphose de la science* (dt. *Dialog mit der Natur. Neue Wege naturwissenschaftlichen Denkens*) dargestellt, wie die neuzeitliche Physik mit Galilei, Kepler und Newton die seit der Antike auf den Himmel gerichtete Mathematisierung auf die gesamte Natur übertrug und dabei die Arbeit der mittelalterlichen Maschinenbauer aufgriff und fortführte.

„Galilei und seine Nachfolger", schreiben sie, „hielten die Wissenschaft für fähig, die *umfassende* Wahrheit über die Natur zu entdecken. Nicht nur ist die Natur in einer mathematischen Sprache geschrieben, die durch das Experiment entziffert werden kann; es gibt in der Tat nur die eine Sprache. Die Welt ist homogen; ein örtlich begrenztes Experiment kann daher die umfassende Wahrheit enthüllen."[5] Fortan wurde „die natürliche Bewegung nach dem Vorbild einer rationalisierten Maschine gedacht", und die „Uhr", „die zu den Triumphen der mittelalterlichen Handwerkskunst zählt und rasch den Lebensrhythmus der größeren Städte des Mittelalters bestimmen sollte", wurde „fast unmittelbar zum Symbol der Weltordnung".[6]

De' Dondis Astrarium besaß, wie auch Enzensberger betont, bereits ein Uhrwerk mit Spindelhemmung und zeichnete sich daher durch einen hohen Grad an Genauigkeit aus. Doch auch wenn die Uhrmacherkunst bis ins 17. Jahrhundert hinein einen immer höheren Stand erreichte, so etwa durch die Erfindung von Stackfreed und Schnecke, und die Uhr damit zu einem erschwinglichen Alltagsgegenstand wurde, kam der entscheidende Schritt aus anderer Richtung. „Du monde de l',à-peu-près' à l'univers de la précision"[7] lautet der Titel eines Aufsatzes von Alexandre Koyré aus dem Jahr 1948. Sein Thema ist der Aufstieg der Uhr vom mechanischen Artefakt zum metaphysisch konnotierten Objekt. Voraussetzung dafür war, wie Koyré erläutert, ihre Neubestimmung als physikalisches Instrument. Die Uhrmacher hätten trotz aller Kunstfertigkeit auf ihrem Weg niemals zur Konstruktion von Präzisionsuhren, etwa in Form der Pendeluhr, gelangen können.[8] Dies sei allein Naturwissenschaftlern wie Galileo Galilei und Christiaan Huygens möglich gewesen, denn, so Koyré, „c'est par l'instrument que la précision s'incarne dans le monde de l'à-peu-près"[9].

Jacques Lacan hat 1955 im Rahmen seines Seminars *Le Moi dans la théorie de Freud et dans la technique de la psychanalyse* (dt. *Das Ich in der Theorie Freuds und in*

5 Ilya Prigogine und Isabelle Stengers, *Dialog mit der Natur. Neue Wege naturwissenschaftlichen Denkens*, Neuausgabe München/Zürich 1990, S. 51.

6 Ebd., S. 52f.

7 Alexandre Koyré, „Du monde de l',à-peu-près' à l'univers de la précision", in: ders.: *Études d'histoire de la pensée philosophique*, Paris 1971, S. 341–362.

8 „L'horloge des horlogers", so Koyré, „n'a jamais dépassé – et ne pouvait jamais le faire – le stade du ‚presque' et le niveau de l',à-peu-près'. L'horlorge de précision, l'horloge chronométrique, a une toute autre origine. Elle n'est pas aucunement une promotion de la montre d'usage pratique. Elle est un *instrument*, c'est-à-dire une création de la pensée *scientifique* ou, mieux encore, réalisation consciente d'une théorie." Ebd., S. 357.

9 Ebd., S. 361.

der Technik der Psychoanalyse) auf diesen Aufsatz von Koyré Bezug genommen und ausgehend davon die exakten Wissenschaften daran erinnert, dass das Fundament ihrer Exaktheit weder in ihrer Erkenntnisweise noch in der Natur, sondern allein im isochronen Pendel zu suchen sei. Erst damit werde es möglich, die mechanische Ordnung der Natur mathematisch anzuschreiben.

> Es gibt eine große Uhr, die nichts anderes ist als das Sonnensystem, eine natürliche Uhr, die hat entziffert werden müssen, und sicherlich ist das einer der entscheidendsten Schritte der Konstitution der exakten Wissenschaften gewesen. Aber auch der Mensch muß seine Uhr haben, seine Taschenuhr. Wer ist exakt? Ist es die Natur? Ist es der Mensch? Es ist nicht sicher, daß die Natur auf alle Rendezvous antwortet. Gewiß, man kann, was natürlich ist, definieren als das, was der Zeit des Rendezvous entspricht. Als Monsieur de Voltaire von der Naturgeschichte Buffons sagte, sie sei gar nicht so natürlich, war es wohl etwas Derartiges, was er sagen wollte. Es gibt da eine Frage der Definition – *Meine Verlobte kommt immer zum Rendezvous, denn wenn sie nicht kommt, nenne ich sie nicht mehr meine Verlobte.*[10]

Im Herzen der exakten Wissenschaften stößt Lacan somit nicht auf das zeitlose Gesetz, sondern auf Kontingenz, denn man hat es hier mit dem „präzise[n] Zusammentreffen zweier Zeiten in der Natur"[11] zu tun: der natürlichen Uhr des Sonnensystems auf der einen und der künstlichen Uhr des Menschen auf der anderen Seite. In diesem Zusammentreffen aber verändern die Bahnen der Planeten ganz grundsätzlich ihren Sinn: Sie werden zu Bewegungen von Körpern im Raum ohne jeden Bezug zur menschlichen Welt. An die Stelle eines mythischen und kultischen Weltverhältnisses tritt damit die wissenschaftliche Messung und Beschreibung. „Die Ordnung der Wissenschaft", so Lacan ironisch, „hängt daran, daß der Mensch vom Priester der Natur zu ihrem Beamten geworden ist. Er wird sie nicht beherrschen, es sei denn, indem er ihr gehorcht. Und derart Knecht, versucht er seinen Herrn in seine Abhängigkeit zu bringen, indem er ihm gut dient."[12] Hatte de' Dondis Astrarium die mechanische Zeit im Sinne eines linearen und endlosen Verlaufs in die Welt einbrechen lassen, so macht die Pendeluhr nun die durch die Gravitation hervorgerufene Erdbeschleunigung g beobachtbar und berechenbar. Damit ermöglicht sie das „symbolische Spielchen" der physikalischen Gesetze (also etwa Newtons *Philosophiae Naturalis Principia Mathematica*), das „das Reale" der Natur „auf ein paar kleine Buchstaben reduziert, auf ein Paketchen von Formeln", das aber, wie Lacan sagt, „höchst wenig mit dem Realen zu tun"[13] hat. Denn die Physik erlegt der Natur mit Hilfe ihrer Instrumente eine

10 Jacques Lacan, *Das Ich in der Theorie Freuds und in der Technik der Psychoanalyse, Das Seminar, Buch II (1954–1955),* Weinheim/Berlin 1991, S. 377f.

11 Ebd., S. 377.

12 Ebd.

13 Ebd., S. 379. Dem entspricht der nicht-ontologische, explorative Modellbegriff von Bernd Mahr. Vgl. Bernd Mahr, „Ein Modell des Modellseins. Ein Beitrag zur Klärung des Modellbe-

Sprache auf; sie zwingt sie, auf die Fragen der Physik in der Sprache der Mathematik zu antworten.

Die Verwechslung von Symbolischem und Realem, mathematischer Sprache und experimentell befragter Natur ist für den Ruhm von Newtons Mechanik entscheidend. So war auch Thomas Jefferson, der Verfasser der amerikanischen Unabhängigkeitserklärung und spätere dritte Präsident der Vereinigten Staaten, vom Glauben durchdrungen, dass die Physik die Wahrheit der Natur entschleiert habe und damit als Fundament für seinen politischen Gründungsakt dienen könne.[14] Allein auf der exakten Sprache der Natur sollte der neue Staat errichtet sein, der eine radikale Trennung von seiner europäischen Vergangenheit vollziehen wollte. Alle Hoffnungen setzte Jefferson bei diesem Vorhaben auf David Rittenhouse, einen gelernten Uhrmacher, der sich als Autodidakt mathematische und astronomische Kenntnisse angeeignet und 1770 ein mechanisches Planetarium, auch Orrery genannt, konstruiert hatte.

Als Modell des Sonnensystems hatte es im Unterschied zu den im 18. Jahrhundert üblichen mechanischen Planetarien die Gestalt einer Planisphäre. Es zeigte die Konstellationen der Planeten, die als elfenbeinerne Kugeln vor einem blauen Hintergrund mit goldenen Sternen eine Sonne aus Messing umkreisten, für den Zeitraum von 4000 v. Chr. bis 6000 n. Chr. Dahinter stand vermutlich die vom irischen Erzbischof James Ussher in seinen 1650 erschienenen *Annales* vorgenommene Datierung der göttlichen Schöpfung auf den 23. Oktober 4004 v. Chr., sodass die Maschine den Himmel vom Anbeginn der Zeiten zu zeigen vermochte. Rittenhouse pflegte sich selbst als *a mechanic* zu bezeichnen, nicht etwa als Naturforscher. Wie seine mittelalterlichen Vorgänger war er ein Spezialist für kunstvoll konstruierte Maschinen, die nun allerdings in einen gänzlich veränderten Kontext gerückt waren – das von der Physik mit Hilfe der Pendeluhr errichtete Universum der Präzision.

In den Augen Jeffersons stand der Autodidakt Rittenhouse als technisches Genie ebenbürtig neben zwei anderen Gründerfiguren der USA: Washington und Franklin. Jefferson liebte nicht nur die von Rittenhouse gebaute Maschine, sondern auch die mechanische Vision des gesamten Universums, die sich in ihr verdichtete. Niemand anderes als Rittenhouse sollte daher auch Jeffersons Plan in die Tat umsetzen, die neuen amerikanischen Maße und Gewichte direkt aus den Gesetzen dieses Universums abzuleiten und damit den *novus ordo seclorum* auch auf diese Weise herbeizuführen. Das im Zeitalter von Newtons Mechanik geborene Amerika sollte in die Lage versetzt werden, Handel und Verkehr sich im Alltag mit eben der Präzision vollziehen zu lassen, die die neuzeitliche Wissenschaft

griffs", in: *Modelle*, hg. von Ulrich Dirks und Eberhard Knobloch, Frankfurt a. M. 2008, S. 187–218. „Modelle stehen im Allgemeinen in einem pragmatischen Zusammenhang und lassen sich als Verkörperungen eines hypothetischen Soseins verstehen, denen keine Wahrheit zukommt, sondern immer nur der Modus einer Möglichkeit." Ebd., S. 193.

14 Vgl. zum Folgenden: Gary Wills, *Inventing America. Jefferson's Declaration of Independance*, Boston/New York 2002, S. 93–110; sowie: King/Millburn, *Geared to the Stars*, S. 270–276.

Abb. 2: David Rittenhouse, Orrery (1770). Holz und Metall. Princeton University. URL: http://artmuseum.princeton.edu/campus-art/objects/86634#zoom=17&lat=40.3466&lon=-74.6517 (1.8.2019).

in der Natur gefunden hatte. Das Maß aller Maße sollte entsprechend die mechanische Bewegung selbst sein. Jefferson beauftragte Rittenhouse daher, das Pendel als neues Normal zu etablieren, um die Ungenauigkeit aller statischen Verfahren zu überwinden. Rittenhouse wandte zwar ein, dass man sich so neue Ungenauigkeiten einhandle, die sich kaum mehr kontrollieren ließen, doch Jefferson hielt an seiner Idee fest. Sein Ausgangspunkt war Newtons Argument, dass jedes Pendel gleicher Länge sich im gleichen Zeittakt bewege, wenn man sich dabei nur auf dem gleichen Breitengrad befinde. Wenn der Breitengrad bekannt sei, könne die Länge eines Pendels also als Normalmaß dienen. Man müsse nur seine Berechnungen dem jeweiligen Standpunkt auf der Erde anpassen. Sobald man auf diesem Weg zu einem Standardlängenmaß gelangt sei, könne man daraus die Maße von Standardbehältern für Wasser ableiten und ein Standardgewicht erhalten, von dem ausgehend dann etwa auch der Wert von Münzen festzulegen sei. Jede Maß- und Gewichtseinheit in Amerika würde damit direkt aus der Bewegung des Universums und der Erde abgeleitet, wie sie im Pendel in Erscheinung trete. Die Ordnung des menschlichen Lebens wäre somit ein direktes Echo der Ordnung der göttlichen Natur.

Auch für Immanuel Kant besaß Newtons Mechanik grundlegenden Charakter, allerdings wurde sie für ihn zum Index der existentiellen Fremdheit des Menschen im Universum. „Kant“, stellen Prigogine und Stengers in ihrer bereits zitierten wissenschaftsphilosophischen Abhandlung fest, „bestimmt die Fragestellung der kritischen Philosophie als eine *transzendentale*. Ihr geht es nicht um die Gegenstände der Erfahrung, sondern sie geht von der apriorischen Annahme aus, daß eine systematische Erkenntnis dieser Gegenstände möglich sei – das ist für Kant durch die Existenz der Physik erwiesen –, und sie nennt dann die Bedingungen der Möglichkeit *a priori* dieser Erkenntnisweise." Für Kant steht fest:

> Die objektive Erkenntnis ist nicht passiv; sie schafft sich ihre Gegenstände. Wenn wir ein Phänomen zum Gegenstand der Erfahrung machen, nehmen wir *a priori* vor jeder wirklichen Erfahrung an, daß es sich gesetzmäßig verhält, daß es einer Reihe von Prinzipien gehorcht. Insofern es als möglicher Erkenntnisgegenstand wahrgenommen wird, ist es das Produkt der synthetischen Tätigkeit unseres Geistes. Wir sind vor den Gegenständen unserer Erkenntnis da, und der Wissenschaftler ist selbst die Quelle der universellen Gesetze, die er in der Natur entdeckt. *Die Bedingungen a priori einer möglichen Erfahrung überhaupt sind zugleich die Bedingungen der Möglichkeit der Gegenstände der Erfahrung.* Dieser berühmte Satz faßt sein eigenes Gesetz, und die Welt, die es wahrnimmt, spricht in seiner Sprache. Danach ist es kein Wunder, daß die Newtonsche Wissenschaft imstande ist, die Welt von einem äußeren, nahezu göttlichen Standpunkt aus zu beschreiben![15]

Kants Philosophie „ratifiziert" somit, wie Prigogine und Stengers weiter ausführen,

> sämtliche Ansprüche der Wissenschaft, doch verweist sie die wissenschaftliche Tätigkeit in den Bereich jener Probleme, die man als einfach und unbedeutend bezeichnen kann. Sie verdammt die Wissenschaft zu der endlosen Mühe, die monotone Sprache der Phänomene zu entziffern, und behält sich selbst den Bereich jener Fragen vor, bei denen es um die „Bestimmung des Menschen" geht: Was kann der Mensch wissen, was soll er tun, was darf er hoffen? Die Welt, welche die Wissenschaft untersucht, ist „nur" die Welt der Phänomene. Nicht nur kann der Wissenschaftler die Dinge an sich nicht erkennen, sondern die Fragen, die er stellen kann, sind für die wahren Probleme der Menschheit irrelevant; Schönheit, Freiheit und Ethik können nicht Gegenstände der positiven Erkenntnis sein. Sie gehören der noumenalen Welt an, dem Bereich der Philosophie, der mit der phänomenalen Welt nichts zu tun hat.[16]

Kants transzendentales Subjekt steht der wissenschaftlich erkannten Natur also radikal fremd gegenüber. Ihre Phänomenalität ist zwar das Konstrukt seiner Er-

15 Prigogine/Stengers, *Dialog mit der Natur*, S. 93f.
16 Ebd., S. 95.

kenntnisleistungen, gibt ihm aber keine Antworten auf die mit seiner endlichen Existenz verbundenen Fragen.

„Selig sind die Zeiten, für die der Sternenhimmel Landkarte der gangbaren und zu gehenden Wege ist und deren Wege das Licht der Sterne erhellt."[17] Georg Lukács' *Theorie des Romans*, die mit diesem Satz beginnt, entstand in den Jahren 1914/15 und erschien zuerst 1916 in der *Zeitschrift für Ästhetik und Allgemeine Kunstwissenschaft*. In der Formel der „transzendentalen Obdachlosigkeit"[18] wird darin noch einmal der metaphysische Preis für Kants kopernikanische Wende benannt. Mit ihr habe sich, so Lukács, das „Aufzeichnen jener urbildlichen Landkarte",[19] das sich in der gesamten Kultur- und Kunstgeschichte anschaulich manifestiere, ganz in die Innerlichkeit des Subjekts verlagert. „Kants Sternenhimmel glänzt nur mehr in der dunklen Nacht der reinen Erkenntnis und erhellt keinem der einsamen Wanderer – und in der Neuen Welt heißt Mensch-sein: einsam sein – mehr die Pfade."[20] Im selben Jahr 1914 trat dieser von allen Bezügen auf die menschliche Welt gereinigte Himmel ins Zeitalter seiner technischen Reproduzierbarkeit ein. In einem Brief vom 20. März bestätigte der Direktor des Deutschen Museums in München, Oskar von Miller, der Firma Carl Zeiss in Jena nach einer Reihe von Gesprächen über den Bau eines Planetariums für die astronomische Abteilung, dass man „eine neue Idee" entwickelt habe,

> nach welcher die verschiedenen Himmelserscheinungen auf ein weißes feststehendes Gewölbe projiziert werden. Es soll hierbei möglich sein, durch feine optische Apparate die Bewegung der Sonne, des Mondes und der Planeten [sowie] die Einstellung der Gestirne auf verschiedene Daten wesentlich vollkommener durchzuführen, als bei umfangreichen mechanischen Vorkehrungen möglich wäre.[21]

Diese Konstruktionspläne blieben während der Kriegsjahre zunächst liegen, wurden aber 1919 wieder aufgegriffen und bis zur feierlichen Eröffnung des neuen Museumsgebäudes in München im Jahr 1925 bis zu einem fertigen Gerät vorangetrieben. Der Ingenieur Walther Bauersfeld, unter dessen Leitung das Projektionsplanetarium entwickelt wurde, beschrieb das Ergebnis selbst wie folgt:

> Die bildliche Wiedergabe des Sternenhimmels ist mit dem beschriebenen Projektionsverfahren recht gut gelungen. Der Anblick ist auch in ästhetischer Hinsicht sehr reizvoll. Da die Projektionsfläche in ihrer glatten, halb-

---

17 Georg Lukács, *Die Theorie des Romans. Ein geschichtsphilosophischer Versuch über die Formen der großen Epik*, 11. Aufl. Darmstadt-Neuwied, 1987, S. 21.

18 Ebd., S. 32.

19 Ebd., S. 21.

20 Ebd., S. 28.

21 Brief vom 20. März 1914, zit. nach Ludwig Meier, „Die Erfindung des Projektionsplanetariums. Eine Analyse der geschichtlichen Ereignisse von der Aufgabenstellung bis zur Inbetriebnahme des ersten Gerätes", in: *Jenaer Jahrbuch für Technik- und Industriegeschichte* 5 (2003), S. 82–147, hier S. 88.

Abb. 3: Der Zeiss-Projektor im Hayden Planetarium.
American Museum of Natural History, New York.
Aus: *The New Yorker,* (13.5.1950). Titelblatt.

> kugeligen Form dem Beschauer keine Gelegenheit mehr gibt, Tiefenunterschiede wahrzunehmen, so fehlt bei verdunkeltem Raum dem Augenpaar der Maßstab für die Tiefe überhaupt. Man gelangt daher leicht zu der Illusion des unendlichen Raumes.[22]

Im Projektionsplanetarium stehen die Zuschauer dem Modell des Himmels im Unterschied zum Planetarium von Rittenhouse nicht mehr gegenüber, sondern treten mit ihrem ganzen Körper in es ein. Astrofotographische Aufnahmen, übertragen in gestochene Stern-platten, ermöglichen die optisch exakte Darstellung des Fixsternhimmels. Sonne, Mond und Planeten werden ebenfalls an die Kuppel projiziert. Die Mechanik dient hier der Steuerung einer Simulation, die

22 Walther Bauersfeld, „Das Projektions-Planetarium des Deutschen Museums in München", in: *Zeitschrift des Vereines Deutscher Ingenieure* 68/31 (1924), S. 793–797, hier S. 797; vgl. auch Joachim Krausse, „Das Wunder von Jena. Das Zeiss-Planetarium von Walter [sic!] Bauersfeld", in: *Arch+. Zeitschrift für Architektur und Städtebau* 116 (1993), S. 40–49.

sich auf den Wahrnehmungsapparat der Zuschauer sowie auf einen geographischen Standort zu einem bestimmten Zeitpunkt bezieht.[23]

Auch de' Dondis Astrarium hatte die Bewegungen der Gestirne so gezeigt, wie sie von der Erde aus erscheinen, allerdings ohne jeden Bezug auf ein wahrnehmendes Subjekt und seine Fixierung in den Koordinaten von Raum und Zeit. Im Zeitalter der Newtonschen Physik feierte das Orrery von Rittenhouse dann die Mechanik als exaktes und göttliches Gesetz der Natur im Ganzen. Der künstliche Himmel in Bauersfelds Projektionsplanetarium schließlich folgt den transzendentalen Bahnen der Philosophie Kants, wendet aber ihre radikale Innerlichkeit in die Äußerlichkeit einer Medieninstallation. Die dadurch gewährte Erfahrung der Immersion in ein System kosmischer Ereignisse und Relationen entspricht einem Beobachter, der mitten hineingestellt ist in die Natur und für den Experiment und Modell riskante Vorgriffe ins Unabsehbare sind.

Bibliographie

Bauersfeld, Walther, „Das Projektions-Planetarium des Deutschen Museums in München", in: *Zeitschrift des Vereines Deutscher Ingenieure* 68/31 (1924), S. 793–797.

Enzensberger, Hans Magnus, *Mausoleum. Siebenunddreißig Balladen aus der Geschichte des Fortschritts*, Frankfurt a. M. 1994.

Gramelsberger, Gabriele, „Simulation in frühen Projektionsplanetarien", in: *Zum Planetarium. Wissensgeschichtliche Studien*, hg. von Boris Goesl, Hans-Christian von Herrmann und Kohei Suzuki, Paderborn 2018, S. 74–76.

Herrmann, Hans-Christian von, „Das Projektionsplanetarium als hyperreales Environment", in: *Zeitschrift für Medien- und Kulturforschung* 8/1 (2017), S. 27–40.

King, Henry C., in Zus.arb. mit John R. Millburn, *Geared to the Stars. The Evolution of Planetariums, Orreries, and Astronomical Clocks*, Toronto 1978.

Koyré, Alexandre, „Du monde de l',à-peu-près' à l'univers de la précision", in: *Études d'histoire de la pensée philosophique*, Paris 1971, S. 341–362.

Krausse, Joachim, „Das Wunder von Jena. Das Zeiss-Planetarium von Walter [sic!] Bauersfeld", in: *Arch+. Zeitschrift für Architektur und Städtebau* 116: *Gebaute Weltbilder* (1993), S. 40–49. Wiederabdruck in: *Zum Planetarium. Wissensgeschichtliche Studien*, hg. von Boris Goesl, Hans-Christian von Herrmann und Kohei Suzuki, Paderborn 2018, S. 43–68.

Lacan, Jacques, *Das Ich in der Theorie Freuds und in der Technik der Psychoanalyse. Das Seminar, Buch II (1954–1955)*, Weinheim/Berlin 1991.

Lukács, Georg, *Die Theorie des Romans. Ein geschichtsphilosophischer Versuch über die Formen der großen Epik*, Darmstadt-Neuwied, 1987.

23 Zur näheren Bestimmung des Modellcharakters des Projektionsplanetariums vgl. Joachim Krausse, „Das Wunder von Jena", S. 40–49; Gabriele Gramelsberger, „Simulation in frühen Projektionsplanetarien", in: *Zum Planetarium. Wissensgeschichtliche Studien*, hg. von Boris Goesl, Hans-Christian von Herrmann und Kohei Suzuki, Paderborn 2018, S. 74–76; Hans-Christian von Herrmann, „Das Projektionsplanetarium als hyperreales Environment", in: *Zeitschrift für Medien- und Kulturforschung* 8/1 (2017), S. 27–40.

Mahr, Bernd, „Ein Modell des Modellseins. Ein Beitrag zur Klärung des Modellbegriffs", in: *Modelle*, hg. von Ulrich Dirks und Eberhard Knobloch, Frankfurt a. M. 2008, S. 187–218.

Meier, Ludwig, „Die Erfindung des Projektionsplanetariums. Eine Analyse der geschichtlichen Ereignisse von der Aufgabenstellung bis zur Inbetriebnahme des ersten Gerätes", in: *Jenaer Jahrbuch für Technik- und Industriegeschichte* 5 (2003), S. 82–147.

Petrarca, Francesco, *Canzoniere. Triumphe. Verstreute Gedichte*, Italienisch und Deutsch, hg. von Hans Grote, Düsseldorf/Zürich 2002.

Prigogine, Ilya und Stengers, Isabelle, *Dialog mit der Natur. Neue Wege naturwissenschaftlichen Denkens*, München/Zürich 1990

Wills, Gary, *Inventing America. Jefferson's Declaration of Independance*, Boston/New York 2002.

Die Natur löffelt nicht

Modellszenarien in den Laienschriften des Nicolaus Cusanus um 1450

Andreas Wolfsteiner

1 Einleitung

In der Frühen Neuzeit finden sich idealisierte Denkfiguren, welche die Regeln der geometrischen Abstraktion durch praxeologische und inszenatorische Verankerung unterlaufen. Sie werden in diesem Beitrag als Modellszenarien aus der Perspektive einer Wissensgeschichte des Theaters entwickelt.[1] Schematisiert betrachtet sind das Drama und das Theater bei Nicolaus Cusanus (Nikolaus von Kues) auf vier Ebenen als Wissensmodell anzutreffen: (a) Seine Schriften weisen stets typisiertes Personal auf; (b) die an den Dialogen Beteiligten lassen sich als Rollenfiguren beschreiben, die durch variable Register individueller Merkmale gekennzeichnet sind (wie in frühen Stegreifvarianten der Typenkomödie, i. e. *Commedia dell'arte/Commedia all'improvviso/Commedia a soggetto*); (c) die Rede vollzieht sich nicht etwa im luftleeren, neutralen Raum logischer Argumentationsgänge, sondern wird inmitten von bedeutungsgeladenen Szenerien und architektonischen Wortgestellen zusammengereimt, welche zum integralen Bestandteil seiner Gesprächstheatralik geraten;[2] (d) vielgestaltig sind die Rückbezüge und Querverweise in bibelexegetischer und allgemein philologischer Hinsicht;[3] allerdings

---

1 Vgl. zum Szenario das Konzept „mnemotechnisches Diagramm" bei Andreas Gormans, *Geometria et ars memorativa. Studien zur Bedeutung von Kreis und Quadrat als Bestandteile mittelalterlicher Mnemonik und ihrer Wirkungsgeschichte an ausgewählten Beispielen*, Aachen 1999. Zur Differenzierung von Archiv, Storage, Speicher, Gedächtnis und Mnemonik siehe Stefan Rieger, *Speichern/Merken. Die Künstliche Intelligenzen des Barock*, München 1997. Gerade was die durch Gedächtnistheater oder andere imaginäre Architekturen beförderte Spatialisierung von Wissen für dessen Repräsentation und v. a. Präsentation bedeutet, vgl. Kirsten Wagner, *Datenräume, Informationslandschaften, Wissensstädte: Zur Verräumlichung des Wissens und Denkens in der Computermoderne*, Freiburg i. Br. u. a. 2006. Zur Parallelisierung zwischen räumlichen Wissensentwürfen und Bühnenformen siehe auch Peter Matussek, „Computer als Gedächtnistheater", in: *Metamorphosen. Gedächtnismedien im Computerzeitalter*, hg. von Götz-Lothar Darsow, Stuttgart-Bad Cannstatt 2000, S. 81–100.

2 Rede und Nebenrede sind, wie sonst im Drama üblich, voneinander geschieden. Vgl. Nikolaus von Kues, *Philosophisch-theologische Schriften*, hg. u. eingef. von Leo Gabriel, übers. u. komm. von Dietlind und Wilhelm Dupré, Lateinisch-Deutsch, 3 Bde., Wien 1989 [1964].

3 Vgl. Gerald Christianson, „Cardinal Cesarini and Cusa's ‚concordantia'", in: *Church History* 54/1 (1985), S. 7–19; Thomas Wilson Hayes, „Nicholas of Cusa and Popular Literacy in Seventeenth-century England", in: *Studies in Philology* 84/1 (1987), S. 80–94; Ferdinand Edward Cranz, „Saint Augustine and Nicholas of Cusa in the Tradition of Western Christian

bleibt, trotz all dieser Indizien hinsichtlich der theatralen Denkweise des Cusanus, weitgehend die Frage ungeklärt, welches Theatralitätsmodell in seinen quasi ,dramatischen' Textausarbeitungen zur Anwendung kommt.[4]

Die Materialien, um dieser Frage nachzugehen, sind im vorliegenden Beitrag in der Hauptsache die Laienschriften *Idiota de sapientia, Idiota de mente* sowie *Idiota de staticis experimentis.*[5] Auf diese Weise soll im Modus einer historischen Miniatur verhandelt werden, wie theoretische Modelle die jeweilige Zeitlichkeit praktischen Handelns reflektieren.[6] Der Fokus liegt dabei auf dem Jahr 1450 – dem Erscheinungsjahr aller drei Abhandlungen. Gegenstand dieses mikrogeschichtlichen Zugriffs sind einige wenige Denkfiguren in den genannten Titeln.

Thought", in: *Speculum* 28/2 (1953), S. 297–316; Gadi Algazi, „Ein gelehrter Blick ins lebendige Archiv. Umgangsweisen mit der Vergangenheit im fünfzehnten Jahrhundert", in: *Historische Zeitschrift* 266/2 (1998), S. 317–357.

4 Bereits Mitte des 19. Jahrhunderts geht die theaterhistorische Forschung zur Entstehung des weltlichen Schauspiels vom 13. bis zum 15. Jahrhundert von einer allmählichen Ablösung eines nicht-sakralen Unterhaltungskontextes von rituell gebundenen Spielen aus (Osterspiele, Passionsspiele, geistliche Spiele). Diese findet parallel zur Verschiebung der Vortrags- und Darstellungspraxis während der Eucharistie statt. Predigten im liturgischen Kontext transformieren sich vom Wechselgesang zwischen Klerikern und geeigneten Laien durch die allmähliche Hinzuziehung konkreter darstellerischer und sakraler Handlungen (das Zeigen der Monstranz, das Räuchern mit Weihrauch, das Läuten der Handglocken im Zuge der Transsubstantiation). Somit wird die reine Verkündung der Heilsgeschichte zur Lebensschule mit moralisch-pädagogischem Auftrag: Ihr Medium ist das theatrale Handeln und nicht mehr allein das Wort. Auffällig ist dabei, dass sich diese Handlungen, gleichfalls analog zur Predigt, im 13. Jahrhundert noch auf Latein vollziehen. Im 14. Jahrhundert dann wird zwar auf Latein vorgetragen, jedoch im Anschluss auf Deutsch übersetzt. Im 15. Jahrhundert schließlich erfolgt der Vortrag nicht selten vollständig auf Deutsch. Vgl. dazu Joseph Nikolaus Schmeisser, *Über den Ursprung des deutschen Schauspiels*, Constanz 1854, S. 15f.

5 Die drei genannten Abhandlungen werden zitiert nach Nikolaus von Kues, „Idiota de sapientia", in: ders., *Philosophisch-theologische Schriften*, Bd. 3, S. 419–477; ders., „Idiota de mente", in: ders., *Philosophisch-theologische Schriften*, Bd. 3, S. 479–609; ders., „Idiota de staticis experimentis", in: ders., *Philosophisch-theologische Schriften*, Bd. 3, S. 611–647. Fortan wird abgekürzt mit: „De sapientia", „De mente", „De staticis". Lateinische Angaben erfolgen in Konkordanz zum Basler Druck: D. Nicolai de Cvsa, *Cardinalis, vtriusque Iuris Doctoris, in omniqúe Philosophia incomparabilis viri Opera: In quibus theologiae mysteria plurima, sine spiritu Dei inaccessa, iam aliquot seculis ueleta & neglecta reuelantur...Item in philosophia praesertim in mathematicis...*, 3 Bde., Basel 1565 [= *Opera*].

6 Michael Weichenhan, „Der Geist als Form der Welt. Die Entwicklung von Weltmodellen bei Nicolaus Cusanus", in: *Modelle*, hg. von Ulrich Dirks und Eberhard Knobloch, Frankfurt a. M. 2008, S. 103–132; ders., „Omnia enucliatius exponuntur in schemate. Das Cusanische Weltmodell bei Athanasius Kircher", in: *Atlas der Weltbilder*, hg. von Christoph Markschies, Berlin 2011, S. 230–240; Arne Moritz, „Größtheit, automatisierte und koinzidentelle Prädikation. Zum Zusammenhang der rationalen Theologie Anselm von Canterburys und der Koinzidenzlehre des Nikolaus Cusanus im Topos der Größe Gottes", in: *Zeitschrift für philosophische Forschung* 58/4 (2004), S. 527–547; Otto-Joachim Grüsser, „Ein Erkenntnismodell des Nikolaus von Kues und der Grad der Bewährung einer wissenschaftlichen Hypothese", in: *Zeitschrift für allgemeine Wissenschaftstheorie/Journal for General Philosophy of Science* 19/2 (1988), S. 232–238; *Die Modernitäten des Nikolaus von Kues: Debatten und Rezeptionen*, hg. von Matthias Vollet und Tom Müller, Bielefeld 2013; Hans G. Senger, *Ludus sapientiae. Studien zum Werk und zur Wirkungsgeschichte des Nikolaus von Kues*, Leiden 2002.

Zweifelsohne wird speziell das *Löffelgleichnis* in *De mente* fokussiert, während die anderen beiden Laien-Publikationen eher flankierend herangezogen werden. Des Weiteren wird erörtert, wie sich die vom Autor in Anschlag gebrachten Handlungsmodelle in die Bauweise und Gestaltung technischer Objekte als Wissen einschreiben. Kontrastierend lässt sich angesichts einer solch kurzen ‚Verschlusszeit' ein kulturhistorisch informierter Begriff des Modells erkenntnistheoretisch schärfer konturieren.[7] Die sondierte Umbruchphase Mitte des 15. Jahrhunderts dient als heuristisches Differential, das es erlaubt, den Wandel temporalisierter Epistemologien anhand modelltheoretischer Konzeptionen durchzuspielen: Das Resultat bildet eine Modelltheorie zweiter Ordnung, die grundsätzlich notwendig wird, wenn es um die Bestimmung des Modellbegriffs geht.[8] Knapp einhundert Jahre vor der wortwörtlichen *Kopernikanischen Wende* und dem daraus resultierenden Umschwung von Kosmologien im 16. Jahrhundert ist auch der politische, zeithistorische sowie technikgeschichtliche Hintergrund, vor dem Cusanus Mitte des 15. Jahrhunderts schreibt, dazu angerichtet, bis dahin geltende Weltmodelle, wenn schon nicht zum Einsturz, so doch arg ins Wanken zu bringen. Allem voran tragen zur historischen Umwälzung im 15. Jahrhundert bei: Johannes Gutenbergs Einführung des Buchdrucks im Jahre 1450, Leon Battista Albertis theoretische Fundierung der Zentralperspektive um 1452, die Eroberung Konstantinopels durch das Osmanische Reich sowie das Ende des Hundertjährigen Krieges im Jahre 1453.

Mit *temporalisierten Epistemologien* sei in diesem Zusammenhang jener erkenntnistheoretische Untersuchungshorizont bezeichnet, der sich auf Zeiterfahrung und Zeitperspektive bezieht. Ein historisch-kritisches Geflecht von Verfahren, das Helmar Schramm als „kulturhistorische Komparatistik"[9] angesprochen und über die Jahre in seinen Studien ausgefeilt hat, bildet die primäre methodische Grundlage dieser Untersuchung: Der Blick liegt dabei nicht auf den Ähnlichkeiten theoriegeschichtlicher Muster, herausgestrichen werden im Gegenteil deren Valenz und Differenz zu unterschiedlichen Zeitpunkten. Die sekundäre,

7 Vgl. Herbert Stachowiak, „Der Modellbegriff in der Erkenntnistheorie", in: *Zeitschrift für allgemeine Wissenschaftstheorie/Journal for General Philosophy of Science* 11/1 (1980), S. 53–68.

8 Um eine allgemeine kulturwissenschaftliche Theorie des Modells zu erhalten, komme man nicht umhin, danach zu fragen, welches jeweilige kulturelle Modell der Ontologie von Modellen zugrunde liegt, so Bernd Mahr. Vgl. Bernd Mahr, „Ein Modell des Modellseins", in: *Modelle*, hg. von Ulrich Dirks und Eberhard Knobloch, Frankfurt a. M./Berlin/Bern 2008, S. 187–218; vgl. dazu ferner Erika Fischer-Lichte, „Theater als kulturelles Modell", in: *Germanistik: Disziplinäre Identität und kulturelle Leistung*, hg. von Ludwig Jäger, Weinheim 1995, S. 164–184.

9 Gerade die quasi hermetische Abschottung der Einzeldisziplinen voneinander mache eine „kulturhistorische Komparatistik", so Helmar Schramm, im Sinne einer neuen Art von „Übersetzungskunst" notwendig, um – ob der Latenz historiographischer Sachstände – aktuelle Diskussionen um Begriffe, Methoden und Denkstile auf gegenwärtige Phänomene beziehen zu können. Vgl. Helmar Schramm, „Inszenierung, Konstruktion", in: ders., *Karneval des Denkens. Theatralität im Spiegel philosophischer Texte des 16. und 17. Jahrhunderts*, Berlin 1996, S. IX–XIV, hier S. XI.

jedoch nicht minder bedeutende Grundlage bilden die Ansätze einer allgemeinen Modelltheorie, die Bernd Mahr in einer schier unüberschaubaren Zahl von Aufsätzen, Monographien, Sammelbänden und Textsammlungen formuliert hat.

Methodologisch wird im vorliegenden Beitrag darüber hinaus hervorgehoben, wie stark sich die spezifisch inszenierte Modellierung bei Cusanus einer architektonischen Vermessungspraktik verdankt: dem Skalieren von z. B. miniaturisierten Modellen (Abschnitt 2, *Jäger, Esel, Idioten: Cusanus und die konkrete Skalierung*). In einem zweiten Schritt werden Struktur und Funktion dieser deiktischen Paradigmen im *Löffelgleichnis* analysiert, das Cusanus in der Laienschrift *Idiota de mente* anführt (Abschnitt 3, *Das* Löffelgleichnis *des Cusanus als Handlungsmodell*).

Modelle sind bei Cusanus stets in Handlungsmacht eingelassen und sie abstrahieren auf ‚bühnenreife' Weise Probleme des *schöpferischen Akts* in Kunst, Philosophie und Handwerk. Die Grundfrage lautet im Hinblick auf das untersuchte Fallbeispiel, wie materielle Produkte zuallererst erdacht werden (Werkzeuge, technische Hilfsmittel oder Utensilien wie Besteck). Auf der Basis eines Abgleichs der gewonnenen Befunde wird im Schlussteil die Transformation epistemischer Sachlagen greifbar, die sich zwischen theorematischer Modellbildung und deren zeitlich nachgelagerter Formalisierung abspielt (Abschnitt 4, *Fazit*). Skalierte Modelle sind dabei sowohl in der Textstruktur als auch in den Themen des Cusanus zu finden.

Aus theaterhistoriographischer Perspektive tragen die Ergebnisse der vorliegenden Untersuchung erstens zur Erhellung der Frage bei, wie Theatralitäts- und Handlungsmodelle korreliert sind. Zweitens nehmen die skalierten Modelle des Cusanus ein Denken in Szenarien vorweg (*best case/worst case scenarios*), das in aktuellen Verfahren der Prognose und Simulation eine beachtenswerte Rolle spielt.

2 Jäger, Esel, Idioten: Cusanus und die konkrete Skalierung

Cusanus' Interessen reichen weit – in mystische, theologische, politische, rechtliche und mathematische Betätigungsfelder. Seine Texte sind als ein skalierbares System von Spiegeln und Linsen beschrieben worden.[10] Die Welt wird in bildreichen Analogien erschlossen, oder aber ins Infinitesimale ausgefaltet[11] und mittels intrikater Denkoperationen verlängert; mal vergrößern die Spiegel ins Makrokosmologische, mal verkleinern die Linsen bis ins Mikroskopische und letztlich Unsichtbare hinein.[12]

---

10 Johann Kreuzer, „Der Geist als lebendiger Spiegel. Zur Theorie des Intellekts bei Meister Eckhart und Nikolaus von Kues", in: *Meister Eckhart und Nikolaus von Kues*, hg. von Harald Schwaetzer und Georg Steer, Stuttgart 2011 (Meister-Eckhart-Jahrbuch 4), S. 49–66.

11 Zur im Gedankenexperiment entworfenen Kosmologie des Cusanus sowie der Differenzlosigkeit zwischen dem Absoluten und dem Infiniten in seinem Denken, vgl. Dietrich Mahnke, *Unendliche Sphäre und Allmittelpunkt. Beiträge zur Genealogie der mathematischen Mystik*, Halle a. d. Saale 1937 (Deutsche Vierteljahrsschrift für Literaturwissenschaft und Geistesgeschichte 23), insb. S. 84, S. 91 und S. 129.

12 Vgl. Don Parry Norford, „Microcosm and Macrocosm in Seventeenth-Century Literature", in: *Journal of the History of Ideas* 38/3 (1977), S. 409–442. Michel Leiris und Ann Smock schrei-

Dieses künstliche Labyrinth von Trugbildern, reflektierenden Glasflächen und anamorphotischen Abbildungen ist jener Ort, an dem Cusanus sich in der Rolle des Jägers entwirft.[13] Der Figur eignet, dass sie die Weidmannskunst beherrscht, die Waffen und Fallen, Finten und Kniffe, Fährten und Wege aus dem Effeff kennt, wie sich u. a. daran zeigt, dass sich der gelehrte Bischof von der Mosel als Inhaber zahlreicher Pfründen hervortut.[14] Diese weiß er nicht nur geschickt zu vermehren, sondern notfalls auch mit roher Gewalt zu verteidigen.[15] Überdies versteht er sich, der liturgisch-pädagogischen Tradition der Oster-, Fastnacht und geistlichen Spiele[16] gemäß, auf die Kunst der geschickten Inszenesetzung: So etwa, wenn er auf einem Esel in zahlreiche Städte einreitet, die er besucht, und damit auf den biblisch bezeugten Einritt des Nazareners in Jerusalem[17] anspielt.[18] Vielfältige theatrale Elemente finden sich sowohl im Wirken als auch im Werk des Cusanus. In dem umfangreichen Aufsatz *The Gaze. Nicholas of Cusa* hat der Jesuit, Soziologe, Handlungs- und Konsumtheoretiker Michel de Certeau diese szenische Qualität etwa für die aus dem Jahre 1437 stammende Friedensschrift geschildert:

> *De pace fidei* (faith as the basis for peace) [is] [...] an anti-Babelian „vision" of a heavenly „theater" in which, one after another, a delegate from each nation gets up to bear witness to the movement which supports it. Greek, Italian, Arab, Indian, Chaldean, Jew, Scythian, Gaul, Persian, Syrian, Turk, Spaniard, German, Tartar, Armenian, and so forth, each one comes to at-

ben in einem Seitenblick ihres kulturhistoriographisch einflussreichen Beitrags zur Institution von Stierkämpfen: „God – the coincidence of contraries, according to Nicholas of Cusa (which is to say: point where two lines come together or one track bifurcates; turntable, or vacant lot where the paths of all and sundry cross) – has been defined pataphysically as ‚the point of tangence of zero and infinity.' Likewise, there are among the countless elements composing our universe certain nodes or critical points that might be represented geometrically as the places where one feels tangency to the world and to oneself." Michel Leiris und Ann Smock, „The Bullfight as Mirror", in: *October* 63 (1993), S. 21–40, hier S. 21.

13 „In phrases reminiscent of the classical definition of philosophy, the wisdom literature of the Old Testament, and medieval venery, he pictured his intellectual life as a *venatio sapientiae* and himself as a keen and pious hunter. [Herv. i. O.]" Eugene F. Rice, „Nicholas of Cusa's Idea of Wisdom", in: *Traditio* 13 (1957), S. 345–368, hier S. 345.

14 Karl-Hermann Kandler, *Nikolaus von Kues: Denker zwischen Mittelalter und Neuzeit*, Göttingen 1987, S. 15. Für eine exakte Auflistung der Pfründen: Vgl. Erich Meuthen, „Die Pfründen des Cusanus", in: *Mitteilungen und Forschungsbeiträge der Cusanus-Gesellschaft* 2 (1962), S. 15–66.

15 Vgl. zur blutigen Rivalität zwischen Nicolaus Cusanus und Sigmund von Österreich: Wilhelm Baum, *Nikolaus Cusanus in Tirol. Das Wirken des Philosophen und Reformators als Fürstbischof von Brixen*, Bozen 1983.

16 Schmeisser, *Ursprung des deutschen Schauspiels*, S. 15f.

17 Jesus reitet unter Hosianna-Rufen in die Heilige Stadt ein: Bei den Evangelisten Johannes und Lukas handelt es sich um einen jungen Esel, vgl. Joh 12, 13–15 sowie Lk 19, 28–40. Bei Matthäus ist von einer Eselin die Rede, vgl. Mt 21, 1–11.

18 Meuthen hält fest, dass er hier bisweilen beträchtliche Audienz erhält: „Whenever Cusanus entered a town – riding a donkey, like his Lord once did – people came in droves." Erich Meuthen, *Nicholas of Cusa. A Sketch for a Biography*, Washington D.C. 2010, S. 91.

> test in the language of his own tradition to the truth which is one: this harmony of „free spirits" answers the furies of fanaticism [...].[19]

Die in dieser Passage attestierte Form theatralen Denkens bei Cusanus sehen die Leser jener um 1450 entstehenden Schriften bis zur Meisterschaft gesteigert. Gerade wenn es um die Figurentypen geht (die *dramatis personae* seiner Philosophie), dann werden diese vielfach zum Medium komplexer Verhaltens- und Wissenskonzepte. So stellt er etwa in den Laienschriften gerade den nicht-alphabetisierten Handwerker immer wieder als Träger eines in der Praxis fundierten Wissensmonopols dar, das der *epistēmē* des schriftgelehrten Klerus diametral entgegengesetzt und – mehr noch – dieser haushoch überlegen ist.[20] Indes hat der Laie im 15. Jahrhundert als diskursive Modeerscheinung zu gelten, die man als Verkörperung von Praxiswissen nicht nur bei Cusanus antrifft.[21] In den *Idiota*-Texten findet sich das Dialogpersonal (*auctor, philosophus, orator, idiota*[22]) innerhalb beredter ‚Wortkulissen' wieder. In diesem Sinne hält beispielsweise Eugene Rice für *De sapientia* fest: „The scene is the Roman forum in the summer of 1450 amid the noisy crowd of Jubilee pilgrims. The rich orator – he represents both the scholastic philosopher and the humanist – is immensely proud of his learning. He attacks the ignorant *idiota* for minimizing the importance of erudition [...]. [Herv. i. O.]"[23]

Der Laie verankert und verstrebt die Wissensproduktion auf ungewöhnliche Weise in den Vollzügen. Dies hat Auswirkungen auf den Modellbegriff, der seinerseits nicht ahistorisch aufgefasst werden darf.[24] Eine allgemeine Modellgeschichte, so Bernd Mahr, ist im Grunde (seit den Ansätzen Tarskis in den 1930er und Stachowiaks Anfang der 1970er Jahre) nicht geschrieben.[25] Er selbst macht in

19 Michel de Certeau und Catherine Porter, „The Gaze. Nicholas of Cusa", in: *Diacritics* 17/3 (Herbst 1987), S. 2–38, hier S. 3.

20 Siehe dazu Ernst Meuthen, „Nikolaus von Kues und der Laie in der Kirche", in: *Historisches Jahrbuch* 81 (1962), S. 101–122.

21 Vgl. dazu exemplarisch Franz Josef Schweitzer, *Meister Eckhart und der Laie. Ein antihierarchischer Dialog des 14. Jahrhunderts aus den Niederlanden*, Berlin 2009; Inigo Bocken, *Menschliche Praxis als Sehen Gottes. Der ‚Laie' in der Tradition der Devotio moderna*, in: *Beziehung*, hg. v. Ulrich Dickmann und Kees Waaijman, Schwerte 2008 (Felderkundungen Laienspiritualität 1), S. 15–28.

22 Vgl. „De mente", S. 147.

23 Rice, „Idea of Wisdom", S. 346f.

24 Bernd Mahr, *Das Wissen im Modell*, Berlin 2004 (KIT-Report 150); ders., „Über den Zusammenhang von Stil und Modell in der bildenden Kunst und der Programmierung", in: *‚Stil' in den Wissenschaften*, hg. von Klaus Robering, Münster 2007, S. 61–84; ders., „Das Mögliche im Modell und die Vermeidung der Fiktion", in: *Science & Fiction. Über Gedankenexperimente in Wissenschaft, Philosophie und Literatur*, hg. von Thomas Macho und Annette Wunschel, Frankfurt a. M. 2004, S. 161–182; ders. und Reinhard Wendler, „Bilder zeigen Modelle – Modelle zeigen Bilder", in: *Zeigen. Die Rhetorik des Sichtbaren*, hg. von Gottfried Boehm, Sebastian Egenhofer und Christian Spies, München 2010, S. 183–205.

25 Vgl. Mahr, „Modell des Modellseins", S. 187–218; Mahr bezieht sich auf: Herbert Stachowiak, „Modellbegriff in der Erkenntnistheorie" und Alfred Tarski, „Über den Begriff der logischen Folgerung", in: *Actes du congrès international de philosophie scientifique* 4 (1935), S. 1–11.

der verzwickten Historie des Gegenstandes drei Wurzeln des Begriffs aus: 1. im antiken *modulus,* 2. dem althochdeutschen *modul* und 3. dem italienischen *modello.*[26] Gerade die dritte Wurzel ist in Hinsicht auf Cusanus von Interesse, da dieser zur Zeit der Entstehung dieser speziellen Art des Architekturmodells Bischof in Brixen (Südtirol) wird. Aufgrund der Verwaltungsaufgaben dürfte er diese Art der Architekturplanung mit an Sicherheit grenzender Wahrscheinlichkeit gekannt haben – ein schlussendlicher Nachweis dieser Annahme kann jedoch aufgrund der Quellenlage nicht erbracht werden. Dessen ungeachtet bleibt diese Spekulation für die Untersuchung von Wichtigkeit, denn vom italienischen *modello* aus „wächst sich der Wortgebrauch bis zu unserer heutigen breit verwendeten und stark abstrahierten Wortbedeutung aus."[27]

Ausgehend davon vollzieht sich in der Art und Weise der Verwendung paradigmatischer Textbeispiele ein Wandel, kurz, illustrative Exempla im Argumentationsgang werden nun zunehmend von abstrakten Theoriemodellen befrachtet.

Das *modello* kommt also in Norditalien zu einer Zeit auf, da sich der Wirkungskreis des Cusanus nach Brixen hin ausdehnt.[28] Natürlich existieren innerhalb der Zünfte bereits Architekturmodelle: Für jeden Bau wird ein neues Maß festgelegt, wie die Forschung zu anthropomorphen Maßen in der Architektur nahegelegt hat.[29] Proportionalität und Skalierbarkeit spielen dabei gewiss noch eine untergeordnete Rolle. Bauten sind individuelle Einzelfälle, singuläre Werke. Es ist das *modello,* das diesen Umstand ändert, genauer: Das *modello* wird erst dadurch zum Modell im neuzeitlichen Sinne, als sich in ihm Proportions- und Perspektivverhältnisse eines Bauvorhabens abbilden. Maß, Zahl und Relation sind in räumlicher wie in zeitlicher Hinsicht im Plan aufgetragen (zeitlich deshalb, weil hier die anvisierte Bauzeit geschätzt wird). Es kommt dadurch zu einem nachhaltig veränderten Verständnis dessen, was ein Modell sei.

Aufgrund ihrer konkreten Skalierung ist diese architektonische Kulturtechnik wegweisend für die Modellszenarien des Nicolaus Cusanus und seinen Gebrauch eines messungstechnischen Paradigmenbegriffs. Modelltheoretisch gesprochen, wandelt sich das Modellsein durch die Planungstechnik des *modello,* da sich der sogenannte *Cargo* ändert.

---

26 Vgl. Mahr, „Modell des Modellseins", S. 189.

27 Ebd.

28 Vgl. Baum, *Cusanus in Tirol.*

29 Anhand des britischen *foot* oder auch des alten deutschen Maßes der *Elle* ist deutlich erkennbar, wie sehr die Messkunst von körperlichen Proportionsverhältnissen herrührt. Nichts anderes ist bekanntlich die Erkenntnis bei Leonardos in vielfacher Hinsicht ikonisch gewordener Zeichnung vom Vitruvianischen Menschen. Vgl. dazu Maria Brzóska, *Anthropomorphe Auffassung des Gebäudes und seiner Teile,* Jena 1931; Paul von Naredi-Rainer, *Architektur und Harmonie. Zahl, Maß und Proportion in der abendländischen Baukunst,* Köln 1982; Frank Zöllner, *Vitruvs Proportionsfigur. Quellenkritische Studien zur Kunstliteratur des 15. und 16. Jahrhunderts,* Worms 1987; Ralf Weber und Sharon Larner, „The Concept of Proportion in Architecture. An Introductory Bibliographic Essay", in: *Art Documentation* 12/4 (1993), S. 147–154; Ivan Muchka, „Anthropomorphismus in der Architektur um 1600", in: *Rudolf II, Prague and the World,* hg. von Lubomír Konečný et al., Prag 1999, S. 57–63.

Denn erstens besteht

> die Anforderung an ein Modell *Transporteur eines Cargo* zu sein, d.h. die Funktion zu erfüllen, durch seine Anwendung etwas von dem, wovon es ein Modell ist, zu dem, wofür es ein Modell ist, zu transportieren; zweitens die Anforderung an ein Modell *Garant von Konsistenz* zu sein, d.h. zu garantieren, dass im Modell keine Widersprüche enthalten sind, sodass seine Anwendung nicht notwendig zu Widersprüchen führen muss; und drittens die Anforderung, über eine ausreichende *pragmatische Eignung als Modell* zu verfügen, d.h. als Modell das, wovon es ein Modell ist und wofür es ein Modell ist, auch angemessen zu repräsentieren. [Herv. i. O.][30]

Darüber hinaus ist das *modello* greifbarer Ausdruck fortschreitender Arbeitsteilung. Nicht nur, dass es sachrichtig den künftigen Bau abbildet.[31] Es ist gleichsam verantwortlich dafür, dass Planung und Entwurf sowie Bau und Umsetzung zunächst personell und dann ideell voneinander geschieden und zeitlich sukzessiv angeordnet werden – ähnlich der später so einflussreichen Trennung von Kopf- und Handarbeit, die bereits vor Marx' prominenten Ausführungen Jacob und Wilhelm Grimm verzeichnen.[32] Das italienische *modello* ist im Sinne der Theorie Bernd Mahrs ein *Modell für*, und zwar etwas Künftiges: Zeitperspektivisch verbindet es die Gegenwart der Planung (z.B. die erste Entwurfs- und Bauphase des Petersdoms von 1504–1514 unter Bramante) mit einer Zukunft der konkreten handwerklichen Umsetzung (z.B. die Zeit des Neubaus St. Peters von 1506–1626).[33]

3 Das *Löffelgleichnis* des Cusanus als Handlungsmodell

Tut man sich in der Geschichte des Löffels[34] um, so wird schnell klar, dass es sich nicht nur um einen Gebrauchsgegenstand, sondern vielmehr um eine rituelle Paraphernalie oder gar ein (wenn auch seltenes) Zeichen der Heraldik handelt.

30 Mahr, „Modell des Modellseins", S. 211.

31 Etwa werden bei Serlio zu den Entwurfsabbildungen von Gebäuden stets eigene Skalen, Maße und Maßstäbe angeführt: Sebastiano Serlio, *Von der Architectur Das Dritt Buch Darinn Allerley Kunstreiche Antiquiteten und schöne Gebäuw, als Tempel, Theater,...erklärt werden...*, Basel 1609.

32 Die beiden Brüder registrieren die Opposition der Arbeitsformen folgendermaßen: „KOPFARBEIT, f. angestrengtes denken. Stieler 47, entgegen der handarbeit: weil selbige (kürze im ausdruck) oft grosze kunst ist und zimliche kopf-arbeit darzu gehöret. Butschky kanz. 65; ist doch der gelehrten ihre kopfarbeit auf den sonntag unrecht. Gerber unerk. sünden 391; eine ergötzung .. zwischen kopf- und handarbeit eingeschaltet. 281; Marianne bildete sich ein, es werde dem Sepp nun lange zeit kopfarbeit machen, dasz .. Felder sond. 1, 114, viel zu denken geben." Jacob und Wilhelm Grimm, „Kopfarbeit", in: dies., *Deutsches Wörterbuch*, Leipzig 1971 [1854–1961], Bd. 11, Sp. 1770.

33 Vgl. Horst Bredekamp, *Sankt Peter in Rom und das Prinzip der produktiven Zerstörung*, Berlin 2000.

34 Vgl. Volker Kinzel, *Der Löffel*, Münster 2014 (Kulturwissenschaft 46). Vgl. auch Roland Barthes über die Kulturgeschichte des Essbestecks (Messer, Gabel Löffel): Roland Barthes, *Das Reich der Zeichen*, Frankfurt a.M. 1981, insbes. S. 32.

Die Laffe, aber auch der Stiel, sind nicht selten ein Medium schriftlicher, symbolischer oder mythographischer Darstellungen. In der römischen Antike ist das *coclear* noch als Träger von Fruchtbarkeitssymboliken anzutreffen.

Dies drückt sich etwa durch die Gravur eines Hasen beim Verspeisen einer Rübe o. ä. aus.[35] Der Hase steht dabei für die sprichwörtlich gewordene Vermehrungsfähigkeit. Im Verzehr von Nahrung durch das symbolische Tier doppelt sich die Nahrungsaufnahme des Nutzers des Löffels. Insoweit das Symbol auf der Innenseite der Laffe angebracht ist, mischt sich das mit dem Schöpfgerät Aufgenommene mit der symbolischen Darstellung, die im Zuge des Gebrauchs in den Körper gelangt. Zu Beginn des 15. Jahrhunderts ist dann eine spezielle Konjunktur in der Produktion zu beobachten.[36] Gerade in Südtirol kommen die sogenannten *Sterzinger Waren* auf.[37] Bei diesem Zierbesteck handelt es sich u. a. um *Apostellöffel*. Speziell verweisen diese auf das letzte Abendmahl und werden dadurch zu einem weit verbreiteten Sinnbild für die Glaubensgemeinschaft in der Nachfolge Christi. Folglich existiert dieser Gegenstand in potenziell dreizehn Ausführungen: Am Stiel sind meist Figuren der zwölf Jünger Jesu mit ihren jeweiligen Attributen abgebildet, das dreizehnte Stück, der ‚Löffel des Hausherrn', stellt den Gottessohn dar (oftmals mit der Weltkugel als Attribut; es sind aber auch Mariendarstellungen bezeugt). Es war üblich, diese Gegenstände zur Taufe zu verschenken, was daraus geschlossen werden kann, dass bestimmte Namen weniger Verbreitung fanden als andere. Entsprechend kursierten und kursieren weniger Löffel mit minder beliebten Namen (so existieren bspw. nur wenige für Bartholomäus).[38]

Auch für die Nutzer ergibt sich nun eine deutliche Verschiebung im Vergleich zum *coclear*, was das Mischverhältnis von symbolischem Gegenstand und Gebrauchsgegenstand anbetrifft. Nicht mehr das Symbol in der Laffe und das Essen mischen sich, sondern die Stilelemente und Verzierungen, die auf dem Stiel mitgeführt werden, und der händisch vollzogene Griff werden überlagert. Dort, wo nun die Hand den Apostel und dessen Attribute umschließt, geht das Schutzversprechen des Heiligen nicht mehr mit der Nahrung in den Körper ein. Nicht das Gustatorische und das Symbolische werden länger kontrahiert, fortan werden das Haptische und das Symbolische überblendet. Das Schutzversprechen wird nunmehr in jene Hand versprochen, welche die Nahrung mittels des Essgeräts zum Mund führt.

Es ist diese Verschiebung zum Pragmatischen hin, die bei Cusanus in etlichen Modellszenarien durchexerziert wird. Entscheidend für die Denkfigur des Modellszenarios ist dabei das *Löffelgleichnis*, das er in der 1450 erschienen Laienschrift *Idiota de mente* dialogisch, im Zwiegespräch zwischen Philosoph (*orator*) und Laie (*idiota*), entwickelt. Cusanus setzt in dieser fiktiven Rede und Gegenrede

35 Vgl. ebd., S. 58.
36 Vgl. auch zur Sonderform des *Hostienlöffels* ebd., S. 61.
37 Vgl. ebd., S. 63.
38 Vgl. ebd., S. 58–63.

die Erörterung eines gewichtigen Problems der Philosophie des 15. Jahrhunderts in Szene.[39] Im Neuplatonismus wurde das Konzept des Urbildes aus der Antike mit herübergenommen. Diese spezielle Form ideeller Ikonizität geht dabei jedwedem Handlungsmodell voraus. Die Typisierung von Handlungen steht in den Ausführungen der genannten Schrift unter aufmerksamer Beobachtung des Autors – und zwar *bevor* und *in dem Moment* der Herstellung eines Werkzeugs. Welchem Modell entspricht die Herstellung eines Tisches, eines Schrankes oder eines Hauses? Worin befindet sich die Vorlage dessen, was da gebaut, hergestellt, gebastelt oder gefertigt wird?

> Laie: Ich will Beispiele mit Symbolcharakter [*symbolica paradigmata*, AW] anwenden, die aus der Kunst des Löffelschnitzens genommen sind, damit das, was ich sagen will, anschaulicher werde. [...] Formen von Löffeln, Schüsseln und Töpfen werden allein durch menschliche Kunst zur Vollendung gebracht. Demzufolge ist meine Kunst vollkommener als diejenige, welche geschaffene Figuren nachahmt; darin ist sie der unendlichen Kunst ähnlicher.[40]

In Cusanus' *Löffelgleichnis* wird die Herstellung von Essbesteck zu einem allgemeinen Denk- und Produktionsmodell von Gebrauchsgegenständen ausgebaut. Wenn Cusanus der Kunst des Löffelschnitzens ‚symbolische Paradigmata' entnimmt („Applicabo igitur ex hac coclearia arte symbolica paradigmata"[41]), entwirft er damit Handlungspattern bei der Herstellung *von* und beim Umgang *mit* Werkzeugen, die im Rekurs wiederum auf den Modellbegriff einwirken: Denn Modelle sind, diesem Verständnis nach, stets funktional und strukturell ambig. Dies gilt insofern, als sie sowohl in den Bereichen der Herstellung und Fertigung (d. i. das Löffelschnitzen als konkrete Handlung) als auch der Theoriebildung und Formalisierung wirksam sind (d. i. das Löffelschnitzen als abstraktes Wissen). Darüber hinaus trifft man sie in der Funktion trivialer Vorlagen an (d. i. der konkrete Löffel als Modell für andere Löffel).

Hier löst sich die dreistufige Systematik des Modellbegriffs ein, die Bernd Mahr in seinem Ansatz als die interdependenten Basistypen herausgearbeitet hat: (1) *Modelle von* (z. B. Gebäuden), (2) *Modelle für* (z. B. Skulpturen) und (3) *Modellobjekte als Modelle* (z. B. ein Stuhl als Modell für andere Stühle).[42]

---

39 Marc Föcking schreibt in Hinsicht auf die Modellartigkeit solcher textimmanenter Inszenierungsstrategien: „[...] Cusanus [hat] in *De ludo globi* deutlich das Gattungsmodell des Platonischen Dialogs realisiert. Die Ausgestaltung des situativen Rahmens verdankt sich also zunächst einem literarischen Modell und nicht der Transparenz eines Protokolls vermeintlich realer Gespräche." Marc Föcking, „Serio Ludere. Epistemologie, Spiel und Dialog in Nicolaus Cusanus' *De ludo globi*", in: *Spielwelten: Performanz und Inszenierunng [i. e. Inszenierung] in der Renaissance*, hg. von Klaus W. Hempfer und Helmut Pfeiffer, Stuttgart 2002 (Text und Kontext 16), S. 1–18, hier: S. 12.

40 „De mente", S. 493.

41 D. Nicolai de Cvsa, „Idiota de mente", in: *Opera*, Bd. 2, S. 147–171, hier S. 149f.

42 Siehe dazu das triadische Schema in: Mahr, „Modell des Modellseins", S. 199.

In einer Didaskalie beschreibt Cusanus folgende deiktische Handlung des *idiota*: „Der Laie nahm einen Löffel in die Hand und sagte[.]"[43] Das Objekt wird innerhalb der beschriebenen Szene präsentiert, während darüber gesprochen wird. Sagen und Zeigen fallen in eins. Der *Cargo* des Löffelmodells ist ein symbolischer in Hinsicht auf die Apostelgeschichte und das letzte Abendmahl. Aufgrund der Funktion der Apostellöffel als Gabe (Taufgeschenk) verweisen sie zudem auf die performative Dimension des Löffels im identitätsstiftenden Sinne („Ich bin getauft"). Auch schließt der *Cargo* das Urbild aus. Stattdessen ist es das nicht-literarische Praxiswissen des Löffelschnitzers, dessen *téchne*, das den Löffel entstehen lässt. Das Schöpferische des Löffelschnitzers läuft, in kleiner skaliertem Maßstab, zur Schöpfung Gottes parallel und gerät auf diese Weise zu dessen Modell. Anders als die vollendete Schöpfung Gottes ist der Löffel des Handwerkers nie perfekt.[44] Der Gegenstand existiert in einem skalierten Proportionsverhältnis zum göttlichen Weltenplan – die Scheidelinie ist in diesem Zusammenhang allein die Vollkommenheit. Der Löffel als Gegenstand entspringt dabei aus einer materiellen Abwesenheit. Diese materielle Abwesenheit, d. h. die Inexistenz des Löffels vor dessen Ersterfindung, bedingt dessen Erscheinen in der Welt *ex nihilo*. Es ist demnach ein Mangel im Handlungskontext, der den Gegenstand hervorruft. So wie dieser Mangel im Handlungskontext den Löffel zur Erscheinung kommen lässt, so bringt Cusanus in seiner negativen Theologie aus dem Mangel die Möglichkeitsbedingung Gottes als Können-ist (*possest*) hervor.[45] *Mutatis mutandis* ist das Löffelbeispiel des Cusanus wiederum ein Modell negativer Theologie.

> Laie: Der Löffel hat außer der Idee unseres Geistes kein Urbild. Ein Bildhauer oder Maler nimmt seine Urbilder von den Dingen, die nachzubilden er sich beschäftigt. Ich hingegen, der ich aus Holzstücken Löffel, und aus Ton Schüsseln und Töpfe mache, tue das nicht. Denn bei dieser Tätigkeit bilde ich nicht die Gestalt irgend eines natürlichen Dinges nach. Formen von Löffeln, Schüsseln und Töpfen werden allein durch menschliche Kunst zur Vollendung gebracht. Demzufolge ist meine Kunst vollkommener als diejenige, welche geschaffene Figuren nachahmt; darin ist sie der unendlichen Kunst ähnlicher.[46]

Cusanus gewinnt durch sein Verfahren, das man als ‚methodische Übertreibung' bezeichnen kann, ein Modell des Infinitesimalen. Das Modell ist bei ihm freilich noch nicht formalisiert. D. h., dass bei ihm die Handlungsalgorithmen auf der praktischen Ebene vorliegen, ihre Formalisierung und theoretische Abstraktion (z. B. durch die Formalsprachen des Mathematischen) und letztlich also ihre Dar-

43 „De mente", S. 493.
44 Vgl. ebd., S. 495.
45 Vgl. Nikolaus von Kues, „Trialogus de Possest", in: ders., *Philosophisch-theologische Schriften*, Wien 1982 [1964], Bd. 2, S. 267–359.
46 „De mente", S. 493.

stellbarkeit als Formel noch aussteht.[47] Die Operationen der methodischen Übertreibung und der Inszenesetzung verlaufen dabei ins Makro- wie auch Mikroskopische infinit verlängert.[48] Gemeint ist dies so: Das Schnitzen des Löffels ist endliche Kunst. Im Gegensatz zum bildenden Künstler kommt der Löffelmacher ohne Mimesis aus. Er ahmt nicht nach, er schafft aus dem unbildlichen Grund praktischer Erfordernisse. Diese Art des Schaffens ist das *modello* der unendlichen Kunst, also der Schöpfung Gottes. Im kleineren Maßstab (Endlichkeit) fertigt der Löffelschnitzer sein Objekt, so wie im größten aller Maßstäbe (Unendlichkeit) Gott den Kosmos macht.[49]

Was in der unendlichen Vergrößerung sowie Verkleinerung bei Cusanus zum Tragen kommt, liegt umgekehrt im theologischen Beweisdruck für die Existenz Gottes begründet. Hinter den die Welt anfüllenden naturwissenschaftlichen Fakten – außerhalb des wahrnehmbaren Bereichs – haust Gott als das ‚Nicht-Andere' (*non-aliud*).[50]

Cusanus' Akt der Liquidierung des Urbilds im Löffelgleichnis wird nicht zufällig als Zeugnis der Überwindung neuplatonischen Gedankenguts in den Laienschriften angeführt. Er löst sich vom Grund einer bildlich gedachten *idea* und unternimmt den Schritt hin zum theoretischen Modell, indem er infinites Weltmodell und finite Werkzeugmacherei kommensurabel macht. Nicht von ungefähr lässt Cusanus den *idiota* in diesem Kontext als Überwinder von Urbildlichkeit auftreten. Schließlich ist es gerade die Figur des Laien, die im Zuge des 15. Jahrhunderts innerhalb der literarisierten Eliten zum Inbegriff von Praxiswissen hochstilisiert wird. Wissenstheoretisch lässt sich folgern, dass es das körperlich eingeübte Handeln des Praktikers und nicht das durch Lektüre oder Lektion erworbene Theoriewissen ist, das in der gesamten Laienliteratur verklärt wird.

Obendrein kommt nun eine Modellauffassung ans Licht, die mit der ohnehin doppeldeutigen Basisdefinition des Terminus nicht mehr viel gemein hat: „Das vom Bildhauer angefertigte M. z. B. (meist aus Gips) erfüllt eine doppelte Funktion: die des Raumgebens für künstlerisches Experimentieren und die des Musters und Vorbilds für die endgültige Verwirklichung in Stein, Erz, Marmor usw."[51] In beiden Bereichen markieren Modelle anfänglich den Ort nicht-sachweltlich gebundenen Experimentierens mit Gebrauchsweisen, die sich auf eine

47 Vgl. dazu Ingo Reiss, *Das Verhältnis von Mathematik und Technik bei Cusanus*, Nieder-Olm 2012, URL: http://www.aphin.de/data/reiss-mathematik-technik-2012.pdf (1.8.2019).

48 Vgl. Nikolaus von Kues, „De visione Dei", in: ders., *Philosophisch-theologische Schriften*, Bd. 3, S. 93–219.

49 „De mente", S. 492f.

50 Im Wesentlichen spielt Cusanus mit dem Begriff des ‚Nicht-Anderen' (*non-aliud*) auf die Ablehnung eines dualistischen Weltbildes an, das die Trennung von weltlicher und göttlicher Sphäre vorsieht. Vgl. Nikolaus von Kues, „De Non-Aliud", in: ders., *Philosophisch-theologische Schriften*, Wien 1982 [1964], Bd. 2, S. 434–565.

51 Vgl. Friedrich Kaulbach, „Modell", I., in: *Historisches Wörterbuch der Philosophie*, hg. von Joachim Ritter et al., Basel 1984, Bd. 6: Mo–O, S. 45.

in der Zukunft liegende, rein potenzielle Durchführung richten – z. B. beim Entwurf und der Verfertigung eines Utensils wie dem Löffel.

Diese Gebrauchsweisen sind in Werkzeugen regelrecht sedimentiert und bilden in körpertechnischer Hinsicht Maß, Zahl und Takt der Tätigkeiten, die mittels ihrer umgesetzt werden. Das *Wie* der Ausführung, d. h. der Stil einer Handlung, misst sich in großen Teilen an der Beschaffenheit des Gegenstandes selbst: Mittels des Werkzeugs wird die bloß vorstellungsseitige, symbolische Kombinatorik von Eigenschaft (das Fassliche der Laffe) und Handlung (das Löffeln mit umfasstem Stiel) in der Sachwelt als Objekt greifbar und durch seinen Gebrauch wirksam (die Natur löffelt nicht – der Löffel kommt in ihr nur durch den Menschen vor).

Das verfertigte Werkzeug ist demzufolge nachgerade das, was die Vorstellungsleistung des *Löffelns mit irgendetwas* zur Erscheinung bringt. Der Löffel ist die Sichtbarmachungsmaschine dieser Vorstellungsleistung, die sich dem bildlichen Grund entschlägt. Die Absicht zu löffeln erzwingt erst die Form des Löffels. Diese Absicht kennt aber keine bildliche Vorlage – das Maß ist ein anderes. Denn Cusanus leitet den menschlichen Geist vom Messen her:

> Philosoph: Sag also, o Laie – dies sagst du ja, sei dein Name – hast du irgend eine Mutmaßung über den Geist?
> Laie: Ich glaube, daß es keinen erwachsenen Menschen gibt oder gab, der sich nicht wenigstens irgendeinen Begriff vom Geist gemacht hat. Auch ich habe also einen. Der Geist ist das, aus dem Grenze und Maß aller Dinge stammt. Und zwar nehme ich an, daß das Wort mens (Geist) von mensurare (messen) kommt.[52]

Der Autor betont damit weniger die sinnliche Erfahrung all jener Register des Visuellen, Auditiven, Haptischen, Olfaktorischen und Gustatorischen, die er sonst in seinen Schriften zu ziehen weiß – und die zum integralen Bestandteil seiner Textdramaturgie gehören. Primär ist es die Abstraktion, die aus den Sinnesdaten hervorgeht und diese gewissermaßen geometrisiert, d. h. diese in Kategorien, Typen und Modi einteilt, deren aisthetisches Gesamt alles in allem zu einem Weltmodell führt. Dasselbe wird eigens aus einem allmächtigen Handlungspotenzial hervorgebracht.[53] Im Unterschied zum Bild sind in dieses Handlungspotenzial alle fünf Sinne unterschiedslos eingebracht.[54] Dies wiederum ist als Modell in sich selbst nicht sichtbar, insoweit in diesem Fall kein verweisender Charakter mehr vorliegt (wie bei Symbolen oder Bildern). Im Falle von Cusanus, so Weichenhan, resultiere daraus eine „neue operative Form von ‚Weltmodell'".[55]

Erst durch die Positionierung in dem allein im Geist erzeugten Modell werden die erfassbaren Gegenstände konstituiert. Das Modell bildet also nichts Äußeres

52 „De mente", S. 487.
53 Vgl. von Kues, „Possest", S. 267–359.
54 Vgl. Weichenhan, „Entwicklung von Weltmodellen bei Nicolaus Cusanus", S. 110.
55 Vgl. ebd.

mehr ab und emanzipiert sich so vom Charakter des Bildlichen: Es visualisiert allein die Ordnung, die der Geist setzt.[56]

Etwas weniger abstrakt ausgedrückt: Cusanus denkt den Löffel, den der Löffelschnitzer schnitzt, nicht mehr in einer Art Urbildlichkeit; jede neue Ausfertigung wird zu einer weiteren Asymptote einer weiteren Vorstellung. Das platonische Urbild liegt für Cusanus in dem Gleichnis deshalb nicht vor, da die Löffelwerdung lediglich eine Verlängerung eines handwerklichen Produktionsvorgangs ist. Zwar bleibt die Herstellung *per se* ein Projekt, sie steht aber nicht in einem bildmimetischen Verhältnis zum Gegenstand. Die vorstellungsseitigen Handlungspläne sind selbst nur pragmatische Anteile des Vorhabens. Einerseits gilt, dort, wo der Löffel im Gebrauch noch nicht als Ding perfekt ist, bedarf dieser der Nachbearbeitung, der Korrektur. Andererseits bedarf es auch von Seiten der etwaigen Benutzer jeweils einer Anpassung an die Tätigkeit des Löffelns – zumal derer, die zum ersten Mal Besteck benutzen (z. B. Kinder). Der Einfluss des Gebrauchs auf die Körperlichkeit, d. i. die Aneignung des Vermögens des Löffelns, ist dabei mit kulturell tradierten und formierenden Sitten verbunden, die durch Einübung zur ‚Einfleischung' eines jeweiligen Tuns führen (dieses wird zum Automatismus). Betrachtet man die unterschiedlichen Gebrauchsweisen standardisierter Suppenlöffel, fallen etwaige Unterschiede in der Haltung und Handhabung auf. Die graduellen Unterschiede in der Benutzung wären hier eine Art *Dialekt* dieses Handelns.

Nun aber nochmals zur asymptotischen Annäherung des Produkts: Dieses ist zwar Ausdruck dieser Vorstellung, bleibt allerdings unvollkommenes Näherungsbild im Moment seiner Materialisierung qua Herstellung und Gebrauch. Cusanus findet dafür folgende Worte:

> Laie: Nehmen wir an, ich wollte diese Kunst entfalten und die Form des Löffelseins, die einen Löffel konstituiert, sinnlich wahrnehmbar machen. Obwohl sie in ihrer Natur von keinem Sinn erreicht werden kann, weil sie weder weiß noch schwarz noch andersfarbig ist, noch Stimme, Geruch, Geschmack oder Berührbarkeit besitzt, werde ich doch versuchen, sie auf eine Weise, in der es möglich ist, sinnlich wahrnehmbar zu machen. So nehme ich eine Materie, nämlich das Holz und schnitze und höhle durch verschiedene Bewegung der Instrumente, die ich anwende, solange, bis in ihm das nötige Formverhältnis entsteht, in dem die Form des Löffelseins geeignet widerstrahlt. Auf diese Weise siehst du, wie die einfache und nicht sinnenhafte Form des Löffelseins im Gestaltverhältnis dieses Holzes wie in einem Abbild widerstrahlt. Darum kann die Wahrheit und Genauigkeit des Löffelseins, die unvermehrbar und unmitteilbar ist, durch kein wie immer geartetes Instrument und durch keinen Menschen vollkommen sinnlich

56 Vgl. ebd.

> sichtbar werden. In allen Löffeln strahlt nur die einfachste Form selbst wider; in dem einen mehr, weniger im anderen und in keinem genau.[57]

Insofern der „philosophisch-geometrische Systemraum" und der „komplexe sinnliche Erfahrungsraum"[58] in diesem Fall noch in einer Art Mischform vorliegen, evozieren sie eine noch unabgeschlossene Bildwerdung. Sie sind unfertige Gebilde, die das Handlungsmodell des Löffelschnitzens auf eine Handlungsidealität zurückführen. Im *Löffelgleichnis* wird deutlich, dass mit *symbolica paradigmata* Praxismodelle angesprochen sind, die mit göttlichem Handeln modellseitig dialogisiert werden („Daher besteht meine Kunst mehr im Zustandebringen als im Nachahmen geschöpflicher Gestalten und ist darin der unendlichen Kunst ähnlicher"[59]).

Die musterhaften Exempla, die der Ideenwelt entstammen, werden suspendiert und zu handlungsleitenden Maßgaben des Entwerfens, Gestaltens und Planens ‚umgemodelt'. Das *Löffelgleichnis* dient, und das ist der rhetorische Clou, selbst als Modell für die neuplatonische Verwendung des Begriffs. Das ‚symbolische Paradigma' wird zum Modell, das im rein innerweltlich Geistigen gründet und vermittels Handlung in der Welt wirksam wird, kurz, es wird zur Blaupause konstruktiver Wirklichkeitsvorstellungen. Das Löffelschnitzen ist für Cusanus zwar „endliche Kunst" („Daß jede menschliche Kunst endlich ist"[60]); sie ist aber der „unendlichen Kunst", d. h. der Schöpfung, ähnlich, weil diese eben nicht auf Bildlichkeit, nicht auf piktoralen Vorlagen beruht.

Diese nicht-ikonischen Vorstellungen sind es, die im christlichen Platonismus die Stellung des Menschen in der Welt regeln. Noch bei Leibniz wird in der Schrift *Von der Allmacht und Allwissenheit Gottes und der Freiheit des Menschen* (1670/71) in diesem Sinne zwischen der Existenz im göttlichen Licht und dem Verhaftetsein in der Dunkelheit des Nichts das Dasein der Geschöpfe bestimmt (d. i. im Zentrum der metaphysischen Schnittfläche zwischen dem *Einen* und dem *absolut Anderen*). Ihr Existenzgrund ist damit ebenso opak wie das Wissen selbst; das Ontische und das Epistemische sind gleichermaßen im Ungrund nicht-menschlicher Mächte verankert. Lediglich die performative Qualität des Paradigmatischen lässt eine Ahnung davon durchscheinen. Im Modell formt sich stets eine zeitlich vorgelagerte oder zeitlich nachgelagerte Handlung ab.

In dieser Hinsicht gehören Handlungsmodelle zu den Phänomenen des Opaken in Bezug auf ihre wissenstheoretische Handhabbarkeit. Denn wovon handeln

57 „De mente", S. 494f.

58 Diese „zwei entscheidenden Raum-Modelle", nämlich „philosophisch-geometrischer Systemraum" und „komplexer sinnlicher Erfahrungsraum", werden unterschieden bei: Helmar Schramm, „Kunstkammer – Laboratorium – Bühne im ‚Theatrum Europaeum'. Zum Wandel des performativen Raums im 17. Jahrhundert", in: *Kunstkammer, Laboratorium, Bühne: Schauplätze des Wissens im 17. Jahrhundert*, hg. von ders., Ludger Schwarte und Jan Lazardzig, Berlin/New York 2003, S. 10–34, insbes. S. 11f.

59 „De mente", S. 493.

60 Ebd., S. 491.

Modelle? Trotz ihrer vordergründigen Direktheit eignet ihnen zusätzlich ein Anteil an nicht-bildlichem Wissen: Nicht etwa als mentale Bilder irgendeines Tuns, sondern eben als Handlungsgebilde. Diese entwickeln sich, wo die Absichten und Zwecke ein gegenständliches Medium erfordern. Der Löffel im besprochenen Gleichnis ist gerade das, was es im Bild nicht gibt, was im Gebrauch jedoch fehlt. Diese Absenz im Handlungskontext bringt das Objekt durch die Arbeit des Löffelschnitzens zur Erscheinung. Die Gestalt des Löffels ist die Wahrnehmbarmachungsmaschine dieses Mangels im Handlungskontext. Bei Cusanus ist es insbesondere die Modellartigkeit des mittels theatraler Metaphern dargestellten Wissens, welche die prozesshaften Handlungsvollzüge weit wirkungsvoller zu verschalten vermag als die geometrische Abstraktion allein.

4 Fazit

Durch eine theoretische Verschränkung der Ansätze einer allgemeinen Modelltheorie und historischer Theatermodelle wurde ein analytisches Instrumentarium für die Laienschriften entwickelt und die Divergenz des bei Cusanus noch integrierten Modellbegriffs aufgezeigt. Seine Modellszenarien bieten im Unterschied zur mathematischen Abstraktion eine zusätzliche Zeitperspektive an – der Löffel im besprochenen Gleichnis ist gerade das, was es im Bild nicht gibt, was temporal gesehen im Gebrauch aber fehlt. Diese Absenz im Handlungskontext ist es, die das Utensil zur Erscheinung bringt. Was offenbart sich in der wechselseitigen Beschreibung von Handlung und Utensil? Es ist wohl der frappierendste Effekt bezüglich der historischen Entwicklung des menschlichen Körpers in seiner Modellhaftigkeit und Modellabhängigkeit, dass aufgrund sich verändernder ökonomischer Parameter auf gesellschaftliche Handlungsszenarien geschlossen werden muss – ausgehend vom anatomischen Konzept des Körperleibs als einem Gefüge von Organen.

Dort, wo an die Stelle des Urbildes Handlungsgebilde treten, dort beginnt im buchstäblichen Sinne *Organisation*: Jene Arbeitsteilung, Elementarisierung und Modularisierung von Herstellungsverfahren, die dann z. B. im 17. Jahrhundert bei Hobbes vom Körper des Einzelnen auf einen ‚Staatskörper' übertragen werden. In Analogie zu den Organen des Körpers werden die Organisationseinheiten des Imperiums entwickelt. Soweit ist diese Parallelisierung von Körper und Körperschaft bei Cusanus im 15. Jahrhundert noch nicht gediehen. Ihm ist es noch um die Stabilisierung dieses Gebildes zu tun, das sich jenseits von Visualität bewegt und das auf die Ebene der abstrakten Fassbarkeit (durch Berechnung) verschoben werden soll. Kurz, es geht um Modelle und deren „starke Bindung an Techniken und pragmatische Zusammenhänge."[61] Diese verdrängen bei Cusanus die Betonung der Visualität zugunsten einer alle Sinne umspannenden Praxeologie. Diese wird anhand des Modells handwerklicher Tätigkeiten skaliert und mit der göttlichen Schöpfung parallelisiert. Auf diese Weise spiegelt sich die triadische

61 Mahr, „Modell des Modellseins", S. 188.

Ontologie des Modells, welche Mahr entwickelt, in Cusanus' *symbolica paradigmata* und so auch in der Tätigkeit des Löffelschnitzens wider. Der Löffel ist in seinem Löffelsein (*coclearitatis*)[62] jeweils Ausdruck eines vorstellungsseitig idealen Handlungsmusters, innerhalb dessen der Löffel zuallererst entsteht. Derselbe verbürgt diese Idealität, jedoch gelangt der Gegenstand nie zur absoluten Deckung mit diesem Ideal: Er bleibt allenfalls asymptotische Annäherung an dasselbe. Und zwar gerade so, wie jeder gezeichnete Kreis nur auf das mentale Konzept eines geometrisch perfekten Kreises verweist; so wie jeder in einem Koordinatensystem mit einem Stift aufgetragene Punkt nur auf das mathematische Konzept eines Punktes verweist. Das Ideal ist aber nicht die platonische *idea*, wie Cusanus betont. Aber was ist es dann? Es ist ein Gemisch aisthetischer Qualitäten, das dem aristotelischen Gemeinsinn (*sensus communis*)[63] nicht unähnlich ist. Jenes subjektkonstituierende Wahrnehmungsgesamt, in dem die Beschaffenheit einzelner Sinnesdaten (noch) nicht intellektuell geschieden wird: ein Theater pragmatischen Bewusstseins.

Bibliographie

Quellen:

Cvsa, D. Nicolai de, *Cardinalis, vtriusque Iuris Doctoris, in omniqúe Philosophia incomparabilis viri Opera: In quibus theologiae mysteria plurima, sine spiritu Dei inaccessa, iam aliquot seculis ueleta & neglecta reuelantur... Item in philosophia praesertim in mathematicis...*, 3 Bde., Basel 1565.

–, „Idiota de mente", in: *Cardinalis, vtriusque Iuris Doctoris, in omniqúe Philosophia incomparabilis viri Opera: In quibus theologiae mysteria plurima, sine spiritu Dei inaccessa, iam aliquot seculis ueleta & neglecta reuelantur... Item In philosophia praesertim in mathematicis...*, Basel 1565, Bd. 2, S. 147–171.

Kues, Nikolaus von, *Philosophisch-theologische Schriften*, hg. u. eingef. von Leo Gabriel, übers. u. komm. von Dietlind und Wilhelm Dupré, Lateinisch-Deutsch, 3 Bde., Wien 1989 [1964].

–, „Idiota de sapientia", in: ders., *Philosophisch-theologische Schriften*, Bd. 3, S. 419–477.

62 Vgl. „De mente", S. 494.

63 „Was Aristoteles darüber vorgetragen hat, ist auf Jahrtausende hinaus zum Gemeingut des abendländischen Denkens über Mensch und Seele geworden. Der Mensch hat nach ihm ein sinnliches Erkennen, das in 5 Vermögen ([...] potentiae animae) zerfällt, in Gesicht, Gehör, Geruch, Geschmack, Getast, in die 5 Sinne also, an denen die Popularpsychologie bis in unser Jahrhundert herein noch festhält. Zusammengefaßt und zum Bewußtsein gebracht werden die Meldungen der Sinne durch den Gemeinsinn (sensus communis), der seinen Sitz im Herzen haben soll und nichts anders ist als unser heutiges ‚Bewußtsein'. Die Bewußtseinsinhalte des Gemeinsinns verschwinden nicht mit dem Aufhören des Sinnesreizes, sondern halten oft an, und darin besteht dann die Vorstellung (Phantasma), ‚ein Überbleibsel der aktuellen Wahrnehmung', sowie, wenn die Vorstellungen in größeren Massen festgehalten werden, das Gedächtnis (memoria)." Johannes Hirschberger, *Geschichte der Philosophie*, Freiburg/Basel/Wien 1980, Bd. I: Altertum und Mittelalter, S. 212.

–, „De visione Dei", in: ders., *Philosophisch-theologische Schriften*, hg. u. eingef. von Leo Gabriel, übers. u. komm. von Dietlind und Wilhelm Dupré, Lateinisch–Deutsch, Bd. 3, Wien 1989 [1964], S. 93–219.

–, *De Non-Aliud*, in: ders., *Philosophisch-theologische Schriften*, hg. u. eingef. von Leo Gabriel, übers. u. komm. von Dietlind und Wilhelm Dupré, Lateinisch–Deutsch, Wien 1982 [1964], Bd. 2, S. 434–565.

–, „Idiota de mente", in: ders., *Philosophisch-theologische Schriften*, hg. u. eingef. von Leo Gabriel, übers. u. komm. von Dietlind und Wilhelm Dupré, Lateinisch–Deutsch, Bd. 3, Wien 1989 [1964], S. 479–609.

–, „Idiota de staticis experimentis", in: ders., *Philosophisch-theologische Schriften*, hg. u. eingef. von Leo Gabriel, übers. u. komm. von Dietlind und Wilhelm Dupré, Lateinisch–Deutsch, Bd. 3, Wien 1989 [1964], S. 611–647.

–, „Trialogus de Possest", in: ders., *Philosophisch-theologische Schriften*, hg. u. eingef. von Leo Gabriel, übers. u. komm. von Dietlind und Wilhelm Dupré, Lateinisch–Deutsch, Bd. 2, S. 267–359.

Diese Schriften des Cusanus sind konkordant auf den Seiten der Universität Trier zugänglich: URL: http://www.cusanus-portal.de (1.8.2019).

Sekundärliteratur:

Algazi, Gadi, „Ein gelehrter Blick ins lebendige Archiv. Umgangsweisen mit der Vergangenheit im fünfzehnten Jahrhundert", in: *Historische Zeitschrift* 266/2 (1998), S. 317–357.

Barthes, Roland, *Das Reich der Zeichen*, Frankfurt a. M. 1981.

Baum, Wilhelm, *Nikolaus Cusanus in Tirol. Das Wirken des Philosophen und Reformators als Fürstbischof von Brixen*, Bozen 1983.

Bocken, Inigo, „Menschliche Praxis als Sehen Gottes. Der ‚Laie' in der Tradition der Devotio moderna", in: *Beziehung*, hg. von Ulrich Dickmann und Kees Waaijman, Schwerte 2008 (Felderkundungen Laienspiritualität 1), S. 15–28.

Bredekamp, Horst, *Sankt Peter in Rom und das Prinzip der produktiven Zerstörung*, Berlin 2000.

Brzóska, Maria, *Anthropomorphe Auffassung des Gebäudes und seiner Teile*, Jena 1931.

Certeau, Michel de und Catherine Porter, „The Gaze. Nicholas of Cusa", in: *Diacritics* 17/3 (Herbst 1987), S. 2–38.

Christianson, Gerald, „Cardinal Cesarini and Cusa's ‚concordantia'", in: *Church History* 54/1 (1985), S. 7–19.

Cranz, Ferdinand Edward, „Saint Augustine and Nicholas of Cusa in the Tradition of Western Christian Thought", in: *Speculum* 28/2 (1953), S. 297–316.

Fischer-Lichte, Erika, „Theater als kulturelles Modell", in: *Germanistik: Disziplinäre Identität und kulturelle Leistung*, hg. von Ludwig Jäger, Weinheim 1995, S. 164–184.

Föcking, Marc, „Serio Ludere. Epistemologie, Spiel und Dialog in Nicolaus Cusanus' *De ludo globi*", in: *Spielwelten: Performanz und Inszenierunng [i. e. Inszenierung] in der Renaissance*, hg. von Klaus W. Hempfer und Helmut Pfeiffer, Stuttgart 2002 (Text und Kontext 16), S. 1–18.

Gormans, Andreas, *Geometria et ars memorativa. Studien zur Bedeutung von Kreis und Quadrat als Bestandteile mittelalterlicher Mnemonik und ihrer Wirkungsgeschichte an ausgewählten Beispielen*, Aachen 1999.

Grimm, Jacob und Grimm, Wilhelm, „Kopfarbeit", in: dies., *Deutsches Wörterbuch*, Leipzig 1971 [1854–1961], Bd. 11, Sp. 1770.
Grüsser, Otto-Joachim, „Ein Erkenntnismodell des Nikolaus von Kues und der Grad der Bewährung einer wissenschaftlichen Hypothese", in: *Zeitschrift für allgemeine Wissenschaftstheorie/Journal for General Philosophy of Science* 19/2 (1988), S. 232–238.
Hayes, Thomas Wilson, „Nicholas of Cusa and Popular Literacy in Seventeenth-Century England", in: *Studies in Philology* 84/1 (1987), S. 80–94.
Hirschberger, Johannes, *Geschichte der Philosophie*, Bd. I: Altertum und Mittelalter, Freiburg/Basel/Wien 1980.
Kandler, Karl-Hermann, *Nikolaus von Kues: Denker zwischen Mittelalter und Neuzeit*, Göttingen 1987.
Kaulbach, Friedrich, „Modell", I., in: *Historisches Wörterbuch der Philosophie*, hg. von Joachim Ritter et al., Basel 1984, Bd. 6: Mo–O, S. 45f.
Kinzel, Volker, *Der Löffel*, Münster 2014 (Kulturwissenschaft 46).
Kreuzer, Johann, „Der Geist als lebendiger Spiegel. Zur Theorie des Intellekts bei Meister Eckhart und Nikolaus von Kues", in: *Meister Eckhart und Nikolaus von Kues*, hg. von Harald Schwaetzer und Georg Steer (=Meister-Eckhart-Jahrbuch 4), Stuttgart 2011, S. 49–66.
Leiris, Michel und Ann Smock, „The Bullfight as Mirror", in: *October* 63 (1993), S. 21–40.
Mahnke, Dietrich, *Unendliche Sphäre und Allmittelpunkt. Beiträge zur Genealogie der mathematischen Mystik*, Halle a. d. Saale 1937 (Deutsche Vierteljahrsschrift für Literaturwissenschaft und Geistesgeschichte 23).
Mahr, Bernd und Reinhard Wendler, „Bilder zeigen Modelle – Modelle zeigen Bilder", in: *Zeigen. Die Rhetorik des Sichtbaren*, hg. von Gottfried Boehm, Sebastian Egenhofer und Christian Spies, München 2010, S. 183–205.
–, „Das Mögliche im Modell und die Vermeidung der Fiktion", in: *Science & Fiction. Über Gedankenexperimente in Wissenschaft, Philosophie und Literatur*, hg. von Thomas Macho und Annette Wunschel, Frankfurt a. M. 2004, S. 161–182.
–, „Ein Modell des Modellseins", in: *Modelle*, hg. von Ulrich Dirks und Eberhard Knobloch, Frankfurt a. M./Berlin/Bern 2008, S. 187–218.
–, „Über den Zusammenhang von Stil und Modell in der bildenden Kunst und der Programmierung", in: *‚Stil' in den Wissenschaften*, hg. von Klaus Robering, Münster 2007, S. 61–84.
–, *Das Wissen im Modell*, Berlin 2004 (KIT-Report 150).
Matussek, Peter, „Computer als Gedächtnistheater", in: *Metamorphosen. Gedächtnismedien im Computerzeitalter*, hg. von Götz-Lothar Darsow, Stuttgart-Bad Cannstatt 2000, S. 81–100.
Meuthen, Erich, „Die Pfründen des Cusanus", in: *Mitteilungen und Forschungsbeiträge der Cusanus-Gesellschaft* 2 (1962), S. 15–66.
–, *Nicholas of Cusa. A Sketch for a Biography*, Washington D.C. 2010.
–, „Nikolaus von Kues und der Laie in der Kirche", in: *Historisches Jahrbuch* 81 (1962), S. 101–122.
Moritz, Arne, „Größtheit, automatisierte und koinzidentelle Prädikation. Zum Zusammenhang der rationalen Theologie Anselm von Canterburys und der Koinzidenzlehre des Nikolaus Cusanus im Topos der Größe Gottes", in: *Zeitschrift für philosophische Forschung* 58/4 (2004), S. 527–547.

Muchka, Ivan, „Anthropomorphismus in der Architektur um 1600", in: *Rudolf II, Prague and the World*, hg. von Lubomír Konečný et al., Prag 1999, S. 57–63.
Naredi-Rainer, Paul von, *Architektur und Harmonie. Zahl, Maß und Proportion in der abendländischen Baukunst*, Köln 1982.
Norford, Don Parry, „Microcosm and Macrocosm in Seventeenth-Century Literature", in: *Journal of the History of Ideas* 38/3 (1977), S. 409–442.
Reiss, Ingo, *Das Verhältnis von Mathematik und Technik bei Cusanus*, Nieder-Olm 2012, URL: http://www.aphin.de/data/reiss-mathematik-technik-2012.pdf (1.8.2019).
Rice, Eugene F., „Nicholas of Cusa's Idea of Wisdom", in: *Traditio* 13 (1957), S. 345–368.
Rieger, Stefan, *Speichern/Merken. Die Künstliche Intelligenzen des Barock*, München 1997.
Schmeisser, Joseph Nikolaus, *Über den Ursprung des deutschen Schauspiels*, Constanz 1854.
Schramm, Helmar, „Kunstkammer – Laboratorium – Bühne im ‚Theatrum Europaeum'. Zum Wandel des performativen Raums im 17. Jahrhundert", in: *Kunstkammer, Laboratorium, Bühne: Schauplätze des Wissens im 17. Jahrhundert*, hg. von dems., Ludger Schwarte und Jan Lazardzig, Berlin/New York 2003, S. 10–34.
–, „Inszenierung, Konstruktion", in: ders., *Karneval des Denkens. Theatralität im Spiegel philosophischer Texte des 16. und 17. Jahrhunderts*, Berlin 1996, S. IX–XIV.
Schweitzer, Franz Josef, *Meister Eckhart und der Laie. Ein antihierarchischer Dialog des 14. Jahrhunderts aus den Niederlanden*, Berlin 2009.
Senger, Hans G., *Ludus sapientiae. Studien zum Werk und zur Wirkungsgeschichte des Nikolaus von Kues*, Leiden 2002.
Serlio, Sebastiano, *Von der Architectur Das Dritt Buch Darinn Allerley Kunstreiche Antiquiteten und schöne Gebäuw, als Tempel, Theater,...erklärt werden...*, Basel 1609.
Stachowiak, Herbert, „Der Modellbegriff in der Erkenntnistheorie", in: *Zeitschrift für allgemeine Wissenschaftstheorie/Journal for General Philosophy of Science* 11/1 (1980), S. 53–68.
Tarski, Alfred, „Über den Begriff der logischen Folgerung", in: *Actes du congrès international de philosophie scientifique* 4 (1935), S. 1–11.
Vollet, Matthias und Tom Müller (Hg.), *Die Modernitäten des Nikolaus von Kues: Debatten und Rezeptionen*, Bielefeld 2013.
Wagner, Kirsten, *Datenräume, Informationslandschaften, Wissensstädte: Zur Verräumlichung des Wissens und Denkens in der Computermoderne*, Freiburg i. Br. u. a. 2006.
Weber, Ralf und Larner, Sharon, „The Concept of Proportion in Architecture. An Introductory Bibliographic Essay", in: *Art Documentation* 12/4 (1993), S. 147–154.
Weichenhan, Michael, „Der Geist als Form der Welt. Die Entwicklung von Weltmodellen bei Nicolaus Cusanus", in: *Modelle*, hg. von Ulrich Dirks und Eberhard Knobloch, Frankfurt a. M. 2008, S. 103–132.
–, „Omnia enucliatius exponuntur in schemate. Das Cusanische Weltmodell bei Athanasius Kircher", in: *Atlas der Weltbilder*, hg. von Christoph Markschies, Berlin 2011, S. 230–240.
Zöllner, Frank, *Vitruvs Proportionsfigur. Quellenkritische Studien zur Kunstliteratur des 15. und 16. Jahrhunderts*, Worms 1987.

Risiko in Maßen

Metrologische Standards und die Eigensinnigkeit des Materiellen[1]

Peter Löffelbein

Zum Zeitpunkt, zu dem dieser Beitrag verfasst wird, wird in einem Pariser Vorort ein Gegenstand aufbewahrt, und zwar in einem Sicherheitsschrank unter einer dreifachen Glasglocke. Der Schrank steht in einem Kellerraum, dessen Betreten drei Schlüssel erfordert, die wiederum von drei verschiedenen Personen getrennt voneinander aufbewahrt werden. Das Gebäude, zu dem der Kellerraum gehört, befindet sich auf politisch neutralem Territorium, und das durchaus aus dem Grund, die sichere Aufbewahrung eben jenes Gegenstandes zu gewährleisten. Was rechtfertigt diese Vorkehrungen? Ist der genannte Gegenstand auf irgendeine Art gefährdet? Ist er gefährlich? Oder schlicht so wertvoll, dass ein Verlust unter allen Umständen vermieden werden muss?

Die Antwort auf alle drei Fragen lautet „ja", denn dieser Gegenstand verkörpert eine grundlegende Komponente moderner – zumindest naturwissenschaftlich-empirischer – Wissensproduktion. Es handelt sich um das sogenannte Urkilogramm, das, zusammen mit den sechs anderen Basiseinheiten des metrologischen *Système Internationale* (SI), für sämtliche naturwissenschaftlichen, technischen und ökonomischen Messungen und Berechnungen von fundamentaler Bedeutung ist.[2] Ein Verlust dieses Gegenstandes oder die Veränderung seiner metrologisch relevanten Charakteristika wäre in höchstem Maße problematisch. In der Tat hängen die modernen Gesellschaften in ihren wissenschaftlichen, technischen und ökonomischen Funktionen bis dato von einem einzigen physischen Gegenstand ab – eine ebenso staunenswerte wie zuletzt offensichtliche Tatsache.

Doch was hat das mit Modellen zu tun? Die Überlegung, welche dem vorliegenden Beitrag zugrunde liegt, lautet, dass ein physischer Standard wie das im Pariser Vorort Sèvres verwahrte Urkilogramm[3] so wertvoll ebenso wie gefährdet

---

1 Vorarbeiten zu diesem Aufsatz wurden veröffentlicht in: Löffelbein, Peter, *Maß, Modell und Material. Dynamische Wissenskonstitution in den metrologischen Reformen Heinrichs VII. von England*, Working Paper des SFB 980 Episteme in Bewegung, No. 7/2015, Freie Universität Berlin, URL: http://www.sfbepisteme.de/Listen_Read_Watch/Working-Papers/No_7_Loeffelbein_Mass-Modellund-Material/index.html (1.8.2019).

2 Vgl. http://www.bipm.org/fr/publications/si-brochure/section1-2.html (1.2.2019).

3 Vgl. zu den Modi der Aufbewahrung im Pavillon de Breteuil in Sèvres bei Paris Richard Davis, „The SI unit of mass", in: *Metrologia* 40 (2003), S. 299–305; S. 300; URL: http://www.bipm.org/fr/about-us/pavillon-de-breteuil/ (1.8.2019); Robert Crease, *World in the Balance. The Historic Quest For An Absolute System of Measurement*, New York/London 2011, S. 138f.; S. 254.

und gefährlich ist, eben *weil* es sich dabei um ein Modell handelt. Die mit diesem Modell verbundenen Gefährdungspotentiale – und also auch die mit seinem Gebrauch verbundenen Risiken – verdanken sich dabei seiner konkreten Materialität und Objekthaftigkeit.

Im Folgenden wird diese Überlegung nicht am modernen Urkilogramm entwickelt, sondern an einem älteren, der Vormoderne zuzuordnenden Beispiel diskutiert: den metrologischen Reformen Heinrich VII. von England (1457–1509). In einer modelltheoretischen Betrachtung dieser Maßreformen soll gezeigt werden, inwiefern die Materialität physischer Standards nicht nur eine notwendige Bedingung metrologischer Erkenntnis darstellt, sondern auch bedeutende epistemische Risiken impliziert. Betrachtet als Modelle, welchen eine materiale ‚Eigensinnigkeit' zukommt, offenbaren die von Heinrich VII. eingeführten Standards eine Dynamik metrologischer Wissenskonstitution, welche sich im Zusammenspiel materialer Objektqualitäten und konventioneller Einschreibung vollzieht. Dabei sind es insbesondere die in der Materialität der Standard-Objekte gründenden Risiken, die diesen Prozess kontinuierlich in Bewegung halten. Im Abschluss soll mit einem Rekurs auf das Urkilogramm verdeutlicht werden, dass diese Beobachtungen keinesfalls nur für die vormoderne Messkunde gelten, sondern gleichermaßen für die moderne Metrologie Gültigkeit beanspruchen können.

1 Die Maßreformen Heinrich VII.

Wie der historischen Metrologie bekannt, ist die Forderung nach einheitlichen Maßen und Gewichten keine Erfindung der Neuzeit. Unter anderen unternehmen die englischen Monarchen des Mittelalters immer wieder entsprechende Versuche zur Herstellung metrologischer Einheitlichkeit in ihrem Herrschaftsbereich.[4] Diese Versuche der Vereinheitlichung zielen jedoch nicht auf Uniformität und systematische Kohärenz aller Maßeinheiten im modernen Sinn. Ziel ist zuvorderst die Bestimmung und Durchsetzung einzelner Standards für spezifische agrarische und handwerkliche Produktionsprozesse, welche Handel, Abgaben- und Zollerhebungen erleichtern sollen und darüber hinaus keine exklusive Gültigkeit beanspruchen. Allerdings können sie als feste Referenzgrößen die Kompatibilität mit anderen gebräuchlichen Maßeinheiten gewährleisten, etwa mit ausländischen Größen oder den zahlreichen, durch Ausnahmeregelungen bestehen bleibenden lokalen Maßen. Kommensurabilität wird in der Praxis über die Verhältnissetzung in ganzzahlige Relationen hergestellt.[5]

4 Vgl. Ronald Edward Zupko, *British Weights and Measures. A History from Antiquity to the Seventeenth Century*, Wisconsin/London 1977, S. 19.

5 Vgl. Harald Witthöft, „Zum Problem der Genauigkeit in historischer Perspektive", in: *Genauigkeit und Präzision in der Geschichte der Wissenschaften und des Alltags*, hg. von Dieter Hoffmann und Harald Witthöft, Bremerhaven 1996 (PTB-Texte 4), S. 3–32, hier S. 13f. Vgl. auch Zupko, *British Weights and Measures*, S. 74. Zur Bedeutung vereinheitlichender metrologischer Reformen in Hinblick auf Fragen historischen Wandels vgl. auch die späteren Ausführungen.

Solche aus heutiger Perspektive bescheiden anmutenden Versuche der Vereinheitlichung finden in England zwischen dem 13. und dem 15. Jahrhundert in der einen oder anderen Form erstaunlich häufig statt, wobei ihre stetige Wiederholung ihren mangelnden Erfolg erahnen lässt.[6] Ende des 15. Jahrhunderts dann nimmt die metrologische Reform einen erneuten Anlauf unter Heinrich VII. aus dem Hause Tudor. Dieser Versuch hebt sich von seinen Vorgängern vor allem dadurch ab, dass auf vergleichsweise umfassende und beharrliche Weise die Herstellung, Verbreitung und Kontrolle einheitlicher Standards vorangetrieben wird.[7]

Heinrich VII., der erste König aus dem Hause Tudor, übernimmt die Herrschaft nach den politisch desaströsen Jahrzehnten der sogenannten Rosenkriege. Seine Herrschaft ist im Folgenden geprägt vom Streben nach Konsolidierung und Sicherung seiner Macht, gerade auch einem ambitionierten Adel gegenüber. Er verfolgt dieses Ziel mit einer zentralistischen Politik; er sucht etwa, feudale Regionalherren durch loyale Personen, oft Verwandte, zu ersetzen.[8] Darüber hinaus räumt er dem ihm persönlich unterstellten Kronrat oberste Regierungsgewalt und zugleich juristische Vollmachten ein, mit denen er an den Prozeduren des *common law* vorbei persönliche Entscheidungsgewalt ausübt.[9] Insbesondere aber verfolgt er die Unabhängigkeit von dem die Steuerpolitik mitbestimmenden Parlament. Ihm wird der Ausspruch zugeschrieben: „[T]he Kings my predecessors, weakening their treasure, have made themselves servants to their subjects."[10] Heinrich macht sich unabhängig, indem er möglichst viele Ausgaben anderweitig deckt. Seine Einkünfte bezieht er dabei aus den umfangreichen und im Krieg noch vergrößerten Ländereien der Krone, welche er – im Gegensatz zu seinen Vorgängern – nicht zum Lehen gibt, sondern selbst verwaltet. Darüber hinaus waren ihm, wie schon seinem Vorgänger Edward IV., vom Parlament sämtliche Zolleinkünfte auf Lebenszeit zugesprochen worden.[11] Von ihm persönlich im Kronrat verhängte, überhöhte Geldstrafen füllen die Kasse und disziplinieren den Adel. Zeitweise kontrolliert er sogar jeden einzelnen Vorgang im Staatshaushalt persönlich. Geld wird hier zum Machtfaktor, und in der Tat ist es der umfassende Gebrauch von Finanzmitteln als Herrschaftsinstrument und ihre forcierte Akquisition, welche Heinrich noch zu Lebzeiten den Ruf der Habgier einbringen.[12]

---

6 Vgl. ebd., S. 16–71.

7 Vgl. Zupko, *British Weights and Measures*, S. 74.

8 Vgl. Sean Cunningham, *Henry VII*, London/New York 2007, S. 209–215; sowie Neville Williams, *The life and times of Henry VII*, London 1994, S. 172.

9 Vgl. ebd., S. 174; sowie Stanley Bertram Chrimes, *Henry VII*, New Haven/London 1999, S. 97–102.

10 So angeblich zu seinem Ratgeber Henry Wyatt. Zitiert aus: Roger Lockyer, *Henry VII*, London u. a. 1987, S. 15. Lockyer gibt allerdings keine Quellenangabe.

11 Vgl. Williams, *The life and times*, S. 165–173.

12 Vgl. ebd., S. 187–194; S. 213. Vgl. darüber hinaus zur Darstellung und Einschätzung der politischen Ambitionen Heinrichs und auch der Rolle des Geldes dabei nicht zuletzt Sean Cunningham, „Loyalty and the Usurper: Recognizances, the Council and Allegiance under

Vor diesem Hintergrund ist die Vereinheitlichung von Maßen und Gewichten – immer im zeitgenössischen Sinne verstanden – für Heinrich nicht bloß als eine Erleichterung des Handels von Interesse, welche sie angesichts einer sich enorm steigernden Produktions- und Exportwirtschaft Ende des 15. Jahrhunderts gewiss darstellt.[13] Ihre Einheitlichkeit ist darüber hinaus wichtig für die korrekte Erhebung feudaler Abgaben und Zölle, welche die fiskale Unabhängigkeit des Monarchen garantieren; ihre zentrale Kontrolle wird somit Teil einer in der Tendenz zentralistischen Machtpolitik.

Tatsächlich verzeichnen die *Acts of Parliament* unter Heinrich VII. drei Anläufe zu einer Vereinheitlichung der Maße für Volumen, Gewicht und schließlich auch Länge: Nach anfänglichen Fehlschlägen 1491 und 1495 wird ein Jahr später ein auf dem *Troy*-Pfund basierendes System von Maßen und Gewichten eingeführt:

> Wherefore the King our Sovereign Lord […] ordaineth, establisheth, and enacteth, that the Measure of a Bushel contain viij. Gallons of Wheat, and that every Gallon contain viij. li. of Wheat of Troy Weight, and every Pound contain xij. Ounces of Troy Weight, and every Ounce contain xx. Sterlings, and every Sterling be of the Weight of xxxij. Corns of Wheat that grew in the Midst of the Ear of Wheat […]. And that it pleaseth the King's Highness to make a Standard of a Bushel and a Gallon after the said Assise, to remain in his said Treasury for ever.[14]

Das Gewicht von zweiunddreißig Weizenkörnern, aus der Mitte einer Ähre entnommen, entspricht also einem *sterling* (dessen Gewicht in Silber im Übrigen einen *penny* darstellt und die Basis für das Währungssystem bildet, das unter Heinrich VII. gleichermaßen umfassend reformiert wird).[15] Zwanzig *sterling* wiederum ergeben eine *Troy*-Unze, und zwölf *Troy*-Unzen ein *Troy*-Pfund. Eine Gallone bezeichnet in diesem System also sowohl das Gewicht von acht *Troy*-Pfunden, als auch ein Volumenmaß, welches der Menge von acht *Troy*-Pfund Weizenkörnern entspricht. Der *bushel* (oder Scheffel) entspricht noch einmal acht Gallonen.

Henry VII", in: *Historical Research* 82/217 (2009), S. 549–581 und Mark R. Horowitz, „Henry Tudor's Treasure", in: ebd., S. 560–579.

13 Vgl. ebd., S. 164–169; vgl. Cunningham, *Henry VII*, S. 244–249.

14 Vgl. die *Parliamentary Acts* 7 Hen. 7 c. 3 (1491), 11 Hen. 7 c. 4 (1494) und 12 Hen. 7 c. 5 (1496). Letzterer beklagt die fehlerhafte Umsetzung der Vorigen, verdammt den fortdauernden Gebrauch verschiedener Maße und Gewichte und ruft sämtliche im Rahmen der vorigen Verordnung angefertigten und verteilten Standards als „approved defective, and not made according to the old Laws and Statutes" (ebd.) zurück. Sie seien zu zerstören; für den Fall der Nichtbeachtung wird eine Geldstrafe in Höhe der nicht unbedeutenden Summe von 20 Pfund in Aussicht gestellt. Im Anschluss wird das im Folgenden vorgestellte System von Maßen und Gewichten eingeführt. Sämtliche *Acts of Parliament* sind entnommen: URL: http://www.justis.com/document.aspx?doc=d7jsrUrxA0LxsKjIoYyZmXGJn2WIivLerIOJitrvqJedn5eZiZmsmJaZi2idoIWIikvNCPnhzPngDP9MBjrMi6atF&relpos=46 (3.9.2014).

15 Vgl. Cunningham, *Henry VII*, S. 249f.

Auf dieser theoretischen Grundlage werden, als zentrale Maßnahme, neue, eigens hergestellte Eichmaße von Gallone und Scheffel als „King's Standards"[16] angekündigt und die Herstellung und Verteilung von Kopien angeordnet – übrigens explizit auf Kosten der sie empfangenden städtischen Zentren und Gemeinden.[17] Diese 1497 aus Bronze gefertigten, immer noch erhaltenen Hohlmaße gehören zu den ältesten noch existierenden englischen Maßen überhaupt. Bei der Gallone handelt es sich um ein schlankes, humpenförmiges Gefäß mit geschwungenem Griff, welches aus Bronze gearbeitet und mit dem Schriftzug „Henricus septimus" versehen ist. Sein Fassungsvermögen beträgt umgerechnet etwa 4,4 Liter (268,43 in^3 laut Messungen in den Jahren 1931/1932). Der größere Scheffel ist ein auf drei Füßen stehendes, rundes Gefäß. Ihn umzirkelt der Spruch „Henricus septimus dei gracis rex Hanglie et Francie". Er fasst mit dem Achtfachen etwa 35 Liter (2144,81 in^3). Beide Gegenstände sind versehen mit der Rose des Hauses Tudor und dem Greyhound, heraldische Zeichen bzw. Insignien königlicher Autorität.[18]

Des Weiteren ist der ebenfalls 1497 gefertigte *yardstick* Heinrichs VII. erhalten. Es handelt sich um einen Bronzestab von umgerechnet ungefähr 90 Zentimetern Länge (91,35 cm).[19] Er ist ein oktagonal geformter Endstandard von etwa einem halben Zoll (ca. 12 mm) Durchmesser, der mittels eingravierter Rillen eingeteilt ist in drei Fuß, von denen einer wiederum in zwölf *inches* bzw. Zoll unterteilt ist. Versehen ist er ferner mit Einkerbungen, welche die Hälfte, ein Viertel, ein Achtel sowie ein Sechzehntel eines Yards markieren. Jeweils am Ende ist in ihn ein mit einer Krone versehener Buchstabe H eingeprägt.[20] Eine theoretische Herleitung des Yards, wie sie den Hohlmaßen zu Grunde gelegt ist, ist nicht überliefert.

2 Maß und Herrscher

Obwohl die Einführung neuer Standards nominell mit der radikalen Entwertung der bisherigen einhergeht und eine Art Neubeginn markiert, so stellt Heinrich sich mit seiner metrologischen Reform doch in die Tradition seiner Vorgänger. Das zeigt sich an der theoretischen Herleitung der Hohlmaße aus Gewicht und Volumen von Weizenkörnern, die identisch ist etwa mit einer im Jahre 1266 von Heinrich III. erlassenen Verordnung und mit gleichlautendem Inhalt bereits von mehreren englischen Monarchen wiederholt worden war.[21] Diese Kontinuität rekapituliert ein Londoner Tuchhändler namens John Colyn noch im Jahre 1517, als die Standards Heinrichs immer noch in Gebrauch sind. In einem Bericht über

16 11 Hen. 7 c. 4.

17 Vgl. 12 Hen. 7 c. 5.

18 Vgl. Robert Dickson Connor, *The Weights and Measures of England*, London 1987, S. 155; S. 239; vgl. Zupko, *British Weights and Measures*, S. 79f.

19 Die Differenz zum heutigen Yard beträgt gerade 0,037 Zoll, d. h. 0,9398 mm. Vgl. ebd., S. 77.

20 Vgl. ebd. S. 76f.; vgl. Connor, *The Weights and Measures*, S. 239.

21 Vgl. „Assisa Panis et Cervisie", in: *Statutes of the Realm. From Original Records and Authentic Manuscripts*, hg. von der Great Britain Record Commission, London 1810, Bd. I, S. 199f.; zitiert aus: Connor, *The Weights and Measures*, S. 123f.

den rechten (und unrechten) Maßgebrauch in der „Cete of London"[22] verzeichnet er: „[A]lbeyht that the kynges standard' in the Eschequer the metell' thereof be newe, the content of makying' of the assyse of hyt provythe hit olde".[23] Obwohl, so könnte man übersetzen, der Standard des Königs als metallenes Objekt zwar neu ist, so erweist er sich in der Art und Weise, wie er festgelegt ist, als althergebracht. „[T]he once dyd not make the whete, but the whete made the once",[24] so fasst Colyn die traditionelle Herleitung der Standardmaße und -gewichte zusammen, deren Herkunft er auf „afore the Conqueste"[25] zurückdatiert. Die *Acts of Parliament* Heinrichs reihen sich selbst in diese Traditionslinie ein, wenn sie die konstatierte metrologische Uneinheitlichkeit als „contrary to the Statute of Magna Charta, and of other Statutes thereof made by divers of his [the king's, P. L.] noble Progenitors"[26] bezeichnen.

Es gibt allerdings Hinweise darauf, dass die Standards Heinrichs VII. keineswegs nach der obigen Herleitung, also direkt aus Gewicht bzw. Volumen von Getreidekörnern angefertigt wurden. Denn offenbar weisen die tatsächlich gefertigten Standards erhebliche Diskrepanzen zu ihrer legislativen Bestimmung auf. So fassen nach der Messung von 1931/1932 beide Hohlmaße nicht acht, sondern jeweils nahezu exakt neun der theoretisch bestimmten *Troy*-Pfunde bzw. Gallonen.[27] Der historische Metrologe Robert Dickson Connor erklärt dies aus der eigentlich verbotenen (aber weit verbreiteten) Praxis, Hohlmaße gehäuft und nicht gestrichen zu füllen. Da die entsprechende Differenz ihm zufolge jeweils etwa einem Achtel der Füllmenge entspricht, kommt er zu dem Schluss, die so vergrößerten Maße Heinrichs VII. hätten dieser Praxis Rechnung getragen und sie in das neue, gestrichen zu füllende Maß zu integrieren versucht.[28] Darüber hinaus kommt er in Anbetracht auch älterer divergierender Maße zu dem Schluss, es gebe „no evidence to show that gallons or any other measures were constructed actually using wheat, but standards were always made according to some older standards re-

22 John Colyn, [„Exposure of the Abuses of Weights and Measures for the information of the Council (c. 1517)"], in: *Select Tracts and Table Books Relating to English Weights and Measures (1100–1742)* (= Camden Miscellany XV, 5), hg. von Hubert und Frieda Nichols, London 1929, S. 47–53, hier S. 47.

23 Ebd., S. 48.

24 Ebd., S. 47.

25 Vgl. ebd.

26 12 Hen. 7 c. 5.

27 Geht man mit Connor (vgl. Connor, *The Weights and Measures*, S. 155f.) von einem *Troy*-Pfund als dem Gewicht von 29,93 in^3 (40,66 ml) Weizen aus, so entspricht eine Gallone mit dem Achtfachen desselben, der theoretischen Bestimmung zufolge, in etwa dem Gewicht von 239,45 in^3 Weizen (d. i. 3903,19 ml bzw. ca. 3,9 l); ein Scheffel mit dem wiederum Achtfachen 1915,6 in^3 (31,224 l) desselben. Tatsächlich fasst die Standardgallone Heinrichs VII. jedoch, wie oben erwähnt, 268,43 in^3 (4,39 l), was nahezu exakt dem Volumen eines *Troy*-Pfundes Weizen mehr als der theoretischen Bestimmung entspricht (239,45 in^3 + 29,93 in^3 = 269,38 in^3 bzw. ca. 4,39 l). Das Gleiche gilt für den Scheffel. Er enthält mit 2144,81 in^3 (35,147 l) zwar acht der tatsächlich dem Standard entsprechenden Gallonen (268,43 in^3 bzw. 4,39 l), jedoch neun der theoretischen Bestimmung entsprechende.

28 Vgl. ebd., S. 156–158.

siding in the Exchequer."[29] Auch dies aber ist weder an erhaltenen Maßobjekten noch an Dokumenten zu belegen; so oder so aber erscheint die Herleitung der unter Heinrich VII. gefertigten Standards aus traditionellen Bestimmungen als bloß vorgeblich.

Diese mutmaßlich inszenierte metrologische Kontinuität ist durchaus beachtenswert. Denn abgesehen von allen absehbar positiven ökonomischen Effekten, welche die Einführung einheitlicher Standards auch für den Staatshaushalt zeitigen, präsentiert sich Heinrich damit als alleiniger ‚Maßgeber' eines einigen und ungeteilten englischen Herrschaftsbereichs. Die Festlegung von Maßen und Gewichten kann in der Tat als göttlich sanktioniertes Vorrecht des Souveräns betrachtet werden – unter Rückgriff auf Weish 11,20b, wo Gott als der Herrscher des Alls adressiert wird: „Du aber hast alles nach Maß, Zahl und Gewicht geordnet". Der Herrscher legt die Maße fest; wer die Maße festlegt, ist der Herrscher.[30] Vor dem Hintergrund der immer wieder angemahnten Einheitlichkeit von Messstandards unter früheren englischen Monarchen, in deren Tradition Heinrich sich stellt, kommt dies einem Legitimierungsversuch bzw. einer symbolischen Absicherung nicht nur seiner metrologischen Reformen, sondern seiner gesamten Herrschaft gleich.[31]

Im Übrigen wirft die Einführung neuer, einheitlicher Standards ein eigentümliches Licht auf die Frage nach historischen Brüchen bzw. Kontinuitäten. Denn einerseits kann ihre Einsetzung, welche die herkömmlichen und weitgehend differierenden, lokal erwachsenen Maße und Gewichte radikal entwerten muss, nur als Bruch mit dem Bisherigen bewertet werden. Andererseits weist diese Forderung selbst, wie angedeutet, gerade im England der Vormoderne eine geradezu irritierende Kontinuität auf. So ordnet bereits Wilhelm der Eroberer in einer seiner ersten Bestimmungen die Verwendung einheitlicher Maße und Gewichte an, wobei er bezeichnenderweise auf die älteren angelsächsischen Bestimmungen

---

29 Vgl. ebd. 153. Ein Bezug auf früher gebräuchliche Standards machte freilich Sinn, da so gegebenenfalls eine Umrechnung bzw. Relationierung alter und neuer Maße erleichert worden wäre. Connors These unterstützend wurde vermutet, dass der *yardstick* Heinrichs direkt dem Längenstandard Edward I. nachgebildet sei (vgl. Zupko, *British Weights and Measures,* S. 76), obwohl auch für diese Vermutung direkte Belege fehlen.

30 Aegidius Romanus wendet diesen Vers im Schlusskapitel seiner um 1300 entstandenen Schrift *De Ecclesiastica Potestate* zumindest kirchenpolitisch, wenn er die bei ihm monarchisch verstandene Autorität des Papstes darin begründet. Vgl. Aegidius Romanus, *De Ecclesiastica Potestate,* hg. von Richard Scholz, Weimar 1929, Lib. III, Cap. Ult. (XII)/S. 206–209. Bartholomäus von Lucca hingegen verbindet diesen Vers etwa zur selben Zeit eher pragmatisch mit der Notwendigkeit des Herrschenden, sein Reich zu ordnen und zu verwalten. Vgl. Ptolemy of Lucca, *De Regimine Principum. On the Government of Rulers. With Portions Attributed to Thomas Aquinas,* hg. und übers. von James Blythe, Philadelphia 1997. Lib. II, Cap XIV/S. 136f.

31 Vgl. zu den bedeutenden Bemühungen, die frühe Tudorherrschaft symbolisch zu sichern, u. a. Sydney Anglo, „The *British History* in Early Tudor Propaganda. With an Appendix of Manuscript Pedrigrees of the Kings of England, Henry VI to Henry VIII", in: *Bulletin of the John Rylands Library* 44 (1962), S. 17–48.

vergleichbaren Inhalts verweist.[32] Nicht nur in ihrer Wiederholung, sondern auch insofern sie sich zu ihrer Legitimation auf vorgängige Bestimmungen berufen, stellen sich die Verordnungen metrologischer Vereinheitlichung mit dem Überkommenen in eine Traditionslinie. So verweist Heinrich VII., wie oben erwähnt, in seinen legislativen Bestimmungen auf die uneingelösten Forderungen der *Magna Carta*. Momente des Umbruchs und der Kontinuität scheinen sich hier auf eigentümliche Weise zu durchdringen, was eine abschließende historiographische Bewertung erschwert. Die mutmaßliche Inszenierung metrologischer Kontinuität unter Heinrich VII. jedoch, d. h. der Versuch, die offenbar unabhängig von überkommenen Bestimmungen gefertigten Standards als in Einklang mit der Tradition zu präsentieren, lässt durchaus auf eine Sensibilität für historische Veränderungen schließen.[33]

Von diesem Punkt abgesehen ist festzuhalten, dass es sich bei der Ermächtigung des Herrschers, welche er mit der Einsetzung des Standards erfährt – d. h. dem Zuwachs an Legitimation und Autorität – gewissermaßen um ein reziprokes Verhältnis handelt. Denn umgekehrt bekommt das zum Standard bestimmte Objekt vom Souverän gleichsam die Autorität verliehen, in seinem Auftrage als oberste und unabhängige Entscheidungsinstanz zu fungieren, welche etwa an der Feststellung rechtmäßiger kommerzieller Transaktionen und der genauen Höhe von Abgaben und Zöllen ganz wesentlich beteiligt ist. Der Standard wird gewissermaßen zu einem Fixpunkt, an dem messende Erkenntnis über räumliche Distanz – das Königreich – und zeitliche Ausdehnung – die Dauer der Herrschaft bzw. idealerweise eben „for ever"[34] – stabil gehalten wird. Der Standard garantiert dabei qua seiner ‚Objektivität' Unabhängigkeit, Verlässlichkeit und in dieser Hinsicht durchaus auch Gerechtigkeit; Attribute, die nicht zufällig herrscherlichen Idealen entsprechen.[35] Die Legitimität von Heinrichs Herrschaft und die Gültigkeit und Autorität der von ihm eingesetzten Standards stützen und bedingen sich auf diese Weise gegenseitig. John Colyn notiert daher ganz in diesem Sinne, dass „he that rebellythe ayenste the kynges standard' in hys Escheker, he dothe intende no trowthe unto our soverayne lorde the kyng' nor to none of hys subgyetes".[36] Beachtenswert ist diese wechselseitige Aufeinanderbezogenheit

32 Vgl. C. M. Watson, *British Weights and Measures. As Described in the Laws of England from Anglo-Saxon Times*, London 1910, S. 20.

33 Die Fragen, inwiefern die Herrschaft Heinrichs VII. insgesamt als historischer Umbruch oder als Kontinuität zu seinen Vorgängern zu werten ist und welche der Bedeutung vereinheitlichenden Maßreformen gerade für den Übergang zur Neuzeit zuzuschreiben ist, lohnten sich, an anderer Stelle zu vertiefen. Vgl. zu ihrer Diskussion einführend Mark R. Horowitz, „Introduction", in: *Historical Research* 82/217 (2009), S. 375–378 bzw. Witold Kula, *Measures and Men*, Princeton 1986, S. 184f. Ronald Zupko jedenfalls wertet die Reformen Heinrich VII. als den Beginn einer „new metrological era". (Zupko, *British Weights and Measures*, S. 74).

34 11 Hen. 7 c. 4; 12 Hen. 7 c. 5.

35 Zur kulturhistorisch bedeutenden Attribuierung von Maßen und Gewichten mit Gerechtigkeit vgl. auch Kula, *Measures and Men*, S. 9f.

36 Colyn, [„Exposure of the Abuses"], S. 49.

nicht zuletzt hinsichtlich der aktiven Rolle, welche dem Standard-Objekt in modelltheoretischer Hinsicht zugesprochen werden kann und auf die im Folgenden näher einzugehen ist.

3 Modelltheoretische Perspektiven – Risiken des Materiellen

Inwiefern sind die von Heinrich VII. in Auftrag gegebenen Standards überhaupt als Modelle zu verstehen? Während ältere Bestimmungsversuche das Modell im Wesentlichen als Abbild eines Originals begreifen und dabei gegebene Ähnlichkeitsbeziehungen voraussetzen, verfolgen neuere Ansätze wie der Bernd Mahrs ein kontextabhängiges, nicht-ontologisches Modellverständnis.[37] Diesem kommt der Vorteil zu, nicht auf die ‚Spezialfälle' naturwissenschaftlicher oder mathematischer Modellbildung beschränkt zu sein, sondern sich auch für die Anwendung auf künstlerische und historiographische Zusammenhänge zu eignen.[38] Mahrs Ansatz nach verdankt sich das ‚Modellsein' eines Gegenstandes bzw. eines Objekts[39] zuallererst der Auffassung des darüber urteilenden Subjekts. Somit kann grundsätzlich jeder Gegenstand, materialer Art oder nicht, als Modell aufgefasst werden. Diese Auffassung liegt dabei in der Wahrnehmung eines „epistemische[n] Muster[s]"[40] begründet, welche Mahr als eine *von-und-für*-Beziehung beschreibt. Diese ist gegeben, wenn der betreffende Gegenstand „*sowohl als Modell von etwas* aufgefasst wird, *als auch als Modell für etwas* [Herv. i. O., P. L.]".[41] Mahr unterscheidet also zwischen dem *als Modell* aufgefassten Gegenstand – dem Modellobjekt – sowie dem Modell selbst, welches grundsätzlich von der genannten „doppelten Identität"[42] des *von-* bzw. *für-* gekennzeichnet ist. Ist eine der beiden Relationen nicht gegeben, lässt sich tatsächlich eher von Abbildverhältnissen bzw. Vorschriften oder Regeln sprechen.[43]

Charakteristisch für das Modell ist Mahr zufolge nun, dass aus dieser ‚doppelten Identität' die Funktion eines Mittlers zwischen (möglicherweise höchst heterogenen) materialen, virtuellen oder auch rein imaginären Gegenständen folgt. Seine epistemische Leistung besteht darin, die Übertragung eines „Cargo[s]",[44]

37 Vgl. auch S. 26 dieses Bandes. Stellvertretend für die ältere Modellforschung und ihren zentralen Ansatzpunkten vgl. etwa Herbert Stachowiak, *Allgemeine Modelltheorie*, Wien/New York 1973, v. a. S. 131–133; S. 140–159.

38 Vgl. Reinhard Wendler, *Das Modell zwischen Kunst und Wissenschaft*, München 2013, S. 133–139 sowie die weiteren Ausführungen.

39 Beide Begriffe werden im vorliegenden Aufsatz synonym verwendet.

40 Bernd Mahr, „Cargo. Zum Verhältnis von Bild und Modell", in: *Visuelle Modelle*, hg. von Ingeborg Reichle, Steffen Siegel und Achim Spelten, München 2008, S. 17–40, hier S. 30.

41 Bernd Mahr, „Ein Modell des Modellseins. Ein Beitrag zur Aufklärung des Modellbegriff", in: *Modelle*, hg. von Ulrich Dirks und Eberhard Knobloch, Frankfurt a. M. 2008, S. 187–216, hier S. 202. Der Verdacht, hier eine Art Zirkelschluss zu vollziehen, ist unbegründet, sofern bedacht wird, dass Mahr eben keine ontologischen Kriterien zur Bestimmung von Modellen zu identifizieren, sondern bloß ihre Funktionsweise zu beschreiben sucht. Vgl. ebd., 198f.

42 Mahr, „Cargo", S. 32.

43 Vgl. Wendler, *Das Modell*, S. 48.

44 Mahr, „Cargo", S. 32.

spezifischer Merkmale von dem einen, in der *Modell-von*-Beziehung stehenden, auf den anderen, in der *Modell-für*-Beziehung stehenden Gegenstand zu ermöglichen. Modelle, so Mahr, „transportieren etwas über die Grenze hinweg, die ihre Herstellung (Fertigung oder Wahl) von ihrer Anwendung (Vorbild oder Maßgabe) trennt".[45] So werden beispielsweise „aus einer Bauzeichnung Maßverhältnisse herausgelesen, die bei der Herstellung in sie hineingeschrieben wurden, oder die Proportionen des Malermodells, die dessen Wahl als Modell rechtfertigen, werden beim Malen nach diesem Modell auf die Leinwand übertragen."[46]

Dieser Ansatz ist für eine historische Analyse nicht zuletzt aus dem Grunde geeignet, als dass hier die *Verwendung* eines Gegenstandes als Modell von seiner *Reflexion* als Modell getrennt wird. D. h. auch wenn der sogenannten Vormoderne keine modelltheoretischen Überlegungen oder kein systematischer, reflektierter Modellgebrauch zugeschrieben werden kann, bleiben Modellierungsprozesse der Analyse zugänglich, insofern sich nur der oben skizzierte Gebrauch eines (womöglich imaginären) Objektes als Zentrum einer *Modell-von-* und *Modell-für-*Beziehung feststellen lässt.[47]

Überträgt man diesen Ansatz nun auf die Standards Heinrichs VII., so wird zumindest leicht ersichtlich, *wofür* die betreffenden Objekte als Modell aufzufassen sind. Denn jeder von ihnen dient der Messung; hauptsächliche Funktion ist es jedoch, zentrale Referenz, Prototyp und Vorbild *für* Kopien ihrer selbst zu sein, welche im gesamten Herrschafts- und Wirtschaftsbereich möglichst verlässliche und unaufwändige metrologische Vergleichbarkeit gewährleisten sollen.[48]

Aber *wovon* sind sie als Modell zu verstehen? Wie die obigen Ausführungen deutlich gemacht haben, lassen sich die real gefertigten Standards Heinrichs VII. weder auf direkte materiale Vorbilder, noch auf eine kohärente theoretische Grundlegung zurückführen. Letztlich aber ist es unbedeutend, ob sich die betreffenden Objekte vollkommen willkürlicher Bestimmung, bestehender Prototypen oder tradierten Festlegungen verdanken. Denn zuletzt sind sie Modelle *von* etwas ganz Anderem; nämlich *des* (neuen) Yards bzw. *des* Scheffels und *der* Gallone. Im Prozess der Modellierung wird das zum Standard bestimmte Objekt zum buchstäblich maßgebenden Referenzmodell, zum Modell eines letztendlich ideellen Standards, den es zugleich *selbst verkörpert*, ganz unabhängig von etwaigen Vorbildern oder sonstigen Bestimmungen.

---

45 Ebd.

46 Mahr, „Ein Modell des Modellseins", S. 211.

47 Gewissermaßen handelt es sich auch bei der historischen Rekonstruktion von Modellierungsprozessen um einen „formenden Akt der Auffassung" (Wendler, *Das Modell*, S. 136), mit welchem die historisch arbeitende Person „eine spezifische Identität des betrachteten Gegenstandes als Modell erzeugt. [Dabei] entsteht trotz aller Unwägbarkeiten ein historiographischer Gegenstand, an dem sich die Analyse einer Modellsituation orientieren kann" (ebd.).

48 Ein zeitgenössisches Idealbild der Durchdringung wirtschaftlicher Zusammenhänge mit einheitlichen Maßen entwirft John Colyn im weiter oben zitierten Bericht; vgl. Colyn, [„Exposure of the Abuses"], S. 49.

Angesichts der obigen Ausführungen zur Autorität des so verkörperten Standards ist darüber hinaus beachtenswert, dass er modelltheoretisch als die Verkörperung eines Imperativs betrachtet werden kann. Ein Modell, wie schon Marx William Wartofsky beobachtet, „sets up a normative prototype whose function is not simply descriptive but imperative. It is [...] a call to action".[49] Das Modell verweist gewissermaßen auf sich selbst: „This is how it ought to be done."[50] Dieser imperative Charakter des Modells geht mit dem Ansatz Mahrs vollkommen konform; nämlich insofern, als der Selbstverweis des Modells die Übertragung der im Modellobjekt verkörperten Merkmale (sein *Cargo*, um mit Mahr zu sprechen) auf den in der *Modell-für*-Beziehung stehenden Gegenstand einfordert. Übertragen auf den auf Einheitlichkeit abzielenden, königlichen Standard stellt dieser somit die Verkörperung einer Anweisung zum Handeln dar, welche zur genauen Kopie verpflichtet. Damit wird das Standard-Objekt bei der Modellierung der von ihm abgeleiteten Gebrauchsmaße ganz buchstäblich zum maßgebenden Akteur, welcher mit quasi-herrschaftlicher, im gesamten Herrschaftsbereich gültiger Autorität die Ausführung seiner Anweisungen verlangt.[51] Die ausführenden *Subjekte* dagegen – hier im doppelten Sinne zu verstehen – werden, überspitzt formuliert, zu bloßen, dienenden Kopisten. Es ist aber gerade dieser imperative Gestus, welcher (zusammen mit den ‚objektiven' Qualitäten der Unabhängigkeit und Verlässlichkeit) das materiale Standard-Objekt zu einem epistemischen Garanten sowie zum Träger und Überträger eines Wissens qualifiziert. Modelltheoretisch gesprochen besteht eben darin sein *Cargo*, nämlich in dem in ihm allein verkörperten und festgelegten Wissen um Länge, Gewicht bzw. Fassungsvermögen oder Proportionen der königlichen Standardmaße, welche er vom ideell zu denkenden Standard etwa auf zu fertigende Gebrauchsmaße zu übertragen im Stande ist. Das Standard-Objekt als Modell wird so zu einem ebenso einzigartigen wie unerlässlichen Instrument der Wissensgenerierung und -vermittlung.

49 Marx William Wartofsky, „Telos and Technique. Models as Modes of Action", in: *Models. Representation and the Scientific Understanding*, hg. von dems., Dordrecht/Boston/London 1979, S. 140–153, hier S. 143.

50 Ebd.

51 Es handelt sich bei diesem Standard ganz offenbar um ein gleichsam ‚absolutistisch' zu nennendes Modell, welches kaum eine bzw. idealerweise überhaupt keine Toleranz für Abweichungen erlaubt. Nebenbei sei bemerkt, dass (ebenso wenig wie die Herrschaft Heinrichs VII., allen zentralistischen Tendenzen zum Trotz, im eigentlichen Sinne absolutistisch zu nennen wäre) die faktische Durchsetzung seiner Standards nicht annähernd nachhaltig gelingt. Überprüfungen im Auftrage Königin Elisabeth I. zwischen 1574 und 1582 fördern erhebliche Unstimmigkeiten zwischen den im Lande verwendeten Gewichten und Maßen zutage. Vgl. „Seventh annual report of the Warden of the Standards on the Proceedings and Business of the Standard Weights and Measures Department of the Board of Trade. For 1872–73" in: *Parliamentary Papers of Great Britain C.859 (1873)*, S. Xiii, URL: http://parlipapers.proquest.com/parlipapers/result/pqpdocumentview?accountid=11004&groupid=104591&pgId=c02d7b23-17a8-47fc-a073-c45546ee0be7 (29.3.2017). U. a. führt dies zu erneuten Reformen, während derer die Durchsetzung einheitlicher Maße und Gewichte weitaus umfassender – und erfolgreicher – betrieben wird. Die Standards Elisabeths sind bis ins Jahr 1824 in Gebrauch. Vgl. Zupko, *British Weights and Measures*, S. 93.

Eben dies ist aber auch der Punkt, in dem gewisses Risiko begründet liegt. Denn die Einsetzung eines zentralen physischen Standards und die damit verbundene Delegation von Autorität bedeuten auch eine Auslieferung an dieses Objekt, welche neben positiven auch negative Effekte zeitigen kann. Die Vorteile, welche sich für Heinrich mit dem Versuch der Vereinheitlichung von Maßen und Gewichten verbinden, sind (neben der offiziell angeführten allgemeinen Vermeidung von „fraud and discord"[52]), wie gezeigt, machtpolitischer Art; nämlich die finanzpolitische und symbolische Absicherung seiner Herrschaft. Diese Vorteile wiederum fußen auf der o. g. Verlässlichkeit und Beständigkeit des eigenständigen materialen Objekts, welche allerdings nur bedingt gewährleistet sind.

Denn freilich kann ein solches Standard-Objekt verloren gehen. Es kann zerstört, und, nicht zuletzt, verfälscht werden. Nicht zu unterschätzen ist auch der unausweichliche Effekt materialer Alterungs- und Abnutzungserscheinungen, welche den mittelalterlichen Behörden durchaus bekannt waren.[53] Tatsächlich wurde etwa der *yardstick* des ersten Tudorkönigs als „less rigid and so more liable to bending"[54] als vergleichbare historische Längenmaße beschrieben. Möglich sind ferner Veränderungen durch klimatische Bedingungen. Ein Stab aus einer Kupferlegierung wie der Längenstandard Heinrichs ist im Winter kürzer als im Sommer. Alles in allem zeigt sich eine gefährliche Abhängigkeit vom Materiellen, welche sich bereits im Akt der Modellierung beobachten lässt.

So weist der von Heinrich inaugurierte *yardstick*, wie erwähnt, an beiden Enden die Einprägung eines gekrönten ‚H' auf – ähnlich den Hohlmaßen, auf welchen ja ebenfalls ein Hinweis auf deren königliche Einsetzung angebracht ist und mit denen ihre königlich verliehene Autorität beglaubigt wird. Im Jahre 1873, lange nach der Einführung der neuen, modernen *Imperial Standard Units*, legt das *Standard Weight and Measures Department* des Britischen Handelsministeriums einen Bericht über die älteren, noch erhaltenen königlichen Standard-Objekte vor. Zum *yardstick* Heinrichs VII. bemerkt das *Department*, dass jener Akt der Einprägung tatsächlich eine merkliche Änderung der Länge des Stabes zur Folge hatte: Es führt an , dass „the process of stamping it with an H necessarily made a sensible alteration in its actual length, and that there was no attempt whatever to attain minute accuracy in this the only standard of length in the kingdom".[55]

Die Feststellung des *Departments*, dass mit der genauen Länge des Standards scheinbar nachlässig umgegangen wurde, mag überraschen. Denn alles weist darauf hin, dass der *yardstick* Heinrichs bis 1588 als allein gültige, offizielle Refe-

52 11 Hen. 7 c. 4; 12 Hen. 7 c. 5.

53 So verzeichnet etwa der *Calendar of the Close Rolls* vom 2. März 1384 die Order, „from time to time when need be to amend all weights appointed of old time for weighing of wool […] which by frequent use are worn so light that they agree not with the standard as by the merchants it is found, that the king be not defrauded nor the merchants." Zitiert aus: *Calendar of the close rolls preserved in the Public Record Office: Richard II.*, hg. v. The Great Britain Public Record Office, London 1920, Bd. II, S. 365.

54 Connor, *The Weights and Measures*, S. 239.

55 „Seventh annual report", S. 34.

renz für die Messung von Länge in Gebrauch war. Hier stellt sich die Frage nach dem Verständnis von Präzision und Toleranzgrenzen. In der historischen Metrologie hielt sich lange das Vorurteil, die Vormoderne habe keine Genauigkeit in ihren Maßen gekannt. Es wurde allerdings nachgewiesen, dass bereits im Nürnberg des 14. Jahrhunderts der Unterschied zweier Mark-Gewichte auf +/- 0,3g ausdifferenziert werden konnte.[56] Die Genauigkeit früher Maße und Gewichte entsprach ganz einfach – und pragmatisch – ihrer Funktion. Kurz, „dort, wo Genauigkeit erforderlich war, [wurde] sie auch geliefert".[57] Insbesondere die Messung kostbarerer Materialien, wie von Edelmetallen oder pharmazeutisch relevanten Substanzen, war daher sehr ausgefeilt. In Anbetracht der Tatsache, dass Heinrich VII. nicht davor zurückschreckte, fehlerhaft gefertigte Standards zurückzurufen,[58] liegt also der Schluss nahe, dass jener gut einhundert Jahre als Referenz verwendete *yardstick* durchaus für seinen vorgesehenen Gebrauch geeignet war und dass sich das im Bericht des *Departments* zum Ausdruck kommende Verständnis von ‚minute accuracy' schlicht nicht mit den vormaligen Anforderungen an seine Genauigkeit deckt. Denn was der Messkunde jener Zeit gewiss nicht ohne Weiteres zugeschrieben werden kann, ist eine möglichst hohe metrologische Präzision um der Präzision willen.[59]

Davon abgesehen jedoch demonstriert die Beobachtung des *Standard Weight and Measures Department* auf bestechende Weise, wie die Materialität des zum Standard bestimmten Objekts dessen Konstitution bis zuletzt aktiv mitbestimmt. Denn die für die Funktion des *yardstick* ja wesentliche Länge bestimmt sich hier ebenso aus den Festlegungen der an seiner Entstehung beteiligten Subjekte wie aus seinem Material, in welchem der Standard allein verkörpert ist und real existiert. Noch im Akt der finalen Beglaubigung mit den Insignien des Herrschers, mit welchem dem Objekt seine Identität und Autorität ganz buchstäblich eingeschrieben werden, erweist es sich qua seiner Materialität als beteiligt. Es zeigt

56 Witthöft, „Zum Problem der Genauigkeit", S. 18.

57 Ders., „Maßrealien und die Tradition nordeuropäischer Maßnormen in Mittelalter und Neuzeit", in: *Historische Metrologie in den Wissenschaften*, hg. von dems., St. Katharinen 1986, Bd. I, S. 213–225, hier S. 223.

58 So laut 12 Hen. 7 c. 5.

59 Vgl. Witthöft, „Zum Problem der Genauigkeit", S. 3–32. Während im Bereich ökonomischer Transaktionen, handwerklicher Fertigung und auch bei der Berechnung von Feudalabgaben generell von einer gewissen Pragmatik auszugehen ist, so wurde metrologische Präzision von Seiten der spätscholastischen Naturphilosophie wohl aus anderen Gründen gar nicht ernsthaft ins Auge gefasst. Vgl. Anneliese Maier, *Metaphysische Hintergründe der spätscholastischen Naturphilosophie*, Rom 1955, S. 395–402; S. 402: „[E]ine mathematische Genauigkeit erschien unsern Philosophen von vornherein als unerreichbar, und sie haben darum grundsätzlich auf jedes Messen verzichtet. […] Ein Rechnen mit ungefähren Massen, d. h. mit Näherungswerten, mit Fehlergrenzen und vernachlässigbaren Grössen, wie es der späteren Physik selbstverständlich wurde, wäre den scholastischen Philosophen als ein schwerer Verstoss gegen die Würde der Wissenschaft erschienen. So sind sie an der Schwelle einer eigentlichen, messenden Physik stehengeblieben, ohne sie zu überschreiten – letzten Endes, weil sie sich nicht zu dem Verzicht auf Exaktheit entschliessen konnten, der allein exakte Naturwissenschaft möglich macht."

sich also, dass die Materialität des Objekts in der Tat unvorhergesehene Wirkungen zeigen kann, welche dessen Funktion durchaus zu beeinflussen imstande sind. Nebenbei bemerkt kann so auch performativitätstheoretischen Ansätzen etwa aus der klassischen Sprechakttheorie widersprochen werden, welche die Konstitution des hier besprochenen Standards allein dem Vollzug der königlichen Einsetzung zuschreiben würden.[60] Ein solcher Akt, im Sinne einer formalen Bestimmung, erscheint zwar unerlässlich. Offensichtlich sind es jedoch materiale, nicht auf diskursive Praktiken reduzible Qualitäten, welche in die Konstitution des fraglichen Objektes ganz ‚maßgeblich' mit hineinspielen.

Aus modelltheoretischer Perspektive entspricht diese Beobachtung der Erkenntnis, dass die materialen und medialen Bedingungen eines Modellobjekts den Prozess der Modellierung immer aktiv mitbestimmen. „Eigenschaften und Merkmale des als Modells aufgefassten Gegenstandes [bringen] ausschlaggebende Einflüsse"[61] in die Modellbildung ein, mit zum Teil unvorhergesehenen Auswirkungen auf ihr Ergebnis bzw. ihre Funktion. Dieser Aspekt wird in neueren Forschungsansätzen als entscheidender Faktor der wissensgenerierenden Funktion von Modellen erkannt. So gibt etwa Reinhard Wendler zahlreiche Beispiele aus der naturwissenschaftlichen, architektonischen und künstlerischen Praxis, in welcher die materiale und mediale Verfasstheit von Modellen unvorhergesehene, aber z. T. durchaus begrüßenswerte Ergebnisse zeitigt.[62] Im Falle des *yardstick* Heinrichs VII. wird dagegen deutlich, wie sehr diese unvorhersehbare „Eigensinnigkeit der Modelle"[63] – welche hier in der ‚Eigensinnigkeit' ihrer Materialität gründet – ihre jeweilige Funktion nicht nur auf unvorhergesehene Weise produktiv beeinflussen kann, sondern diese auch grundsätzlich einzuschränken und in Frage zu stellen imstande ist.[64] Paradoxerweise ist es also genau die Eigenschaft des materialen Standards, eben material zu sein, welche seine Funktion als Garant messender Erkenntnis auf der einen Seite ermöglicht, auf der anderen jedoch zugleich zu untergraben droht.

4 Metrologisches Wissen als dynamische Modellkonstellation

Diese Abhängigkeit vom Materiellen und dessen unvorhersehbare Mitwirkung an Modellierungsprozessen stellt also ein Risiko dar, mit welchem umgegangen werden muss. Bedeutende Anstrengungen zur Sicherung, Überprüfung und Kontrolle werden notwendig, welche nicht nur auf das Objekt des Standards selbst beschränkt bleiben dürfen. Denn materiale Eigensinnigkeit kommt nicht nur zum Tragen im ‚ursprünglichen' Prozess der Modellierung, sondern sie spielt

60 Vgl. etwa John Searle, *Speech Acts: An Essay in the Philosophy of Language*, London 1969.

61 Wendler, *Das Modell*, S. 27.

62 Vgl. ebd., S. 23–51.

63 Vgl. ebd., S. 27.

64 In vergleichbarem Sinne schreibt Bernd Mahr im vorliegenden Band von der Abweichung, welche ein Modell grundsätzlich zulässt und welche „Risiken des Irrtums und des Misslingens" (S. 28) mit sich bringt.

eine ebenso potentiell riskante Rolle bei der Fertigung der von ihm abgeleiteten Gebrauchsmaße. Diese weichen nicht selten allein durch das verwendete Material von ihren Vorbildern ab: Im mittelalterlichen England sind sie uneinheitlich zum Teil aus Kupfer oder aus verformungsanfälligen Blei- oder Zinnlegierungen gefertigt.[65] Für das 15. Jahrhundert sind für Yorkshire Gallonenmaße aus Holz belegt, welche bald Abnutzungserscheinungen gezeigt haben dürften.[66] In den oben genannten *Acts of Parliament* ordnet Heinrich die Herstellung von Kopien an, sowie ihre Verteilung an nicht weniger als 43 Städte und Gemeinden. Es wird Anweisung erteilt zur Vervielfältigung derselben je nach Bedarf, aber es wird keine Order gegeben bezüglich ihres Materials.[67]

Davon abgesehen allerdings sind die Maßnahmen zur Sicherung der Standardisierung – vor materialer Abweichung und nicht zuletzt auch Betrug – sehr umfangreich. So erreichen unter Heinrich VII. die sogenannten *urban officials*, also lokale Amtsträger, den Höhepunkt ihrer metrologischer Vollmachten.[68] Waren sie laut der bisherigen Gesetzgebung für die Aufbewahrung von Standardmaßen verantwortlich, so werden ihre Pflichten 1495 expliziert. Sie haben für die Korrektur der metrologischen Praxis Sorge zu tragen, indem sie mindestens alle zwei Jahre – bei Verdacht auch öfter – sämtliche Maße und Gewichte in ihrem Verantwortungsbereich zu überprüfen und mit Siegel zu beglaubigen haben („view, examine, print, mark and sign“[69]). Darüber hinaus wird von ihnen die Zerstörung aller als abweichend eingestuften Maßobjekte verlangt.[70] Neben zahlreichen anderen, ebenfalls v. a. lokal tätigen Bevollmächtigten[71] sind ferner die *justices of the peace* hervorzuheben. Hatten diese der Krone verpflichteten ‚Friedensrichter‘ schon im späten zwölften Jahrhundert erste metrologische Kontrollaufgaben erhalten, so wurden diese im Lauf der Zeit stetig erweitert. Unter Heinrich VII. schließlich fungieren sie (u. a.) als professionelle, mit eigenen Kopien ausgestattete, permanente Standard-Verwalter, die der Zentralregierung direkt verantwortlich sind.[72] Sie werden unter dem ersten Tudorkönig nicht nur befugt, den rechten Gebrauch von Maßen und Gewichten zu überprüfen, sondern werden darüber hinaus auch mit der Überwachung der verantwortlichen *urban officials* betraut, um der oft beklagten Korruption entgegenzuwirken. Schließlich werden sie ermächtigt, etwaige Betrüger nach

65 Vgl. Zupko, *British Weights and Measures*, S. 31.

66 Vgl. ebd., S. 34; vgl. insgesamt zur Problematik materialen Verschleißes auch Kula, *Measures and Men*, S. 79–81.

67 11 Hen. 7 c. 4; 12 Hen. 7 c. 5 .

68 Vgl. auch Zupko, *British Weights and Measures*, S. 81f.

69 11 Hen. 7 c. 4.

70 Vgl. ebd.

71 Zu diesen gehören Spezialisten wie die *port measurers, clerks of the market* sowie der ausschließlich für den Tuchhandel zuständige *alnager* und seine Stellvertreter. Zu ihren Pflichten vgl. Zupko, *British Weights and Measures*, S. 59–70.

72 Vgl ebd., S. 56–59.

eigenem Ermessen zu bestrafen „as if they were indicted afore them for breaking of the King's Peace."[73]

Nun scheint keine dieser Kontrollorgane und Maßnahmen an sich neu zu sein. Heinrich VII. jedoch intensiviert die bestehenden Bemühungen zur Durchsetzung und Kontrolle der standardisierten Maße und Gewichte in bedeutendem Maße – und ganz ihrer machtpolitischen Bedeutung entsprechend. Zugleich kommt in diesen Intensivierungen das mit der Setzung standardisierter Maßobjekte verbundene Risiko für ihre eigentliche Funktion metrologischer Wissenssicherung zum Ausdruck. Denn die Gefahr unzureichender Entsprechung der sich in Umlauf befindenden Maße und Gewichte ist freilich umso bedeutender, je größer deren Geltungsraum und Anzahl sind – da umso häufiger mit Abweichungen zu rechnen ist, welche die angestrebte Einheitlichkeit zu untergraben drohen.

Es ist zu betonen, dass es sich bei den hier aufgeführten Anstrengungen nicht um einmalige Vorgänge handelt, sondern dass sich diese Maßnahmen über einen fortdauernden Zeitraum erstrecken. Die unter Heinrich ausgebauten Kontrollverfahren werden so zum Teil eines andauernden dynamischen Prozesses, in welchem das Wissen um das ‚rechte Maß' des *king's standard* immer wieder rekonstituiert, attestiert und kommuniziert werden muss. Dieser Prozess, welcher die Gesamtheit aller vom Standard-Objekt abgeleiteten Maße und ihre Prüfverfahren umfasst, kann als ein einziger, andauernder Modellierungsprozess verstanden werden: eine dynamische Modellkonstellation,[74] in deren Zentrum das Standard-Objekt steht und um welches herum sich Ableitungen, Ableitungen der Ableitungen und modellierende Praktiken zur Produktion, Dissemination und Stabilisierung von Wissen gruppieren. Aus dieser Perspektive wird in jedem Maßobjekt der ideelle Standard (Modell *von*) beständig remodelliert, wobei er zugleich als ideale Referenz (Modell *für*) in seinem gesamten Geltungsbereich zirkuliert und seinen epistemischen Gehalt (*Cargo*) zur Verfügung stellt.

Es handelt sich dabei wohlgemerkt um einen Prozess, in dem die Materialität der Maßobjekte und die auf sie bezogenen Rekonstitutionsmaßnahmen unentwegt zusammenspielen. Er läßt sich daher als eine Art dynamisches „Entanglement"[75] verstehen, in welchem die ‚materiale Eigensinnigkeit' von Objekten

---

73 11 Hen. 7 c. 4.

74 Eine Modellkonstellation umfasst in der Regel „eine ganze Reihe von Modellen und Modellbeziehungen" (Wendler, *Das Modell*, S. 203). Vgl. auch ebd., S. 119–126. Wendler weist darauf hin, dass Modellkonstellationen, also die aufeinander Bezogenheit und Abhängigkeit von Modellen untereinander, „nicht die Ausnahme, sondern die Regel" darstellen (ebd., S. 132). Diese ‚Pluralität' von Modellen ergibt sich schon aus ihrer von Mahr beschriebenen *von-und-für* Struktur.

75 Vgl. Ian Hodder, *Entangled. An Archeology of the Relationships between Humans and Things*, Oxford 2012. Dieser Begriff zur Beschreibung von Subjekt-Objekt-Relationen ist deswegen bedenkenswert, da er neben einer konventional zugeschriebenen *agency* (wie etwa ihre Autorität als Wissensträger und -garant) eben auch eine gleichsam fundamentalere, auf materialer Ebene zu verortende Wirkmacht mit einbezieht. Dabei handelt es sich um eine Art „primary agency, not derived from humans and not associated with intentionality" (ebd., S. 216), welche sich in der unvorhersehbaren und nicht zu hintergehenden Wandelbarkeit materialer

die Handlungen von Subjekten beständig einfordert und somit beide – Subjekte wie Objekte – in einer „dialectical tension of dependence and dependency“[76] aufeinander verwiesen bleiben. Da allein in dem so andauernden Prozess der Wissens(re)konstitution und -sicherung die epistemische Funktion des Standards gewährleistet ist, Kommensurabilität über räumliche und zeitliche Distanz zu ermöglichen, wäre es falsch, das Wissen über Länge, Gewicht, Volumen etc. allein im materialen Objekt oder in den dieses überprüfenden oder bestätigenden Subjekten verorten zu wollen. Wissen erweist sich hier nicht als in einem Objekt stabilisiert, aber auch nicht als von konventionalen Setzungen seitens menschlicher Subjekte bestimmt. Vielmehr existiert (metrologisches) Wissen hier allein als im Vollzug begriffenes, dynamisches Moment einer interaktiven Relation von Objekten und Subjekten.

Aus modelltheoretischer Perspektive ergibt sich somit ein Bild metrologischer Wissenssicherung, welches das vermeintlich stabile, weil buchstäblich verobjektivierte Wissen als einen mit Risiken besetzten, dynamischen Prozess kennzeichnet; einen Prozess, welcher sich aus der Aufeinanderverwiesenheit von Subjekten und Objekten ergibt. Es wird zudem ersichtlich, dass es nicht zuletzt die Eigensinnigkeit scheinbar inerter materialer Objekte ist, welche diesen Wissensprozess, und damit das Wissen selbst, fortwährend in Bewegung hält.

5 Bleibende Risiken

Es dürfte klar geworden sein, inwiefern physische Standards wie die Heinrichs VII. für den skizzierten Wissensprozess als ebenso wertvoll wie gefährdet und gefährlich zu betrachten sind. Als zentrale Referenzpunkte sind sie von kategorischer Bedeutung, ihre unstete Materialität jedoch macht ihre Verwendung riskant.

Diese Beobachtungen treffen zuletzt nicht nur auf die vormoderne Messkunde zu. Denn die Dynamik dieses Wissensprozesses ist keineswegs vermeintlich unzulänglichen und längst überwundenen Fertigungsverfahren geschuldet, sondern liegt in der beschriebenen Modellkonstellation begründet. So lässt sich im Rekurs auf das eingangs genannte Urkilogramm noch einmal erläutern, wie sich auch in der Moderne metrologisches Wissen im dynamischen Zusammenspiel von konventionaler Setzung und materialer Objektqualitäten vollzieht.

Genau besehen handelt es sich beim Urkilogramm – auch internationaler Prototyp des Kilogramms genannt – um einen in Höhe und Durchmesser 39 Millimeter messenden Zylinder aus einer beständigen Platin-Iridium-Legierung.[77] Es steht seit seiner Einsetzung als Standard-Objekt im Jahre 1889 unter der Überwa-

---

Objekte zeigt, und welche die Eigensinnigkeit (Hodder: Widerspenstigkeit bzw. „unruliness“, ebd., S. 85) der Dinge begründet und entsprechende ‚Wartung' seitens menschlicher Subjekte nötig macht (vgl. ebd., S. 86).

76 Ebd.

77 Vgl. Ian Mills u. a., „Redefinition of the kilogram, ampere, kelvin and mole: a proposed approach to implementing CIPM recommendation 1 (CI-2005)“, in: *Metrologia* 43 (2006), S. 227–246, hier S. 228.

chung des politisch unabhängigen *Bureau Internationale des Poids et Mesures* (BIPM). Die eingangs erwähnten Sicherheitsvorkehrungen (verwahrt unter Glasglocken, in einem mehrfach verschlossenen Kellertresor, auf diplomatisch neutralem Territorium) geben Zeugnis davon, als wie gefährdet dieses Wissensobjekt in seiner scheinbar verlässlichen Objekthaftigkeit verstanden werden muss. Geschuldet sind diese Maßnahmen freilich den enormen Anforderungen an die Präzision moderner Metrologie und damit an die Konsistenz des Prototyps sowie seinem letztlich universalen Geltungsbereich. Dieser ist, ebenso wie Verbreitung und Anspruch an die Genauigkeit, einfach um ein Vielfaches größer, als es bei den Standards Heinrichs VII. der Fall war.

Bemerkenswerterweise aber kam es trotz dieser Vorkehrungen zu Abweichungen. Im Jahr 1988 wurde der Standard aller Kilogramme zum ersten Mal nach vierzig Jahren und zum zweiten Mal überhaupt hervorgeholt, um mit sechs zur selben Zeit aus demselben Material hergestellten, offiziell anerkannten Kopien verglichen zu werden (den sogenannten Referenznormalen, auch *témoins*, ‚Zeugen', genannt). Dabei wurde festgestellt, dass das Urkilogramm im Durchschnitt um etwa 50 µg (Mikrogramm) leichter war als seine Kopien.[78]

Von der metrologischen Systematik her wären nun freilich Letztere als entsprechend *schwerer* zu bezeichnen gewesen. Der damalige Direktor des BIPM, Terry Quinn, bemerkte in diesem Sinne: „It appears that the copies are increasing in mass as a function in time with respect to the international prototype […]. An alternative, and […] perhaps more probable, interpretation is that the mass of the international prototype is falling with respect to that of the copies."[79] Man darf wohl davon ausgehen, dass nicht allein Gründe der Wahrscheinlichkeit für letztere Interpretation sprachen. Denn ebenso galt das pragmatische Gebot, nicht die *témoins* und, im Zweifelsfalle, sämtliche Gewichtseinheiten im globalen Geltungsbereich des Urkilogramms entsprechend anpassen zu müssen – eine in ihrem Aufwand geradezu lächerliche Vorstellung. An diesem Beispiel zeigen sich allerdings nicht nur die unvorhersehbare ‚Eigensinnigkeit' materialer Referenzobjekte und die mit ihrem Gebrauch einhergehenden Risiken.[80] Die von Quinn vorgebrachte, pragmatisch-selbstverständliche Deutung der Gewichtsunterschiede zeigt darüber hinaus, dass die Modellkonstellation, in welcher sich das Wissen um das genaue Maß konstituiert, nicht unbedingt vom Standard-Objekt her als hierarchisch ‚abwärts gerichtet' zu verstehen ist: Es handelt sich in der Tat um ein

78 Terry J. Quinn, „The Kilogram: The Present State of Our Knowledge", in: *IEEE Transactions on Instrumentations and Measurements* 40/2 (1991), S. 81–85, hier S. 83.

79 Ebd.

80 Quinn entwirft am Beispiel des Urkilogramms eine eigene Liste der Mängel materialer Standards: „[T]he artifact in question is always at the risk [!] of being damaged or destroyed, its constancy can only be inferred from data on the consistency of comparisons with other similar artifacts, the definition makes no reference to the surface state of the artifact, and, on a more practical level, the density of Pt–10% Ir [d. h. der Platin-Iridium-Legierung, P. L.] is too high for accurate comparisons to be made in air with the 1-kg standards made from stainless steel, universally used as standards on practical mass measurement." Aus: Ebd.

dynamisches Zusammenspiel von Objekten und Subjekten. Dies ist ein Befund, welcher sich auch aus der auf die Veränderung des Prototyps folgende Neubestimmung des Kilogramms ablesen lässt: Nachdem genauere Untersuchungen ergeben hatten, dass der Grund für die Gewichtsunterschiede von Urkilogramm und Referenznormalen unterschiedliche Oberflächenverunreinigungen mit extrem dünnen Schichten von Kohlenwasserstoffen waren, wurde das Gewicht von einem Kilogramm neu definiert. Es wurde daraufhin festgelegt als das Gewicht des Prototyps *unmittelbar nach der Durchführung eines aufwendigen, eigens entwickelten Reinigungsverfahrens.*[81] Ganz offensichtlich wird das Kilogramm im Zweifelsfalle in einem Zusammenspiel des Prototyps, der *témoins* und der betreffenden Experten (re)konstituiert.

Beim Urkilogramm handelt es sich um den letzten als Referenzstandard dienenden physischen Gegenstand. Alle anderen Maßeinheiten des SI werden von sogenannten Naturkonstanten abgeleitet (die Länge des Meters etwa aus der als unveränderbar geltenden Lichtgeschwindigkeit).[82] In der Tat ist der modernen Metrologie die Tendenz eigen, sich von der umtriebigen Materialität physischer Standards als Quelle der Ungenauigkeit zu lösen. Kein Wunder, denn eine vom Rückgriff auf Referenzobjekte unabhängige Bestimmung verspricht die Rekonstitution von Maßeinheiten zu jeder Zeit und an jedem Ort – kurz, die weitmöglichste Umgehung der mit zentralen materialen Standards verbundenen Risiken. Dieses Ziel erscheint greifbar, ist das Ende des Urkilogramms doch beschlossene Sache: Am 20. Mai 2019 trat nach dem Willen des BIPM die neueste metrologische Reform in Kraft, laut der u. a. das Kilogramm neu definiert ist. Von da an soll es nicht mehr dem Pariser Prototyp entsprechen, sondern wird maßgeblich aus der Planck-Konstante *h* abgeleitet sein, welche das Verhältnis von Energie zur Frequenz eines Photons bezeichnet.[83]

Zwar wird die metrologische Wissenskonstitution auch dann noch abhängig sein von Materialitäten und Beziehungsgeflechten von Subjekten und Objekten. Auch wird sie – mit Modifikationen – auch immer noch als Modellkonstellation beschreibbar sein.[84] Sie wird aber in Theorie und Praxis weit weniger ‚zentralis-

81 Vgl. URL: http://www.bipm.org/fr/publications/mises-en-pratique/kilogram.html (1.2.2019) sowie Peter Cumpson/Naoko Sano „Stability of reference masses V: UV/ozone treatment of gold and platinum surfaces“, in: *Metrologia* 50 (2013), S. 27–36.

82 Die Bestimmung des Kilogramms geht allerdings auch in die von Ampere, Kelvin und Mol mit ein, drei weitere der insgesamt sieben Basiseinheiten des SI: Meter (Länge), Kilogramm (Masse bzw. Gewicht), Ampere (Stromstärke), Kelvin (thermodynamische Temperatur), Candela (Lichtstärke), Mol (Stoffmenge), Sekunde (Zeit). Vgl. zu den Basiseinheiten des SI URL: https://www.bipm.org/fr/measurement-units/base-units.html (1.2.2019).

83 Des Weiteren werden Meter und Sekunde in die Definition einbezogen. Es gilt nun 1 kg = $\frac{h}{6{,}62607015 \cdot 10^{-34}} \frac{s}{m^2}$. Vgl. hierzu wie zur Revision allgemein URL: https://www.bipm.org/fr/CGPM/db/26/1/ (1.2.2019). Zum Vorlauf der Entscheidung vgl. u.a. Terry Quinn u. a., „Redefinition of the kilogram: A decision whose time has come“, in: *Metrologia* 42/2 (2005), S. 71–80.

84 Vgl. zu den Modalitäten von Modellkombinationen Mahr, „Ein Modell des Modellseins“, S. 213–218.

tisch' um ein materiales Objekt herum gruppiert zu sein, als es im Falle der Gewichtseinheit bis dato der Fall war. Und auch wenn dabei die ‚Eigensinnigkeit' des Materiellen auf andere Weise zum Tragen kommen mag, so stellt die Umsetzung jener Beschlüsse in gewissem Sinne doch das Ende einer metrologischen Ära dar – einer Ära allerdings, welche moderne wie vormoderne Zeiten gleichermaßen umfasst und die bis ins Frühjahr des Jahres 2019 reicht.

Bibliographie

Quellen

Aegidius Romanus, *De Ecclesiastica Potestate,* hg. von Richard Scholz, Weimar 1929.

Calendar of the close rolls preserved in the Public Record Office: Richard II., hg. v. The Great Britain Public Record Office, London 1920, Bd. II.

Colyn, John [„Exposure of the Abuses of Weights and Measures for the information of the Council (c. 1517)"], in: *Select Tracts and Table Books Relating to English Weights and Measures (1100–1742),* hg. von Hubert und Frieda Nichols (= Camden Miscellany XV, 5), London 1929, S. 47–53.

Ptolemy of Lucca, *De Regimine Principum. On the Government of Rulers. With Portions Attributed to Thomas Aquinas,* hg. und übers. von James Blythe, Philadelphia 1997.

„Seventh annual report of the Warden of the Standards on the Proceedings and Business of the Standard Weights and Measures Department of the Board of Trade. For 1872–73" in: *Parliamentary Papers of Great Britain* C.859 (1873), URL: http://parlipapers.proquest.com/parlipapers/result/pqpdocumentview?accountid=11004&groupid=104591&pgId=c02d7b23-17a8-47fc-a073-c45546ee0be7 (29.3.2019).

Das biblische Zitat folgt der *Einheitsübersetzung der Heiligen Schrift*, hg. i. A. der Bischöfe Deutschlands, Österreichs, der Schweiz, der Bischöfe von Luxemburg, von Lüttich und von Bozen-Brixen, Stuttgart 1980.

Internetquellen

http://www.bipm.org/fr/about-us/pavillon-de-breteuil/ (1.8.2019).

http://www.bipm.org/fr/measurement-units/base-units.html (1.8.2019).

http://www.bipm.org/fr/publications/mises-en-pratique/kilogram.html, (1.2.2019).

http://www.bipm.org/fr/publications/si-brochure/section1-2.html (1.2.2019).

http://www.justis.com/document.aspx?doc=d7jsrUrxA0LxsKjIoYyZmXGJn2WIivLerIOJitrvqJedn5eZiZmsmJaZi2idoIWIikvNCPnhzPngDP9MBjrMi6atF&relpos=46 (30.9.2014).

Sekundärliteratur

Anglo, Sydney, „The *British History* in Early Tudor Propaganda. With an Appendix of Manuscript Pedrigrees of the Kings of England, Henry VI to Henry VIII", in: *Bulletin of the John Rylands Library* 44 (1962), S. 17–48.

Chrimes, Stanley Bertram, *Henry VII,* New Haven/London 1999.

Connor, Robert Dickson, *The Weights and Measures of England,* London 1987.

Crease, Robert, *World in the Balance. The Historic Quest For An Absolute System of Measurement*, New York/London 2011.

Cumpson, Peter/Sano, Naoko: „Stability of reference masses V: UV/ozone treatment of gold and platinum surfaces“, in: *Metrologia* 50 (2013), S. 27–36.
Cunningham, Sean, *Henry VII*, London/New York 2007.
–, „Loyalty and the Usurper: Recognizances, the Council and Allegiance under Henry VII“, in: *Historical Research* 82/217 (2009), S. 549–581.
Davis, Richard, „The SI unit of mass“, in: *Metrologia* 40 (2003), S. 299–305.
Hodder, Ian, *Entangled. An Archeology of the Relationships between Humans and Things*, Oxford 2012.
Horowitz, Mark R., „Introduction“, in: *Historical Research* 82/217 (2009), S. 375–378.
–, „Henry Tudor's Treasure“, in: *Historical Research* 82/217 (2009), S. 560–579.
Kula, Witold, *Measures and Men*, Princeton 1986.
Lockyer, Roger, *Henry VII*, London u. a. 1987.
Löffelbein, Peter, *Maß, Modell und Material. Dynamische Wissenskonstitution in den metrologischen Reformen Heinrichs VII. von England*, Working Paper des SFB 980 Episteme in Bewegung, No. 7/2015, Freie Universität Berlin, URL: http://www.sfbepisteme.de/Listen_Read_Watch/Working-Papers/No_7_Loeffelbein_Mass-Modellund-Material/index.html (1.8.2019).
Mahr, Bernd, „Cargo. Zum Verhältnis von Bild und Modell“, in: *Visuelle Modelle*, hg. von Ingeborg Reichle, Steffen Siegel und Achim Spelten, München 2008, S. 17–40.
–, „Ein Modell des Modellseins. Ein Beitrag zur Aufklärung des Modellbegriff“, in: *Modelle*, hg. von Ulrich Dirks und Eberhard Knobloch, Frankfurt a. M. 2008, S. 187–216.
Maier, Anneliese, *Metaphysische Hintergründe der spätscholastischen Naturphilosophie*, Rom 1955.
Mills, Ian u. a., „Redefinition of the kilogram, ampere, kelvin and mole: a proposed approach to implementing CIPM recommendation 1 (CI-2005)“, in: *Metrologia* 43 (2006), S. 227–246; S. 228).
Quinn, Terry J., „The Kilogram: The Present State of Our Knowledge“, in: *IEEE Transactions on Instrumentations and Measurements* 40/2 (1991), S. 81–85.
– u. a., „Redefinition of the kilogram: A decision whose time has come“, in: *Metrologia* 42/2 (2005), S. 71–80.
Searle, John, *Speech Acts: An Essay in the Philosophy of Language*, London 1969.
Stachowiak, Herbert, *Allgemeine Modelltheorie*, Wien/New York 1973.
Wartofsky, Marx William, „Telos and Technique. Models as Modes of Action“, in: *Models. Representation and the Scientific Understanding*, hg. von dems., Dordrecht/Boston/London 1979, S. 140–153.
Watson, C. M., *British Weights and Measures. As Described in the Laws of England from Anglo-Saxon Times*, London 1910.
Wendler, Reinhard, *Das Modell zwischen Kunst und Wissenschaft*, München 2013.
Williams, Neville, *The life and times of Henry VII*, London 1994.
Witthöft, Harald, „Maßrealien und die Tradition nordeuropäischer Maßnormen in Mittelalter und Neuzeit“, in: *Historische Metrologie in den Wissenschaften*, hg. von dems., St. Katharinen 1986, Bd. I, S. 213–225.
–, „Zum Problem der Genauigkeit in historischer Perspektive“, in: *Genauigkeit und Präzision in der Geschichte der Wissenschaften und des Alltags*, hg. von Dieter Hoffmann und Harald Witthöft, Bremerhaven 1996 (PTB-Texte 4), S. 3–32.
Zupko, Ronald Edward, *British Weights and Measures. A History from Antiquity to the Seventeenth Century*, Wisconsin/London 1977.

Modell und Empirie in Galileos Mondbeobachtungen

Simone De Angelis

1

Ich beginne mit allgemeinen Überlegungen zum Modellkonzept und nehme anschließend einige begriffliche Differenzierungen aus der Perspektive heutiger Wissenschaftstheorie vor. Grundsätzlich gesprochen spielen Modelle eine zentrale Rolle in der Wissenschaft, wobei ich mich besonders auf die *models in science* beziehe. Das Bohr'sche Atommodell, die Doppelhelix der DNA oder das Billiard-Modell für Gase sind typische Beispiele von Modellen in der Wissenschaft, die auch in der wissenschaftlichen Praxis eine zentrale Rolle spielen. Ein bestimmter Modelltypus ist zum Beispiel ein idealisiertes Modell oder ein mathematisches Modell. Man spricht aber auch von ikonischen, analogen oder instrumentellen Modellen. Es gibt demnach eine Fülle von Modellkonzepten, die in den Wissenschaften verwendet werden. Als typisches Beispiel für die Verwendung von idealisierten Modellen gelten etwa die Galilei'schen Idealisierungen, auf die ich weiter unten zurückkommen werde. Mit dem Begriff des Modells verbinden sich eine Reihe von Problemen, die entweder semantischer Natur (was ist die repräsentative Funktion von Modellen?), ontologischer Natur (was für eine Art von Dingen sind Modelle?) oder epistemologischer Natur (wie lernen wir anhand von Modellen?) sind.[1] In der Frühen Neuzeit gewinnen im Zuge der Mathematisierung der Natur, allen voran der physikalischen Natur, idealisierte bzw. mathematische Modelle an Relevanz. Alexandre Koyrés These, dass es sich bei der Mathematisierung oder Geometrisierung der Natur bzw. des Raumes mit Blick auf Galilei, Descartes und Newton um eine „*attitude intellectuelle*", also um einen Mentalitätswandel in der Auffassung der Natur handle, die gegenüber der Schule von Paris von John Buridan und Nicolas Oresme im 14. Jahrhundert eine Differenz markiere, bleibt m. E. zu diskutieren.[2] Auch der theoretische Physiker Lee Smolin vertritt dieses Mathematisierungskonzept als Charakteristikum der modernen Physik: Galileo habe entdeckt, dass die Körper beim Fallen immer eine Parabel beschreiben und dabei eine konstante Beschleunigung aufweisen. Dabei lasse sich die Parabel, die mathematische Kurve, in einem sog. Konfigurations-

---

1 Roman Frigg und Stephan Hartmann, „Models in Science", in: *The Stanford Encyclopedia of Philosophy* (Fall 2012 Edition), hg. von Edward N. Zalta, URL: http://plato.stanford.edu/archives/fall2012/entries/models-science/ (1.8.2019).

2 Alexandre Koyré, *Études Galiléennes*, Paris 1939, Bd. 1: À l'Aube de la Science Classique, S. 9.

raum wiedergeben, in dem die Zeit verschwinde.[3] Ein idealisiertes Modell versucht ja ganz grundsätzlich, etwas Kompliziertes zu vereinfachen, um es irgendwie handhabbar zu machen. Wie bekannt ist, beschäftigte sich Galileo u. a. mit dem freien Fall und mit der Bewegung von Kugeln auf einer schiefen Oberfläche. Dabei ging es zum Beispiel darum, von der Reibung abzusehen oder den Luftwiderstand zu ignorieren. In dieser Variante von Idealisierung spricht man in philosophischen Debatten von sog. Aristotelischen oder Galilei'schen Idealisierungen. Worum geht es dabei? Bei den Aristotelischen Idealisierungen kommt es zu einem Weglassen von nicht problemrelevanten Eigenschaften eines Objekts. Man begrenzt die Konstellation von Eigenschaften und isoliert diese durch dieses Verfahren. Das Planetensystem zum Beispiel wird dann nunmehr nur durch Masse und Form dargestellt. Im Zusammenhang mit den Galilei'schen Idealisierungen spricht man von ‚verzerrten' physikalischen Modellen, etwa dann, wenn sich Massenpunkte auf einer reibungslosen Ebene bewegen.[4] Das Beispiel des freien Falls ist hierfür emblematisch: Galileo konzentrierte sich auf die *initiale*, vorübergehende Phase der Bewegung, in der Körper beschleunigt werden, während er die *zweite konstante* Phase der Bewegung, in der sich die Geschwindigkeit eines Körpers stabilisiert, vernachlässigte. Galileo hatte dabei die Intuition der initialen Bewegung sowie die Intuition, dass die schiefe Ebene den freien Fall verlangsamt darstellte. Nur so, gewissermaßen durch einen ‚Trick', konnte er das Fallgesetz formulieren, demzufolge das Gewicht eines Körpers (zumindest in der Initialphase und bei Vernachlässigung des Luftwiderstandes) beim Fallen keine Rolle spielt, weshalb alle Körper gleich schnell fallen. Damit konnte er die terrestrische Physik des Aristoteles, der nur die zweite Phase des freien Falls beobachtete und den Luftwiderstand berücksichtigte, widerlegen.[5] Es war also charakteristisch für Galileo, komplizierte Situationen durch solche Vereinfachungen in den Griff zu bekommen. Galileos Idealisierungen waren natürlich nicht ganz unproblematisch. Was sagt uns denn ein ‚verzerrtes' Modell dieser Art über die Realität aus? Wie können wir seine Genauigkeit prüfen? Eine Möglichkeit besteht darin, solche Idealisierungen als Grenzfälle anzusehen.[6] Kommen wir aber damit weiter? Begriffliche Differenzierungen, wie sie die Wissenschaftstheorie anbietet, können zwar durchaus nützlich sein. Sie geben eine erste Orientierung, bleiben aber oft steril und zu abstrakt, wenn sie nicht an konkreten historischen Beispielen erörtert und veranschaulicht werden. Galileos Werk bietet hier interessante Ansatzpunkte, gerade wenn man als Wissenschaftshistoriker abstrakte theoretische Konstrukte, wie in diesem Fall *das Modell*, mit konkreten historischen

3 Lee Smolin, *Im Universum der Zeit. Auf dem Weg zu einem neuen Verständnis des Kosmos*, übers. von Jürgen Schröder, München 2014 [2013], S. 39–64 u. S. 78–87.

4 Frigg/Hartmann, „Models in Science" (1.8.2019).

5 Carlo Rovelli, „Aristotle's Physics: a Physicist's Look", in: *arXiv:1312.4057v2 [physics.hist-ph]* (18 Aug 2014), URL: https://arxiv.org/abs/1312.4057v2 (1.8.2019).

6 Frigg/Hartmann, „Models in Science" (1.8.2019).

Fallbeispielen zu verknüpfen versucht.[7] Im Rahmen meiner Beschäftigung mit Galileos Mondbeobachtungen im berühmten Werk *Sidereus Nuncius* (Der „Sternenbote") bin ich denn hinsichtlich des Modellgebrauchs auch auf erstaunliche Befunde gestoßen. Davon handelt der vorliegende Aufsatz. Zuerst will ich dennoch den historischen Kontext, in dem diese Modellverwendung erfolgte, etwas erläutern.

2

Galileos Werk *Sidereus Nuncius* (Abb. 1) wurde 1610 in Venedig publiziert. Venedig war damals ein bedeutendes Wirtschafts-, Kultur- und Wissenschaftszentrum. Norditalien und besonders Venetien erfreuten sich einer intensiven kulturellen Blüte. Um dies nachvollziehen zu können, muss man sich nur die geographische Lage der Makroregion Venetien um 1500 vor Augen führen, in der die Republik Venedig wirtschaftlich und politisch die größte Expansion erreichte. Die Lage begünstigte einerseits die Handelsbeziehungen mit fernen Ländern, andererseits die politische Ausdehnung dieser geographischen Makroregion, die damals auch Istrien, Dalmatien, das Ägäische Meer und Zypern umfasste. Die hauptsächlichen Handelsrouten erstreckten sich über diese ganze Region bis nach Nordafrika und den Orient, die venezianische Flotte dominierte bis zum Beginn des 16. Jahrhunderts weite Teile des Mittelmeerraumes. Venedig war ein großer Handelsumschlagplatz: Waren und Güter aus Indien, China und dem Orient kamen nach Venedig und wurden von dort nach London und Bruges, im heutigen Belgien, weiterverkauft. Es wurde u. a. mit Gewürzen, Edelhölzern und Parfüm gehandelt. Die Erträge wurden in Gold bezahlt, die Venezianer waren tüchtige Handelsleute. Es zirkulierte viel Geld, Venedig war eine reiche Republik. Im 16. Jahrhundert erlebte nicht nur die bildende Kunst eine kulturelle Blütezeit (zu denken wäre an Tizian oder Giorgione), sondern auch die Wissenschaften. Die Universität Padua war ein bedeutendes akademisches Zentrum von europäischem Format, und die Stadt selbst natürlich auch geographisch Venedig sehr nahe. Die Universität Padua war eine Hochburg der Wissenschaften, besonders der Medizin, der Anatomie, der Mathematik und der Astronomie. Bekannt ist etwa das erste *Theatrum anatomicum*, das der Anatom Girolamo Fabrici d'Aquapendente 1594 in Padua erbauen ließ und das man heute noch besichtigen kann.[8] Es gibt in Padua im sog. „Saal der Vierzig" im *Palazzo del Bò* auch ein altes Holzgebälk zu besichtigen, das Galileos Lehrstuhl war. Galileo hatte nämlich von 1590 bis 1610 in Padua eine Professur für Mathematik inne. Hinter Galileos Lehrstuhl hängen an den Wänden die Porträts von Medizinern, die entweder in

7 Simone De Angelis, „Der Wissenschaftshistoriker", in: *Das Personal der Postmoderne. Inventur einer Epoche*, hg. von Hannes Mangold und Alban Frei, Bielefeld 2015, S. 137–149.

8 Simone De Angelis, „*Demonstratio ocularis* und *evidentia*. Darstellungsformen von neuem Wissen in anatomischen Texten der Frühen Neuzeit", in: *Spuren der Avantgarde: Theatrum anatomicum. Frühe Neuzeit und Moderne im Kulturvergleich*, hg. von Helmar Schramm, Ludger Schwarte und Jan Lazardzig, Berlin/New York 2011, S. 168–193.

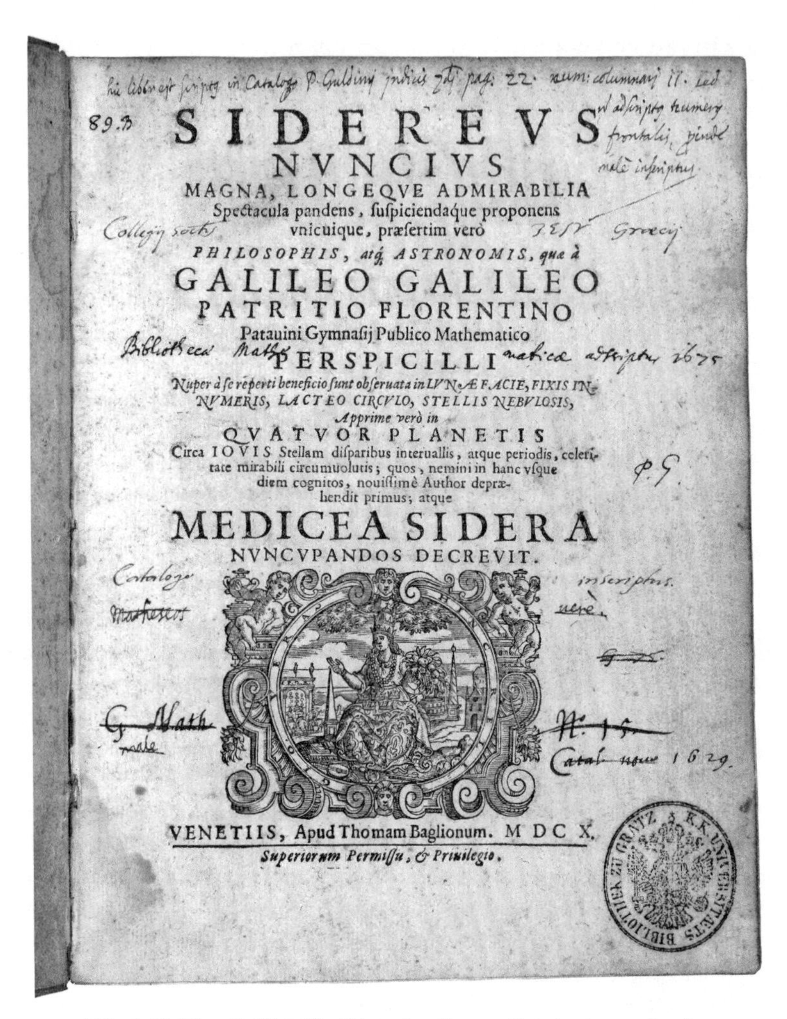

SIDEREVS
NVNCIVS
MAGNA, LONGEQVE ADMIRABILIA
Spectacula pandens, suspiciendaque proponens
vnicuique, præsertim verò
PHILOSOPHIS, atq; ASTRONOMIS, quæ à
GALILEO GALILEO
PATRITIO FLORENTINO
Patauini Gymnasij Publico Mathematico
PERSPICILLI
Nuper à se reperti beneficio sunt obseruata in LVNÆ FACIE, FIXIS INNVMERIS, LACTEO CIRCVLO, STELLIS NEBVLOSIS,
Apprime verò in
QVATVOR PLANETIS
Circa IOVIS Stellam disparibus interuallis, atque periodis, celeritate mirabili circumuolutis; quos, nemini in hanc vsque diem cognitos, nouissimè Author deprehendit primus; atque
MEDICEA SIDERA
NVNCVPANDOS DECREVIT.
VENETIIS, Apud Thomam Baglionum. M D C X.
Superiorum Permissu, & Priuilegio.

Abb. 1: Galileo Galilei, Titelblatt der Grazer Originalausgabe des *Sidereus Nuncius* (1610). Universitätsbibliothek Graz.[9]

Padua studiert hatten oder dort Professoren gewesen waren, unter ihnen auch William Harvey, der zu Beginn des 17. Jahrhunderts den Blutkreislauf entdeckte. Solcherart hat man sich also den unmittelbaren historischen Kontext von Galileos eigener wissenschaftlicher Arbeit als Mathematiker und Astronom bis zum Erscheinen von *Sidereus Nuncius* vorzustellen.

9 Abbildung mit freundlicher Genehmigung der Universitätsbibliothek Graz.

In diesem Zusammenhang ist ferner ein jüngst wiedergefundenes Dokument bedeutsam, welches zeigt, dass Galileo im Herbst 1609 mit dem Bau eines Teleskops beschäftigt war und dass er sich mit der Optik aus ganz praktischer Sicht auseinandersetzte. Auf der Rückseite eines in der Nationalbibliothek von Florenz aufgefundenen Briefes hatte Galileo nämlich eine Einkaufsliste verfasst, mit der er in Venedig eine Reihe von Dingen einkaufen wollte: u. a. Malvasia-Wein, Zucker, Gewürze, Pfeffer, Nelken, einen Hut für seinen Sohn Vincenzo, aber auch Kanonenkugeln, Orgelpfeifen, Tonerde aus Tripolis, Pech aus Griechenland, deutsche Brillengläser, Spiegelscherben, Bergkristall, Eisenschüsseln und Filz. Wie Giorgio Strano gezeigt hat, ist Galileos „shopping list" ein „direkter Beweis" dafür, dass er die Qualität gewöhnlicher Brillengläser erhöhen wollte und dass er eine sehr gute Kenntnis von der Herstellung von Gläsern und Linsen hatte.[10] Der Hinweis auf die „deutschen Brillengläser" zum Beispiel verweist auf die ‚deutsche Methode' der Glasherstellung, bei der besonders dünne Glasscheiben produziert wurden und die offenbar andere Methoden übertraf.[11] Überhaupt besaßen die Venezianer seit dem 13. Jahrhundert eine hochwertige Glasproduktion, in der sie sodiumhaltige Alkaliasche verwendeten, die sie aus Pflanzen gewannen, die nur in Syrien wuchsen und die sie von dort importierten.[12] Das venezianische Know-how bezüglich der Glasproduktion dürfte somit auch Galileos Linsenherstellung begünstigt haben. Am Ende des Jahres 1609 hatte er jedenfalls ein leistungsstarkes Teleskop gebaut, das in der Lage war, Objekte mehr als dreißigfach zu vergrößern.[13] Es ermöglichte ihm, die außergewöhnlichen Beobachtungen am Himmel zu machen, die er dann in seinem Werk *Sidereus Nuncius* präsentierte. Im Folgenden werde ich zeigen, durch welche Umstände Galileo dazu kam, seine Mondbeobachtungen durch ein Modell zu repräsentieren und wie seine Befunde eine Debatte auslösten, die ihn zwang, seine Konzepte und Argumente stärker zu verdeutlichen und zu spezifizieren. Ich beginne mit der Analyse von Galileos Mondzeichnungen sowie eines Diagramms, das sein geometrisches Argument visuell darstellt.

3

In einer seiner Mondzeichnungen (Abb. 2) identifizierte und malte Galileo Lichtflecken an der dunklen Seite des Mondes. Am Halbmond beobachtete er die Demarkationslinie zwischen dem hellen und dem dunklen Teil des Mondes. Diese Demarkationslinie wurde auch *terminator* genannt. Galileo beobachtete außer-

---

10 Giorgio Strano, „Galileo's shopping list: An overlooked document about early telescope making", in: *From Earth-Bound to Satellite. Telescope, Skills and Networks*, hg. von Alison D. Morrison-Low, Sven Dupré, Stephen Johnson und Giorgio Strano, Leiden 2012 (History of Science and Medicine Library. Scientific Instruments and Collections 23/2), S. 1–19, hier S. 18.

11 Sven Dupré, „Galileo and the culture of glass", in: *Tintenfass und Teleskop: Galileo Galilei im Schnittpunkt wissenschaftlicher, literarischer und visueller Kulturen im 17. Jahrhundert*, hg. von Andrea Albrecht, Giovanna Cordibella und Volker Remmert, Berlin/Boston 2014, S. 297–319.

12 Peter Spufford, *Power and Profit. The Merchant in Medieval Europe*, London 2002, S. 270 u. S. 273.

13 Strano, „Galileo's shopping list", S. 18.

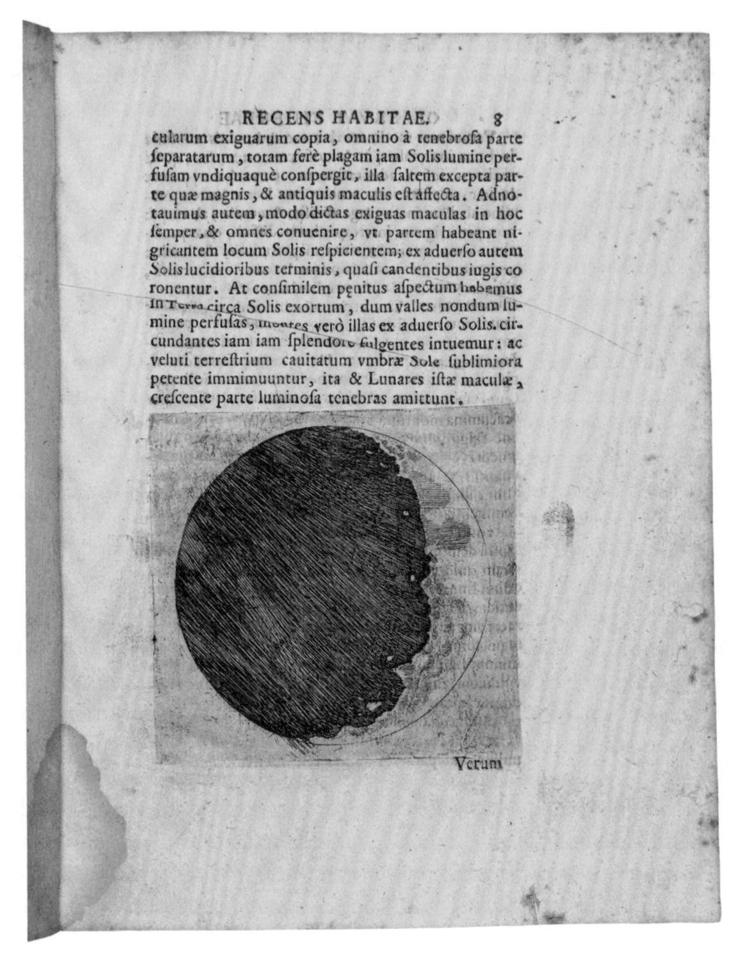

RECENS HABITAE. 8

cularum exiguarum copia, omnino à tenebroſa parte ſeparatarum, totam ferè plagam iam Solis lumine perfuſam vndiquaquè conſpergit, illa ſaltem excepta parte quæ magnis, & antiquis maculis eſt affecta. Adnotauimus autem, modo dictas exiguas maculas in hoc ſemper, & omnes conuenire, vt partem habeant nigricantem locum Solis reſpicientem; ex aduerſo autem Solis lucidioribus terminis, quaſi candentibus iugis coronentur. At conſimilem penitus aſpectum habemus in Terra circa Solis exortum, dum valles nondum lumine perfuſas, montes verò illas ex aduerſo Solis circundantes iam iam ſplendore fulgentes intuemur: ac veluti terreſtrium cauitatum vmbræ Sole ſublimiora petente immimuuntur, ita & Lunares iſtæ maculæ, creſcente parte luminoſa tenebras amittunt.

Verum

Abb. 2: Galileo Galilei, Helle Flecken auf der Nachtseite des Mondes (1610). Aus: ders., *Sidereus Nuncius*, Venedig 1610, S. 8.

dem, dass diese Trennlinie nicht gerade, sondern unregelmäßig verlief. Später schloss er aus dieser Beobachtung, dass diese Linie nicht die Lichtgrenze auf einer glatten und ebenen Kugeloberfläche sein konnte. Ferner beobachtete er helle Flecken auf der dunklen Seite des Mondes, die im am weitesten entfernten Fall ca. ein Zwanzigstel des ganzen Monddurchmessers vom *terminator* entfernt waren. Bei der Größe des Monddurchmessers handelte es sich um ein empirisches Datum, eine Zahl, die seit der Antike erstaunlich genau bekannt war. Dies, obwohl Galileo hier der Einfachheit halber gerundete Zahlen verwendete. Er nahm an, dass die eingezeichneten hellen Flecken Bergspitzen waren, die von der Sonne beleuchtet wurden, während der Fuß der Berge im Schatten lag und wegen der

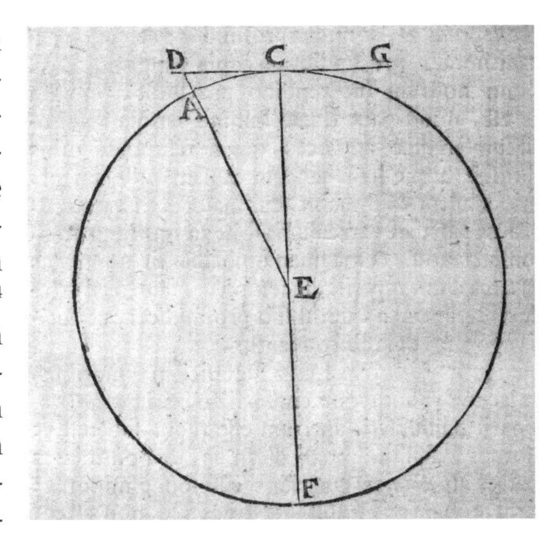

Abb. 3: Galileo Galilei, Geometrisches Modell zur Bestimmung der Höhe AD eines Mondberges (1610). Aus: ders., *Sidereus Nuncius*, Venedig 1610, S. 13 v.

Krümmung der Mondoberfläche von den Sonnenstrahlen nicht mehr erreicht werden konnte. Diese Annahme erlaubte es Galileo also, sein Argument für die Bestimmung der Höhe der Berge auf dem Mond zu konstruieren, was Wissenschaftshistorikern inzwischen auch gut bekannt ist.[14] Wie ich später detaillierter ausführen werde, war sich Galileo durchaus bewusst, dass es nicht selbstverständlich war, die hellen Flecken als Bergspitzen zu identifizieren. Seine Annahme bedurfte einer Erklärung, zumal die hellen Flecken auch von anderen Mondstrukturen, zum Beispiel von einem hellen, reflektierenden Material, hätten verursacht werden können.

Galileos Argument für die Bestimmung der Mondhöhen sieht wie folgt aus: Wie auf einer weiteren Zeichnung (Abb. 3) zu sehen ist, benutzt Galileo ein einfaches zweidimensionales geometrisches Modell, um den dreidimensionalen Mond darzustellen.

Galileo repräsentierte den Mond also als perfekten Kreis CAF (obwohl der Mond in Wirklichkeit keine perfekte Kugel ist). Die Achse CF repräsentiert den Terminator, die Linie GCD den Lichtstrahl, der von der Sonne in G ausgeht, den Mond in C als Tangente berührt und den Berg AD auf der dunklen Mondseite seitlich bestrahlt. D stellt die Spitze des Berges dar, die vom Lichtstrahl berührt wird und deshalb als heller Fleck erscheint (s. Abb. 2). Wenn also der Berg AD so hoch ist, dass er vom Lichtstrahl GC beleuchtet wird, dann muss sich dieser Berg AD an der Spitze D mit der Tangente GC schneiden. Wie Gerd Graßhoff und John Heilbron gezeigt haben, errechnete Galileo die Höhe der Berge auf dem Mond anhand dieses Modells und mithilfe des Satzes des Pythagoras ($ED = \sqrt{EC^2 + DC^2}$), wobei er zu dem Schluss kam, dass die Mondberge ca. fünf Meilen hoch seien.[15] Galileo gab auch an, dass die Mondberge höher seien als diejenigen auf der Erde, die ihm zufolge ungefähr eine italienische Meile hoch seien. Wenn wir bedenken, dass eine italienische Meile rund 1,851 Kilometer entspricht ($1/60$ des Äquatorialgrades), dann ist dieser Wert zu klein, selbst, wenn wir bedenken, dass Galileo nur die europäischen Berge kannte. An anderer Stelle seines Werkes gab Galileo an, dass die lunaren Bergketten drei bis vier italienische Meilen hoch seien.

14 Gerd Graßhoff, „Modelle", in: ders., *Einführung in die Wissenschaftsgeschichte und Wissenschaftstheorie*, URL: http://philoscience.unibe.ch/documents/VorlesungenFS10/wtwg/wtwg script.pdf (27.2.2015); siehe auch: John Heilbron, *Galileo*, Oxford 2010.

15 Graßhoff, „Modelle", S. 30; sowie Heilbron, *Galileo*, S. 152f.

Obschon Galileo die Umstände vereinfachte und seine Annahmen zum Teil inkorrekt waren, war sein Argument zur Bestimmung der Mondhöhen dennoch schlüssig, und es handelte sich um eine für die damalige Zeit bemerkenswerte Leistung. Dabei muss klar sein, dass es Galileo nicht darum ging, exakte Werte für die Höhe der Mondberge zu berechnen, sondern lediglich darum, grobe Schätzungen durchzuführen, die einen Vergleich mit Bergen auf der Erde ermöglichten. Wie noch zu zeigen sein wird, war schon die einfache Annahme, dass auf dem Mond Berge existieren, zu dieser Zeit nicht selbstverständlich. Aber abgesehen von den ungenauen Werten für die Höhe der Berge auf dem Mond und auf der Erde, sind Galileos Vereinfachungen für die Zwecke seines Arguments durchaus vertretbar. Modelle können auch falsche Annahmen beinhalten, solange sie approximativ einen Verwendungszweck erfüllen.[16] Galileo stellte keine Genauigkeitsansprüche (und wir werden auch gleich sehen, warum). Es war ihm also durchaus bewusst, dass er mit Vereinfachungen arbeitete. Eine weitere Annahme Galileos war, dass sich Lichtstrahlen geradlinig fortbewegen. Dass Licht durch schwere Körper abgelenkt wird, war Galileo natürlich noch nicht bekannt; dies spielt für den Mond aber auch keine signifikante Rolle, ebenso wenig wie auf der Erde, wo die Lichtstrahlen allerdings durch die Erdatmosphäre gebrochen werden. Implizit musste Galileo also voraussetzen, dass es auf dem Mond keine Atmosphäre gab. Das Modell funktioniert außerdem nur bei Halbmond, bei Neumond werden die geometrischen Konstruktionen wesentlich komplizierter, insbesondere wäre der Satz des Pythagoras nicht mehr anwendbar, da kein rechtwinkliges Dreieck mehr gegeben wäre.[17] Das Zwischenfazit lautet also: Galileo war dank all dieser Vereinfachungen in der Lage, die Mondhöhen approximativ zu berechnen.

Dieser Befund hat aber eine Pointe: Es ist nämlich zu fragen, *warum* Galileo bei seinen Mondbeobachtungen überhaupt auf solche idealisierten, geometrischen Modelle zurückgriff. Die etwas überraschende Antwort, die Galilei etwas später selbst formulierte, lautete: weil man die Berge in Wirklichkeit gar nicht sieht, ja aus der Distanz Erde-Mond zu dieser Zeit auch gar nicht sehen konnte, selbst wenn man durch ein Teleskop schaute (was natürlich nicht heißt, dass das Mondgebirge prinzipiell unbeobachtbar ist). Damit stellt sich ein interessantes *epistemologisches Problem*, das die Beobachtung in einem allgemeineren Sinn betrifft und zumindest zum Teil erklärt, warum sich Galileo bei seinen Mondbeobachtungen entschied, ein geometrisches Argument, d.h. ein idealisiertes Modell, einzuführen. Allerdings stellte Galileo das Beobachtungsproblem nicht im *Sidereus Nuncius* dar, sondern in seinem berühmten Brief an den Jesuitenpater Christoph Grienberger in Rom vom 1. September 1611, dem die Galileiforschung bislang zu wenig Beachtung geschenkt hat. Dieser Brief wirft ein Licht auf die komplexe

16 Graßhoff, „Modelle", S. 30f.
17 Ebd., S. 31.

epistemische Situation,[18] in die Galileo nach der Veröffentlichung von *Sidereus Nuncius* verwickelt wurde.

4

Grundsätzlich wurden Galileos Beobachtungen am Sternenhimmel – die Mondoberfläche, die Figur des Saturn, die Phasen der Venus, die Jupitermonde und die Milchstraße – von seinen Zeitgenossen ambivalent rezipiert. Einige renommierte jesuitische Mathematiker am *Collegio Romano* bestätigten im Wesentlichen Galileos Beobachtungen.[19] Allerdings konnte sich das Argument, dass es sich bei der gebirgigen Erscheinung der Mondoberfläche um eine optische Täuschung oder Halluzination handelte, lange halten, besonders auch im Zusammenhang mit Galileos Beobachtung der Jupitermonde.[20] Die Einwände einiger jesuitischer Mathematiker konzentrierten sich 1611 speziell auf das sog. ‚Problem von Mantua', demzufolge die Peripherie der Mondhalbkugel gänzlich hell beleuchtet blieb, ohne dass Schatten und Unregelmäßigkeiten zu erkennen gewesen wären, sodass die Gebirgsspitzen dort nicht zu sehen waren.[21] Dies war also das Problem, mit dem sich Galileo in dem Brief an Grienberger vom 1. September 1611 auseinandersetzte und das ihm darüber hinaus die Gelegenheit bot, über die Implikationen seiner Mondbeobachtungen ausführlicher und genauer zu reflektieren, als er dies in *Sidereus Nuncius* getan hatte.[22]

Die Frage, die besonders der jesuitische Mathematiker Giuseppe Biancani formuliert hatte und die Galileo in seinem Brief referierte, lautete wie folgt: „Sind denn auf der der Erde zugewandten Seite der Mondoberfläche Erhöhungen zu sehen?" Galileos Antwort: „Nein, antworte ich, und ich sage sogar, dass man die Höhen und Erhebungen des Mondes aus einer solchen Distanz nicht nur nicht sieht oder nicht sehen kann, sondern dass man sie nicht einmal aus der Nähe von 100 Meilen sehen würde."[23] Galileos Antwort ist insofern erstaunlich, als sie das Risiko in Kauf nahm, bezüglich der Mondhöhen nicht geglaubt zu werden, gera-

18 Lutz Danneberg, „Epistemische Situationen, kognitive Asymmetrien und kontrafaktische Imaginationen", in: *Ideen als gesellschaftliche Gestaltungskraft im Europa der Neuzeit. Beiträge für eine erneuerte Geistesgeschichte*, hg. von Lutz Raphael und Heinz-Elmar Tenorth, München 2006, S. 193–221.

19 Michele Camerota, *Galileo Galilei e la cultura scientifica nell'età della Controriforma*, Roma 2004, S. 200–218. Camerota zeigt im Detail den ambivalenten Charakter des Urteils der jesuitischen Mathematiker gegenüber Galileos *Sidereus Nuncius* auf.

20 Ebd., S. 201. Das Argument der optischen Täuschung und der Halluzination in der jesuitischen Briefkorrespondenz des Jahres 1611 wird hier belegt.

21 Ebd., S. 213; sowie Isabelle Pantin, „Galilée, la lune et les Jésuites: À propos du Nuncius Sidereus Collegii Romani et du ‚Problème de Mantue'", in: *Galilaeana* 2 (2005), S. 19–24.

22 Galileo Galilei an Cristoforo Grienberger [in Roma], Firenze, 1° settembre 1611, in: ders., *Le Opere di Galileo Galilei*, Edizione Nazionale, hg. von Antonio Favaro, Bd. 11: Carteggio 1611–1613, Florenz 1901, S. 178–202, hier S. 186: „[...] et poi, che io di nuovo mi affatichi in dichiarare più lucidamente et diffusamente che non feci nel mio Nunzio Sidereo" (Übersetzung des Autors, hier und im Folgenden).

23 Galileo Galilei an Grienberger, S. 183.

de wenn man sich etwa das jesuitische Halluzinationsargument vor Augen führt. Umso wichtiger war deshalb Galileos Rechtfertigungsstrategie in dem Brief an Grienberger, die auch die Motivation für das Verfassen des Briefes selbst bildete.

Galileos Argumentation, mit der er die hier skizzierte Problemsituation zu bewältigen versuchte, lässt sich in sechs Schritten rekonstruieren und analysieren.

(i) Galileo stellte in seiner ersten Antwort auf die Frage Biancanis explizit das Problem des Sehens und der visuellen Wahrnehmung der Mondbeobachtung dar. Doch inwiefern können wir hier auch von einem epistemologischen oder perzeptionstheoretischen Problem sprechen? Dominik Perler und Markus Wild stellen in ihrem Buch über *Wahrnehmungstheorien in der frühen Neuzeit* (2008) das Wahrnehmungsproblem wie folgt dar: „Das Problem der Wahrnehmung besteht darin, eine Erklärung der Beziehung der Sinneserfahrung zu den materiellen Objekten zu finden.“[24] Übertragen auf Galileos Situation heißt dies, dass seine Argumentation in dem Brief an Grienberger im Wesentlichen darauf zielte, eine Erklärung für die Phänomene und Erscheinungen des Mondes zu geben, wie sie von der Erde aus wahrgenommen wurden. Denn offensichtlich unterschied Galileo zwischen dem, was durch die sinnliche Wahrnehmung von der Mondoberfläche zu sehen war (auch mit Hilfe des Teleskops) und dem, wie die Mondoberfläche wirklich beschaffen war, also zwischen dem wahrnehmenden Subjekt auf der einen Seite und dem wahrgenommenen Objekt auf der anderen. (ii) In der Tat stellte Galileo in dem Brief an Grienberger die Frage, wie er denn von der Beschaffenheit der Mondoberfläche etwas wissen konnte, ganz explizit: „Wie also wissen wir, dass der Mond gebirgig ist?“ Galileos Antwort: „Wir wissen es nicht aufgrund der einfachen Sinneswahrnehmung (*senso*), sondern indem wir die rationale Argumentation (*discorso*) mit Beobachtungen (*osservationi*) und sinnlichen Erscheinungen (*apparenze sensate*) paaren und verbinden.“[25] (iii) Galileos Aussage beinhaltet relevante erkenntnis- und wahrnehmungstheoretische Implikationen, die im Folgenden erklärt und weiter expliziert werden sollen. Insbesondere bezog Galileo Überlegungen über Hell-Dunkel-Effekte, perspektivisches Sehen, Irradiationseffekte (optische Probleme) sowie ‚homogene Wahrnehmungen‘ in seine Argumentation ein. Ich werde in meinem Beitrag besonders auf Galileos Argumente über Hell-Dunkel-Effekte in Kombination mit dem perspektivischen Sehen näher eingehen. (iv) *Hell-Dunkel-Kontraste*: Galileo sagte, dass sich die beobachteten Phänomene, etwa die hellen Flecken auf der nichtbeleuchteten Seite des Mondes, nie auf einer glatten Kugeloberfläche ereignen würden. Daraus schloss er, dass die Mondoberfläche geprägt von Höhen und Tiefen sei.[26] Es ging hier also zunächst um ein Schlussverfahren sowie um Hypothesenbildung: Was Galileo nämlich durch sein Fernrohr sah, waren eigentlich nur Hell-

24 Dominik Perler und Markus Wild, „Einleitung“, in: *Sehen und Begreifen. Wahrnehmungstheorien in der frühen Neuzeit*, hg. von dens., Berlin 2008, S. 48.

25 Galileo Galilei an Grienberger, S. 183: „non col semplice senso, ma coll'accoppiare e congiungere il discorso coll'osservationi et apparenze sensate“.

26 Ebd., S. 183f.

Dunkel-Effekte. Er schloss somit von diesen Hell-Dunkel-Effekten auf die physikalischen Ursachen (Höhen und Tiefen auf der Mondoberfläche), weil er diese, wie wir jetzt wissen, *per se* ja gar nicht sehen konnte. Allerdings waren Höhen und Tiefen lediglich Erscheinungen, Phänomene. Aus epistemologischer Sicht betrachtete er diese bloß als Annahmen oder Hypothesen. Die Erscheinungen vermochten zwar zu überzeugen, sie blieben dennoch hypothetisch, weil die Höhen und Tiefen, also die Eigenschaften des Wahrnehmungsobjekts, von ihm nicht wirklich gesehen werden konnten.[27] Galileo veranschaulichte den wahrgenommenen Hell-Dunkel-Kontrast am Terminator auch mit einer Zeichnung (Abb. 4). (v) *Perspektivisches Sehen*: Galileo erweiterte ferner seine Argumentation auch für jenen Fall, in dem es keine Hell-Dunkel-Effekte auf der Mondoberfläche zu sehen gab. Dies galt besonders für diejenigen Zonen der Mondoberfläche, die vom Sonnenlicht stark beleuchtet wurden, wie zum Beispiel die Peripherie der Mondhalbkugel, wo die Bergketten nicht zu sehen waren. Galileo musste nämlich den scheinbaren Widerspruch erklären, dass sich die Bergketten auf dem Mond bis zur Peripherie der Mondhalbkugel erstreckten und also vorhanden, jedoch nicht zu sehen waren. Galileo nahm also an, dass die Hell-Dunkel-Effekte an der Peripherie der Mondhalbkugel zwar existierten, jedoch nicht sichtbar waren, sodass man in diesem Fall aus ihnen keine Hypothesen oder Argumente zugunsten der gebirgigen Mondoberfläche ableiten konnte.[28] Als Folge wollten seine Gegner die Existenz von Bergen auf dem Mond gänzlich bezweifeln.[29] Galileo versuchte diesen Zweifel durch weitere Argumente auszuräumen. Anhand einer Zeichnung (Abb. 5) verdeutlichte er, dass es darauf ankommt, ob die Berghöhen frontal in der mittleren Mondzone

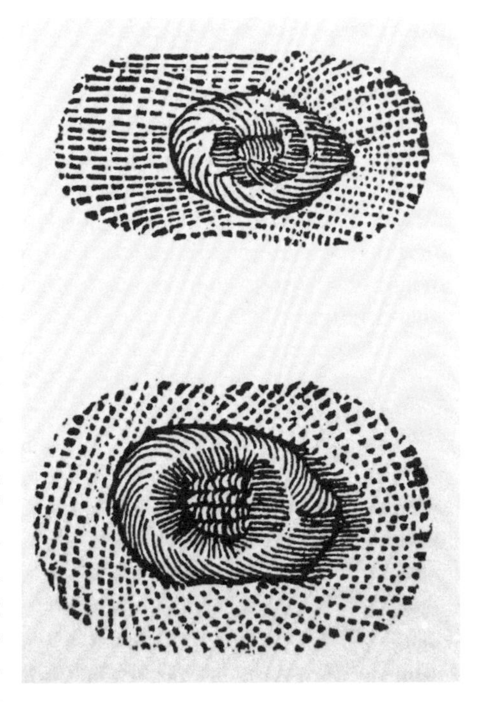

Abb. 4: Galileo Galilei, Veranschaulichung des Hell-Dunkel-Kontrasts am sog. *Terminator* (1. September 1611).
Aus: Brief an Christoph Grienberger, in: ders., *Le Opere di Galileo Galilei*, Edizione Nazionale, hg. von Antonio Favaro, Bd. 11: Carteggio 1611–1613, Florenz 1901, S. 183.

27 Ebd., S. 184.
28 Ebd.
29 Ebd., S. 186.

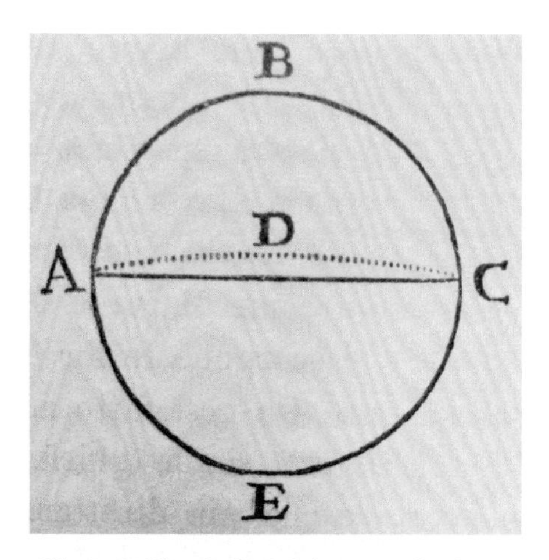

Abb. 5: Galileo Galilei, Schematische Darstellung der Frontal- bzw. Seitenansicht von Berghöhen in den mittleren bzw. peripheren Zonen des Mondreliefs (1. September 1611).
Aus: Brief an Christoph Grienberger, in: ders., *Le Opere di Galileo Galilei*, Edizione Nazionale, hg. von Antonio Favaro, Bd. 11: Carteggio 1611–1613, Florenz 1901, S. 193.

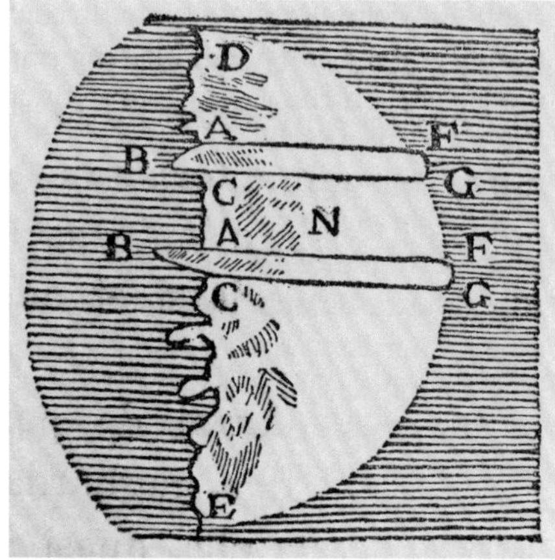

Abb. 6: Galileo Galilei, Darstellung der Berghöhen und der Lichtverhältnisse an der Peripherie der Mondhalbkugel (1. September 1611).
Aus: Brief an Christoph Grienberger, in: ders., *Le Opere di Galileo Galilei,* Edizione Nazionale, hg. von Antonio Favaro, Bd. 11: Carteggio 1611–1613, Florenz 1901, S. 191.[31]

oder an der Mondperipherie aus seitlicher Perspektive betrachtet werden. Galileo argumentierte wie folgt: Man betrachte die Kugel ABCE, besonders die Kugeloberfläche, die innerhalb eines Polarkreises eingeschlossen ist: Wer sein Auge senkrecht über den Pol richtet oder senkrecht von unten darauf schaut, der sieht einen perfekten Kreis BAEC; wer sein Auge jedoch seitlich auf den Polarkreis richtet, der würde nur den schmalen Bruchteil ADC desselben Kreises wahrnehmen. Bezogen auf die Mondbeobachtung heißt dies, dass wir die Bergspitzen auf den zentralen Teilen des Mondes frontal sehen (*in maestà*), ähnlich dem Kreis BAEC, während wir sie an der Peripherie nur von der Seite sehen (*in profilo*), ähnlich dem Kreis ADC.[30] Das ist denn auch der Grund, weshalb wir die Bergspitzen auf der dunklen Mondseite als helle Flecken ABC wahrnehmen, während wir auf der gegenüberliegenden beleuchteten Mondseite die Höhen FG nicht sehen, auch wenn sie vom dunklen Nachthimmel umgeben sind (Abb. 6).[32]

30 Ebd., S. 193.

31 Galileo veranschaulichte die unterschiedliche Betrachtung der beleuchteten Mondhöhen in der zentralen und in der peripheren Mondzone. Erstere ABC wird frontal (*in faccia*), letztere FG seitlich (*in profilo*) betrachtet. In der Seitenansicht verschwindet der Hell-Dunkel-Kontrast.

32 Ebd., S. 191f.

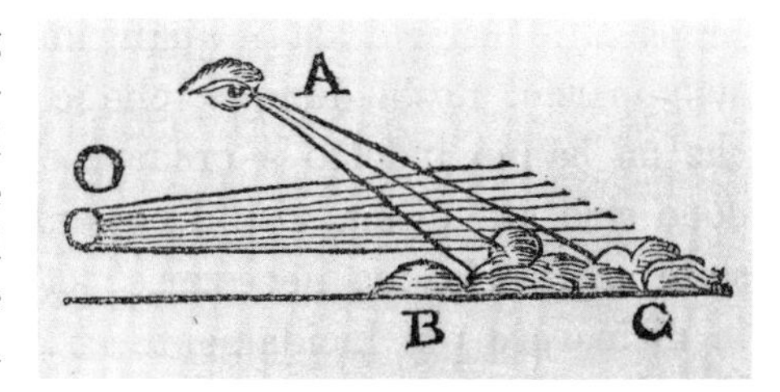

Abb. 7: Galileo Galilei, Skizze zu den Überlegungen zum perspektivischen Sehen (1. September 1611). Aus: Brief an Christoph Grienberger, in: ders., *Le Opere di Galileo Galilei*, Edizione Nazionale, hg. von Antonio Favaro, Bd. 11: Carteggio 1611–1613, Florenz 1901, S. 185.[37]

Anhand einer weiteren Zeichnung (Abb. 7) zeigte Galileo schließlich, warum es noch einen zusätzlichen Grund gibt, weshalb die Hell-Dunkel-Effekte an der Peripherie der Mondhalbkugel nicht zu sehen sind: Man müsste die Perspektive des Auges in Position A einnehmen, also schräg über der beleuchteten Oberfläche, um an der Mondperipherie Hell-Dunkel-Effekte bzw. Höhen und Tiefen zu sehen. Von der Erde aus gesehen steht der Leuchtkörper (Sonne) aber immer höher und das menschliche Auge immer tiefer als die beleuchtete Oberfläche. Und weil wir stets tiefer stehen als die betrachtete Oberfläche, kann die Sonne an jedem beliebigen Ort stehen, die Schattenseiten der Gebirgstiefen werden wir von dort nie sehen können.[34] Man würde die Schattenseiten des Mondgebirges ferner auch dann nicht sehen, wenn das Auge parallel zur Sonne stünde, also in Position O („il sole o chi nel sole fosse collocato").[35] Dies deshalb, weil in einem solchen Fall die Strahlen des Augenlichts und die Sonnenstrahlen auf parallelen Linien verlaufen würden.[36] Dieses Argument Galileos, wonach der Beobachter eine Perspektive aus der Sicht der Gestirne einnimmt, gehört zu den frühen Beispielen von „Imaginationen des Sich-Hineinversetzens in den Naturwissenschaften", wie sie dann auch bei Leibniz und bis in die Gegenwart naturwissenschaftlicher Erkenntnismethoden zu finden sein werden.[37] Außerdem war Galileo auch mit dem Wissen über das perspektivische Sehen vertraut, das er vor allem durch die Lektüre von Künstlertraktaten kannte, das er sich aber auch durch den Kontakt mit Künstlern und Kunsttheoretikern der Zeit, u. a. mit Vincenzo Cigoli, angeeignet hatte.[38] Auch das Argument zum perspektivischen Sehen entwickelte Galileo letztlich nicht *per se*, sondern im Kontext seiner wahrnehmungstheoretischen Ar-

33 Galileo zeigt, wo das Auge des Betrachters situiert sein müsste, um die dunkle Seite der beleuchteten Bergoberfläche BC zu sehen.

34 Galileo Galilei an Grienberger, S. 185.

35 Ebd.

36 Ebd.

37 Lutz Danneberg, „Das Sich-Hineinversetzen und der *sensus auctoris et primorum lectorum*. Der Beitrag kontrafaktischer Imaginationen zur Ausbildung der *hermeneutica sacra* und *profana* im 18. und am Beginn des 19. Jahrhunderts", in: *Theorien, Methoden und Praktiken des Interpretierens*, hg. von Andrea Albrecht, Lutz Danneberg, Olav Krämer, Carlos Spoerhase, Berlin/München/Boston 2015, S. 407–458, hier S. 457.

38 Filippo Camerota, „Galileo's eye: Linear perspective and visual astronomy", in: *Galilaeana* 1 (2004), S. 143–170; vgl auch ders., *La prospettiva del Rinascimento: arte, architettura, scienza*, Milano 2006, hier S. 210–220.

gumentation, bei der es darum ging zu erklären, warum man die Berge an der Mondperipherie nicht sehen konnte. (vi) Aus der Sicht von Galileos naturwissenschaftlicher Methodologie ist schließlich noch ein wichtiger Punkt hervorzuheben: Die Hypothesenbildung gehörte konstitutiv zu dem, was Galileo rationale Argumentation (*discorso*) nannte. Galileos Argumentation kombinierte *senso* und *discorso*, also sinnliche Wahrnehmung und rationale Argumentation. Aus *methodischer* Sicht war Galileo daher sicherlich ein Empiriker, weil er Beobachtungen und auch Experimente machte. Wenn wir sein Vorgehen jedoch aus *epistemologischer* Sicht betrachten und fragen: „Was ist die Quelle des Wissens?", so war Galileos Epistemologie mit Sicherheit nicht empirisch, da er Beobachtungen und Experimente nicht als Quelle des Wissens betrachtete.[39] Wie seine Argumentation im Brief an Grienberger gezeigt hat, ging er zwar von Beobachtungen aus, setzte diese aber nicht absolut, sondern reflektierte und interpretierte sie von Anfang an sehr behutsam. Man muss also die methodische und epistemologische Ebene gut auseinanderhalten, wenn man verstehen will, wie sich in der Frühen Neuzeit die Instrumente moderner wissenschaftlicher Praxis, u. a. Beobachtungen, Modelle und Argumente, herausbildeten und wie sie zu begreifen waren.

5

Bevor ich zum Schluss komme, möchte ich noch einige Bemerkungen zur zeitgenössischen Rezeption von Galileos Mondbeobachtungen anfügen. Obwohl seine Beobachtungen mitunter umstritten waren und längst nicht von allen, insbesondere den jesuitischen Astronomen und Mathematikern, ohne Weiteres akzeptiert wurden, lässt sich durch unveröffentlichte Dokumente zeigen, dass auch diese sehr wohl durch das Teleskop schauten und die Phänomene, die Galileo gesehen hatte, zum Teil bestätigten. Die erste Universität Graz – die sog. Jesuitenuniversität – wurde im Jahre 1575 von Jesuiten gegründet und spielte für die frühneuzeitliche Wissenschaft eine wichtige Rolle. Dort hatten renommierte Mathematiker und Astronomen gewirkt, unter ihnen der berühmte Johannes Kepler, bevor er aus konfessionellen Gründen aus Graz vertrieben wurde und zu Rudolph II. nach Prag zog. In der Sondersammlung der Universitätsbibliothek Graz sind denn auch Bücher und Dokumente aufbewahrt, welche die wissenschaftliche Bedeutung dieser ersten Universität bezeugen. So befindet sich im Briefnachlass des Schweizer Jesuiten Paul Guldin, der zeitweise auch in Graz tätig war, ein Brief des einflussreichen jesuitischen Mathematikers und Astronomen Christoph Scheiner. In dem Brief an seinen Kollegen Guldin in Rom vom 10. November 1612 kritisierte Scheiner Galileos Beobachtungen über die Sonnenflecken scharf und betonte, dass er dessen grobe Fehler korrigieren werde.[40]

39 Michael Segre, „Galileos Empirismus: eine historiographische Ausrede?", in: *Miscellanea Kepleriana: Festschrift für Volker Bialas zum 65. Geburtstag*, hg. von Daniel A. Di Liscia, Friedericke Bookmann und Hella Kothmann, Augsburg 2005, S. 89–100, hier S. 96.

40 Christoph Scheiner an Paul Guldin, 10. November 1612, UB Graz, Ms. 139, Brief Nr. 6.

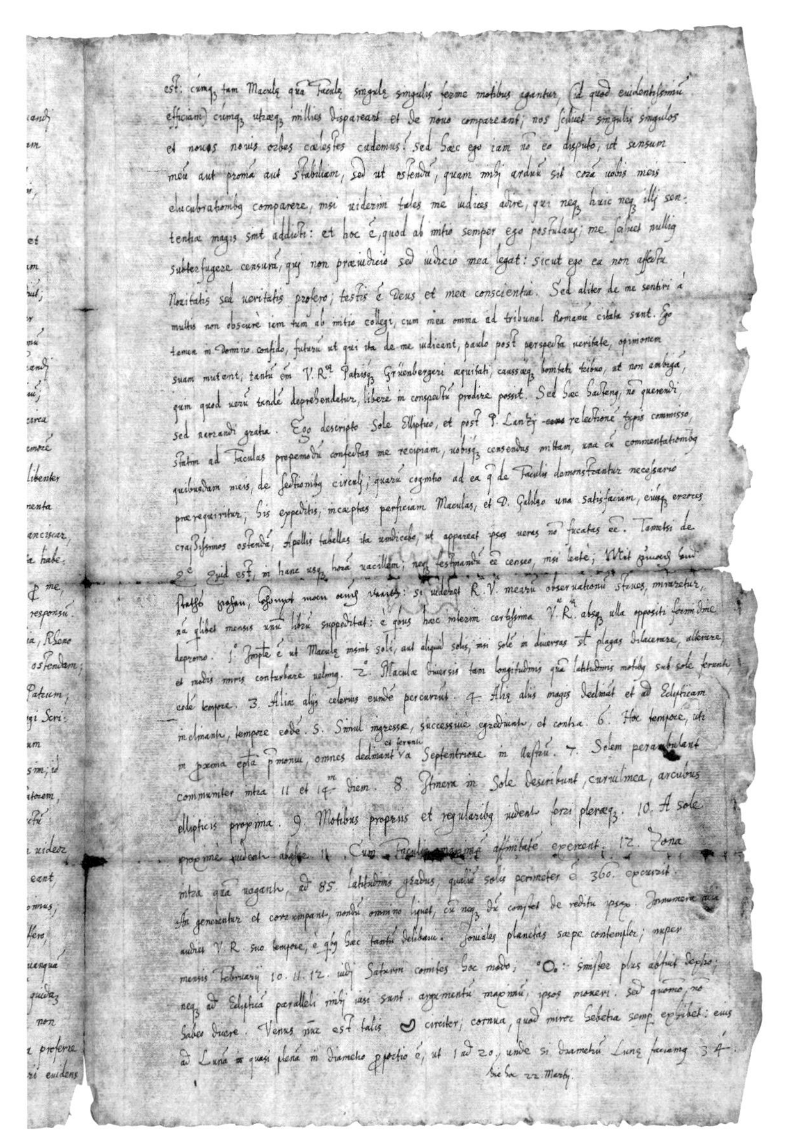

Abb. 8: Ausschnitt aus dem Brief Christoph Scheiners an Paul Guldin (10. November 1612). Universitätsbibliothek Graz, Ms. 139, Brief Nr. 6.[41]

41 Abbildung mit freundlicher Genehmigung der Universitätsbibliothek Graz.

Gleichzeitig ist dem Brief aber auch zu entnehmen, dass Scheiner im Februar und März 1612 die Jupitermonde, die Saturntrabanten sowie die Phasen der Venus minutiös beobachtet hatte.[42] Er beschrieb seine Beobachtungen sehr genau und erläuterte sie auch mithilfe kleiner Zeichnungen. Scheiner gab in seinem Brief auch genau an, an welchen Tagen des Februar und März 1612 er diese Phänomene am Himmel beobachtet hatte.[43] Die Rezeption von Galileos Mondbeobachtungen durch die jesuitischen Astronomen blieb also auch im zweiten Jahr nach der Veröffentlichung von *Sidereus Nuncius* ambivalent.

6

Ich komme damit zu meinen abschließenden Überlegungen. Es ist das Ziel einer wissenschaftstheoretisch informierten Wissenschaftsgeschichte, historische Episoden auch im Hinblick auf die in ihnen exemplifizierten abstrakten Konzepte wissenschaftlicher Praxis möglichst präzise zu erfassen. So illustriert die Episode von Galileos Mondbeobachtungen zum Beispiel einen Stil wissenschaftlicher Arbeit, einen Modus der Argumentation und eine Form der wissenschaftlichen Erklärung.[44] Zusammenfassend lässt sich demnach festhalten, dass diese historische Episode nur dann adäquat erfasst werden kann, wenn verschiedene Typen oder Arten historischer Daten sowie eine Reihe interagierender Faktoren in den Blick genommen werden: 1. Galileos Verwendung unterschiedlicher Textsorten und Formen der Repräsentation (wissenschaftliche Abhandlungen, Briefe, Zeichnungen, Bilder, Grafiken, Diagramme, abstrakte Modelle usw.); 2. die zeitliche Folge der Ereignisse (vom Bau des Fernrohrs im November 1609 bis zum Brief an Grienberger vom September 1611); 3. das Vorhandensein unterschiedlicher Rezeptionsmomente von Galileos Wissensansprüchen (von der jesuitischen Kritik von 1611 bis zum Nachvollzug der Galilei'schen Beobachtungen durch jesuitische Astronomen, von denen etwa der Brief Christoph Scheiners vom November 1612 ein beredtes Zeugnis ablegt); 4. wichtiger noch ist ferner der Umstand, dass das von Galileo verwendete *idealisierte Modell* bzw. das geometrische Argument zur Berechnung der Mondhöhen in *Sidereus Nuncius* – zumindest im Nachhinein – nicht isoliert betrachtet werden darf. Es gewinnt seine Bedeutung erst im Zusammenhang mit der Reaktion Galileos auf die Kritik jesuitischer Mathematiker, die

42 Edward Grant, „The Partial Transformation of Medieval Cosmology by Jesuits in the Sixteenth and Seventeeth Centuries", in: *Jesuit Science and the Republic of Letters*, hg. Mordechai Feingold, Cambridge (MA)/London 2003, S. 127–155, hier S. 135. Dieser erwähnt nur Scheiners Beobachtungen der Sonnenflecken.

43 Scheiner an Guldin: „Joviales planetas saepe contemplo; nuper mensis Februarij 10.11.12. vidj Saturnum comites hoc modo; ° O ◦ [...] Venus nunc es talis [...] circiter; cornua, quod miror hebetia semp[er] exhibet: eius ad Lunam quasi plenam in diametro proportio est, ut 1 ad 20. die hoc 22. Martij unde si diametrum Lunae faciamque 34."

44 Simone De Angelis, „‚So How Do We Know that the Moon Is Mountainous?' Problems of Seeing in Galileo's Reflections on Observing the Moon", in: *The Philosophy of Historical Case Studies*, hg. Tilmann Sauer und Raphael Scholl, Dordrecht/Heidelberg/London/New York 2016 (Boston Studies in Philosophy and History of Science), S. 223–250.

nach der Publikation von *Sidereus Nuncius* seine Wissensansprüche hinsichtlich der Mondhöhen und -tiefen in Frage stellten. Da diese Kritik Galileo empfindlich traf, veranlasste sie ihn, sich in dem Brief an Grienberger intensiver und genauer mit dem Problem der Mondbeobachtung auseinanderzusetzen. Das Modell gewinnt also erst aufgrund der *epistemischen Handlungen* an Bedeutung, die Galileo im Anschluss an diese Kritik folgen ließ. So gesehen kann Galileos Modell durchaus als Schnittstelle von Idealität und Materialität bzw. von Theorie und Praxis betrachtet werden, die prospektiv ausgerichtet war; 5. es ist daher folgerichtig, dass Galileo bei seinen Mondbeobachtungen sowie in der Reflexion über diese, vielfältige *epistemische Strategien* verwendete und miteinander verknüpfte: Instrumente (das Fernrohr), Beobachtungen, empirische Daten (Monddurchmesser), Theorien (z. B. über die Lichtstrahlen und das perspektivische Sehen), Modelle und Argumente sowie Experimente (im Brief an Grienberger ist am Schluss ein Experiment mit einem Flammenlicht beschrieben, um den Effekt sog. ‚homogener Wahrnehmungen' zu erklären); 6. Galileo lieferte schließlich ein detailliertes *Beobachtungskonzept*: Er scheint äußerst genau zu unterscheiden zwischen a) *senso,* sinnliche Wahrnehmung, d. h. der physiologische Prozess des Sehens, b) *apparenze sensate,* Erscheinungen, d. h. was dem Beobachter erscheint, c) *osservationi,* d. h. Beobachtungen, die auch eine Interpretation des Beobachteten einschließen, und d) *discorso,* d. h. die Kombination von Beobachtung und Reflexion. Dabei war das von der Wahrnehmung von Hell-Dunkel-Effekten abgeleitete *senso-und-discorso-Argument* besonders subtil. Es zwang Galileo, über das Verhältnis von sinnlicher Wahrnehmung und Räsonnement in Beobachtungsprozessen nachzudenken und erklärt, warum Modellbildung und hypothetisches Denken dabei indispensabel wurden. Zumindest legte Galileo klar dar, wie er mit dem beobachteten Datenmaterial umging, da die Phänomene, d. h. die Mondhöhen und -tiefen, in Wirklichkeit nicht gesehen werden konnten, weder mit bloßem Auge noch mit dem Teleskop. Daher ist das *senso-und-discorso-Argument* zentral, um den Charakter der hier betrachteten epistemischen Situation zu bestimmen.

Bibliographie

Quellen

Galilei, Galileo, *Sidereus Nuncius. Magna, Longeque Admirabilia Spectacula pandens, suscipiendaque proponens unicuique, praesertim cum verò Philosophis, atque Astronomis, quae à Galileo Galileo Patritio Florentino Patavini Gymnasij Publico Mathematico Perspicilli Nuper à se reperti beneficio sunt observata in Lunae Facie, Fixis Innumeris, Lacteo Circulo, Stellis Nebulosis, Apprime verò in Quatuor Planetis Circa Iovis Stellam disparibus intervallis, atque periodis, celeritate mirabili circumvolutis; quos, nemini in hanc usque diem cognitos, novissime Author depraehendit primus; atque Medicea Sidera nuncupandos decrevit,* Venedig 1610.

–, *Le Opere di Galileo Galilei,* Edizione Nazionale, hg. von Antonio Favaro, Bd. 11., Carteggio 1611–1613, Florenz 1901.

Scheiner, Christoph, Brief von Christoph Scheiner an Paul Guldin, 10. November 1612. Universitätsbibliothek Graz, Ms. 139, Brief Nr. 6.

Sekundärliteratur

Camerota, Filippo, „Galileo's eye: Linear perspective and visual astronomy", in: *Galilaeana* 1 (2004), S. 143–170.

–, *La prospettiva del Rinascimento: arte, architettura, scienza,* Milano 2006.

Camerota, Michele, *Galileo Galilei e la cultura scientifica nell'età della Controriforma,* Roma 2004.

Danneberg, Lutz, „Das Sich-Hineinversetzen und der *sensus auctoris et primorum lectorum.* Der Beitrag kontrafaktischer Imaginationen zur Ausbildung der *hermeneutica sacra* und *profana* im 18. und am Beginn des 19. Jahrhunderts", in: *Theorien, Methoden und Praktiken des Interpretierens,* hg. von Andrea Albrecht, Lutz Danneberg, Olav Krämer, Carlos Spoerhase, Berlin/München/Boston 2015, S. 407–458.

–, „Epistemische Situationen, kognitive Asymmetrien und kontrafaktische Imaginationen", in: *Ideen als gesellschaftliche Gestaltungskraft im Europa der Neuzeit. Beiträge für eine erneuerte Geistesgeschichte,* hg. von Lutz Raphael und Heinz-Elmar Tenorth, München 2006, S. 193–221.

De Angelis, Simone, „,So How Do We Know that the Moon is Mountainous?' Problems of Seeing in Galileo's Reflections on Observing the Moon", in: *The Philosophy of Historical Case Studies,* hg. Tilmann Sauer und Raphael Scholl, Dordrecht/Heidelberg/London/New York 2016 (Boston Studies in Philosophy and History of Science), S. 223–250.

–, „Der Wissenschaftshistoriker", in: *Das Personal der Postmoderne. Inventur einer Epoche,* hg. von Hannes Mangold und Alban Frei, Bielefeld 2015, S. 137–149.

–, „*Demonstratio ocularis* und *evidentia.* Darstellungsformen von neuem Wissen in anatomischen Texten der Frühen Neuzeit", in: *Spuren der Avantgarde: Theatrum anatomicum. Frühe Neuzeit und Moderne im Kulturvergleich,* hg. von Helmar Schramm, Ludger Schwarte und Jan Lazardzig, Berlin/New York 2011, S. 168–193.

Dupré, Sven, „Galileo and the culture of glass", in: *Tintenfass und Teleskop: Galileo Galilei im Schnittpunkt wissenschaftlicher, literarischer und visueller Kulturen im 17. Jahrhundert,* hg. von Andrea Albrecht, Giovanna Cordibella und Volker Remmert, Berlin/Boston 2014, S. 297–319.

Frigg, Roman/Hartmann, Stephan, „Models in Science", in: *The Stanford Encyclopedia of Philosophy* (Fall 2012 Edition), hg. von Edward N. Zalta, URL: http://plato.stanford.edu/archives/fall2012/entries/models-science/ (1.8.2019).

Grant, Edward, „The Partial Transformation of Medieval Cosmology by Jesuits in the Sixteenth and Seventeeth Centuries", in: *Jesuit Science and the Republic of Letters,* hg. Mordechai Feingold, Cambridge (MA)/London 2003, S. 127–155.

Graßhoff, Gerd, „Modelle", in: ders., *Einführung in die Wissenschaftsgeschichte und Wissenschaftstheorie,* URL: http://philoscience.unibe.ch/documents/VorlesungenFS10/wtwg/wtwgscript.pdf (27.2.2015).

Heilbron, John, *Galileo,* Oxford 2010.

Koyré, Alexandre, *Études Galiléennes,* Paris 1939, Bd. 1: À l'Aube de la Science Classique.

Pantin, Isabelle, „Galilée, la lune et les Jésuites: À propos du Nuncius Sidereus Collegii Romani et du ‚Problème de Mantue'", in: *Galilaeana* 2 (2005), S. 19–24.

Perler, Dominik/Wild, Markus, „Einleitung“, in: *Sehen und Begreifen. Wahrnehmungstheorien in der frühen Neuzeit*, hg. von dens., Berlin 2008, S. 1–70.
Rovelli, Carlo, „Aristotle's Physics: a Physicist's Look“, in: *arXiv:1312.4057v2* [physics.hist-ph] (18 Aug 2014), URL: https://arxiv.org/abs/1312.4057v2 (1.8.2019).
Segre, Michael, „Galileos Empirismus: eine historiographische Ausrede?“, in: *Miscellanea Kepleriana: Festschrift für Volker Bialas zum 65. Geburtstag*, hg. von Daniel A. Di Liscia, Friedericke Bookmann und Hella Kothmann, Augsburg 2005, S. 89–100.
Smolin, Lee, *Im Universum der Zeit. Auf dem Weg zu einem neuen Verständnis des Kosmos*, übers. von Jürgen Schröder, München 2014 [New York 2013].
Spufford, Peter, *Power and Profit. The Merchant in Medieval Europe*, London 2002.
Strano, Giorgio, „Galileo's shopping list: An overlooked document about early telescope making“, in: *From Earth-Bound to Satellite. Telescope, Skills and Networks*, hg. von Alison D. Morrison-Low, Sven Dupré, Stephen Johnson und Giorgio Strano, Leiden 2012 (History of Science and Medicine Library. Scientific Instruments and Collections 23/2), S. 1–19.

Anthropomorphes Theater

John Bulwers (1606–1656) Modell einer *Corporall Philosophy*

Anna Laqua

1 Körpergefühl und (Raum)Wissen

> Noch zu steif, um sich zu rühren, suchte mein Körper je nach Art seiner Ermüdung sich die Lage seiner Glieder bewußt zu machen, um daraus die Richtung der Wand, die Stellung der Möbel abzuleiten und die Behausung, in der er sich befand, zu rekonstruieren und zu benennen.[1]

Der Körper des nachts erwachenden Ich-Erzählers in Marcel Prousts *Recherche* versagt jedoch als Instrument der Standortbestimmung: Er evoziert nichts als einen desorientierenden Schwall „durcheinanderwirbelnde[r] Erinnerungsbilder".[2]

Für Immanuel Kant hingegen konnte die Berufung auf ein „Gefühl eines Unterschiedes an meinem eigenen Subjekt"[3] noch die Grundlage einer eindeutigen Standpunktbestimmung bilden. Auf die titelgebende Frage seines Textes *Was heißt: sich im Denken orientieren?* (1786) gibt Kant dementsprechend die Antwort, dass es der menschliche Körper sei, der eine verlässliche Basis der Orientierung und Selbstverortung liefere. Es sei das subjektive „Gefühl" des Körpers, durch das die „Unzulänglichkeit der objektiven Prinzipien der Vernunft" zu kompensieren sei: „Sehe ich [...] die Sonne am Himmel, und weiß, daß es nun die Mittagszeit ist, so weiß ich Süden, Westen, Norden und Osten zu finden. Zu diesem Behuf bedarf ich aber durchaus das Gefühl eines Unterschiedes an meinem eigenen Subjekt, nämlich der rechten und linken Hand."[4]

Die Notwendigkeit einer körperlichen Wissensbasis liegt für Kant aber nicht allein im lebensweltlichen Nutzen begründet, der sich mit der Richtungsmessung anhand des Sonnenstandes verbindet. Auch für die *Standpunktbestimmungen* der Wissenschaften bilde das *Körpergefühl* des einzelnen Wissenschaftlers die unverzichtbare Grundlage. So behauptet Kant: „[S]elbst der Astronom, wenn er bloß auf das was er sieht und nicht zugleich was er fühlt Acht gäbe, würde sich unvermeidlich desorientieren. So aber kömmt ihm ganz natürlich das zwar

1 Marcel Proust, *In Swanns Welt*, übers. von Eva Rechel-Mertens, Frankfurt a. M. 1997, S. 12.

2 Ebd., S. 14.

3 Immanuel Kant, „Was heißt: sich im Denken orientieren?", in: ders., *Werke in zehn Bänden*, hg. von Wilhelm Weischedel, Darmstadt 1975, Bd. 5, S. 269.

4 Kant, „Was heißt: sich im Denken orientieren?", S. 269f.

durch die Natur angelegte, aber durch öftere Ausübung gewohnte Unterscheidungsvermögen durchs Gefühl der rechten und linken Hand zu Hülfe".[5]

Dass der menschliche Körper hier zur wissensstiftenden Norm erhoben werden kann, beruht bei genauerer Hinsicht allerdings gerade nicht auf seiner Subjektivität, seiner nicht-propositionalen Gefühlshaftigkeit. Universalität und unhinterfragbare Naturgegebenheit kann Kants Körpermodell vor allem aufgrund seiner strengen und eindeutigen Symmetrie („meine[...] zwei Seiten")[6] beanspruchen. Kant präsentiert uns hier demnach eine weitreichend homogenisierte, eine quasi kontingenzbefreite Körperlichkeit.[7]

2 Anthropomorphe Rechenbretter

1644 – beinah 150 Jahre vor Kant und beinah 300 Jahre vor Proust – bezeichnet der englische Arzt und Baconianer John Bulwer es als „naturall and simple",[8] den Vorgang des Zählens beim Daumen der linken Hand zu beginnen, bis man zum kleinen Finger der rechten Hand gelangt: „[F]or, all men use to count forwards till they come to that number of their *Fingers,* and being come to that number, prompted as it were by nature to returne at this bound or But of numericall immensity".[9] Der vermeintlich naturgegebene Vorgang manuellen Zählens hätte laut Bulwer wohl auch den niederländischen Arzt und Dichter Hadrianus Junius zu der Aussage veranlasst, die menschliche Hand könne als Abakus dienen.

Die Ausführungen stammen aus Bulwers erster Veröffentlichung von 1644, *Chirologia: or the Naturall Language of the Hand,* der ein komplementärer Band beigefügt ist: *Chironomia: Or, the Art of Manuall Rhetoricke.* In *Chirologia* katalogisiert Bulwer 89 manuelle Gesten (64 Hand- und 25 Fingergesten), die er als Grundeinheiten eines natürlichen Ausdrucks begreift. Der Baconianer Bulwer legitimiert das Projekt durch den Verweis auf Francis Bacons Identifikation des Forschungsdesiderats einer Physiognomik der Gestik in *The Advancement of Learning* (1605).[10] Die 79 Gesten (49 Hand- und 30 Fingergesten), die Bulwer im beigefügten Band *Chironomia* auflistet, bilden das stilisierte, durch rhetorische Schulung gewissermaßen veredelte Pendant zu den in *Chirologia* beschriebenen, nach Bulwer gänzlich natürlichen Ausdrucksgebärden.

---

5 Ebd., S. 269.

6 Ebd., S. 270.

7 Ein ganz ähnliches Körpermodell entwirft Kant in dem früheren Aufsatz *Von dem ersten Grunde des Unterschieds der Gegenden im Raume* (1768). Auch hier sind anatomische Normvarianten des menschlichen Körpers wie auch seine kulturelle und historische Variabilität ausgeblendet.

8 John Bulwer, *Chirologia: or the Naturall Language of the Hand. Composed of the Speaking Motions, and Discoursing Gestures thereof,* London 1644, S. 184.

9 Ebd. Hervorhebungen hier und in allen folgenden Zitaten im Original.

10 Vgl. Francis Bacon, *The Twoo Bookes of Francis Bacon. Of the proficience and advancement of Learning, divine and humane, The second booke,* London 1605, S. 37. Vgl. hierzu auch die beinah wortgleiche Wiedergabe durch Bulwer, *Chirologia,* „To the Candid and Ingenious Reader", o. P.

Dem Doppelband *Chirologia / Chironomia* folgt 1648 *Philocophus: Or, the Deafe and Dumbe Mans Friend*, eine theoretische Abhandlung über Gehörlosigkeit und die Möglichkeit des Lippenlesens. Ein weiteres Jahr später veröffentlicht Bulwer *Pathomyotomia, Or A Dissection of the significative Muscles of the Affections of the Minde*, das sich mit dem Konnex von Affekt und faszialer Muskelaktivität beschäftigt. 1650 dann folgt sein letzter Text *Anthropometamorphosis: Man Transform'd; Or, the Artificial Changeling*. Im Vergleich zu den vorherigen Schriften in einem auffallend wertenden, zum Teil satirischen Ton gehalten, schildert Bulwer hier anatomisch-organische Devianzen im ethnographischen, diachronen Vergleich. Ausdrücklich richtet sich Bulwers Interesse dabei auf vorsätzlich herbeigeführte körperliche Abweichungen wie etwa verformte Schädel, Nasen und Ohren sowie narbenbedeckte, schmuckbehangene und tätowierte Haut. Eine erweiterte Ausgabe des Textes erscheint 1653, deren Wiederauflage unter dem nun veränderten Titel *A View Of The People Of The Whole World* erfolgt ein weiteres Jahr später, 1654. 1656 stirbt Bulwer im Alter von 50 Jahren in London.

Über Bulwers Leben ist nicht sonderlich viel bekannt. Er wird 1606 als Sohn des Apothekers Thomas Bulwer und seiner Frau Marie Evanes in London geboren und erhält seine Ausbildung mutmaßlich als nicht immatrikulierter Student in Oxford. Bulwer war kein Protagonist frühneuzeitlicher englischer Medizin wie William Harvey, Francis Glisson, Thomas Browne, Thomas Sydenham, Robert Fludd oder Thomas Willis, die, im Gegensatz zu Bulwer, sämtlich Mitglieder des Londoner *College of Physicians* waren. Kaum bekannt und wenig einflussreich war Bulwer zu Lebzeiten und ist es bis heute geblieben. Ähnlich wie der Historiker Martin Mulsow gehe ich jedoch davon aus, dass es mitunter gerade wenig beachtete und – auf den ersten Blick – bedeutungslose historische Akteure sind, die sich als wissenshistoriographische Glücksfälle erweisen können und zwar dann, wenn sie „in Bereiche hineinführen, die jenseits der Stereotype der Forschung liegen."[11] Im Folgenden werde ich darlegen, weshalb eine scheinbar marginale Figur wie John Bulwer aufschlussreiche Rückschlüsse auf bestehende Körpermodelle des 17. Jahrhunderts zulässt.

Bulwers lebenslanges Interesse, das sich an allen seinen Abhandlungen ablesen lässt, gilt körperlichen Kommunikationsformen. Trotz der veränderten Stoßrichtung seiner letzten Abhandlung bilden die fünf publizierten Texte Bulwers durch das gemeinsame Grundmotiv somatischer Eloquenz eine Einheit. In *Anthropometamorphosis* etwa wird diese thematische Kontinuität dort signalisiert, wo von „THIS Part of our *Corporall Philosophy*"[12] die Rede ist und folglich die

11 Martin Mulsow, „Einleitung", in: ders., *Prekäres Wissen. Eine andere Ideengeschichte der Frühen Neuzeit*, Berlin 2012, S. 35.

12 John Bulwer, *Anthropometamorphosis: Man Transform'd; Or, the Artificiall Changling. Historically presented, In the mad and cruell Gallantry, foolish Bravery, ridiculous Beauty, filthy Finenesse, and loathsome Loveliness of most Nations, fashioning and altering their Bodies from the mould intended by Nature. With Figures of those Transfigurations. To which artificiall and affected Deformations are added, all the Native and Nationall Monstrosities that have appeared to disfigure the Humane*

Unterordnung des Textes unter ein umfassenderes Programm suggeriert wird. Dieses Programm einer „*Corporall Philosophy*" lässt sich als Transferbewegung zwischen Materiellem und Immateriellem begreifen. Während der Geist im zeitgenössischen Cartesianismus vom Körper und seiner Ausdruckskapazität abrückt,[13] bleiben die beiden Instanzen gemäß Bulwers humoralpathologisch basierter *körperlicher Philosophie* eng miteinander verwoben.

Bei dem nicht-ontologischen Modellverständnis, das der Mathematiker und Modelltheoretiker Bernd Mahr mit dem Kunsthistoriker Reinhard Wendler teilt, sind es keine intrinsischen Eigenschaften, die das Modellsein bedingen, sondern die Auffassung eines Subjekts, das potenziell jeden beliebigen Gegenstand als Modell auffassen kann. Durch Bulwers Natürlichkeitsprämisse des manuellen Zählvorgangs dagegen erscheint der Körper bzw. die abakusähnliche Hand regelrecht zum Modell prädestiniert. Die hier behauptete Modellprädestiniertheit sei laut Bulwer zudem transhistorisch und universell („since it is ever done and that by all Nations", „Hence some have called man a naturall Arithmetician").[14] Wesentliches Merkmal von Modellen ist für Bernd Mahr ihre doppelte Gerichtetheit.[15] In diesem Sinne ist die Hand für Bulwer Modell *von* einer (in den natürlichen Zahlen zum Ausdruck kommenden) gottgewollten Weltstruktur und zugleich Modell *für* eine Wissenspraxis der Quantifizierung und Kontingenzminimierung. Letztlich ist die Hand im Sinne Bulwers damit auch Modell *für* eine Praxis, die es vermag, unkalkulierbare Gefahren in die Gestalt eines be- und verrechenbaren Risikos zu überführen.

Es scheint naheliegend, die für Bulwer körperbedingte Identität des Menschen als *natürlicher Arithmetiker* mit dem kantischen Astronomen in Verbindung zu bringen, dessen wissenschaftliche Praxis ebenso auf einem körperlichen Fundament fußt. Die Instabilität dieses Fundamentes zu erkennen und den ihm not-

---

Fabrick. With a Vindication of the Regular Beauty and Honesty of Nature. And an Appendix of the Pedigree of the English Gallant, London 1653, „A Hint of the *Use* of this TREATISE", o. P. Siehe auch Bulwers Widmungsschreiben an seinen Vater in *Pathomyotomia*: Hier bezeichnet er die eigene Abhandlung als „a New light, and the first Irradiation which ever appeared through the Dissection of a Corporeall Phylosophy." John Bulwer, *Pathomyotomia, Or A Dissection of the significative Muscles of the Affections of the Minde. Being an Essay to a new Method of observing the most Important movings of the Muscles of the Head, as they are the neerest and Immediate Organs of the Voluntarie or Impetuous motions of the Mind. With the Proposall of a new Nomenclature of the Muscles*, London 1649, „The Epistle Dedicatory", o. P.

13 Einzuwenden wäre allerdings, dass die bis heute vorherrschende Rezeption des cartesischen Dualismus diesen in manchem unzulässig schematisiert (vgl. Dominik Perler, *René Descartes*, München 1998, S. 210) und dass sich bei Descartes selbst stellenweise die grundlegende Einheit von Körper und Geist betont findet, insbesondere im Kontext seiner Überlegungen zu den Sinneswahrnehmungen (vgl. ebd., S. 214–219).

14 Bulwer, *Chirologia*, S. 185.

15 Vgl. Bernd Mahr, „Ein Modell des Modellseins. Ein Beitrag zur Aufklärung des Modellbegriffs", in: *Modelle*, hg. von Ulrich Dirks und Eberhard Knobloch, Frankfurt a. M. 2008, S. 187–218, hier S. 202 sowie ders., „Modellieren. Beobachtungen und Gedanken zur Geschichte des Modellbegriffs", in: *Bild, Schrift, Zahl*, hg. von Sybille Krämer und Horst Bredekamp, München 2009, S. 59–86, hier S. 73.

wendig eingeschriebenen Anthropomorphismus zu problematisieren, bliebe demnach der Erkenntniskritik der fortschreitenden Moderne vorbehalten. Und es wären damit erst moderne Modelle, denen – in Mahrs Worten – als „Verkörperung eines hypothetischen Soseins" der „Modus einer Möglichkeit"[16] zukäme und deren tentativer Einsatz sich etwa von der absoluten Setzung eines mikro-makrokosmisch eingebundenen Körpermodells der Vormoderne grundsätzlich unterschiede. Dagegen soll im Folgenden gezeigt werden, weshalb sich Bulwers Körpermodell trotz seiner Ausführungen zur körperlich grundierten Rechenpraxis weder als vorrangig mikrokosmisches, noch als schöpfungsgeschichtliches oder anthropometrisches, sondern viel eher als theatrales charakterisieren lässt.

3 Der Körper als *Terra incognita*

Bei *Anthropometamorphosis* handelt es sich um ein hochgradig heterogenes Wissenskonglomerat aus u. a. Naturphilosophie, Physiognomik, Dämonologie, Anatomie, Mode- und Kosmetikkritik. Zahlreiche der 288 zitierten Autoren entstammen dabei auch dem reiseliterarischen Genre. Während Bulwer in alle seine Abhandlungen persönliche Beobachtungen des Londoner Alltagslebens integriert, hat er Europa mit einiger Sicherheit zeitlebens nicht verlassen.

Diesem Mangel an Empirie bei der Beschreibung außereuropäischer Völkergruppen steht die Häufung visueller Begrifflichkeiten in einem abgedruckten Brief eines mit „R. Mason"[17] zeichnenden Autors an Bulwer gegenüber, die die nicht vorhandene Augenzeugenschaft im Sinne eines „virtual witnessing"[18] kompensieren sollen. Im Zuge dieser Beglaubigungsstrategie ist in Hinblick auf Bulwer von „looking", „prying" und „witnessing" die Rede. Dass Bulwer selbst die Notwendigkeit sah, seine nur mittelbare Augenzeugenschaft glaubhaft zu authentifizieren, wird auch durch die justizielle Konnotation deutlich, die er dem Konzept der Zeugenschaft zuweist. Die juristische Logik und Terminologie bilden dabei eine wichtige Fundierung für die spätere experimentelle Naturphilosophie.[19] Das Frontispiz zu *Anthropometamorphosis* führt in diesem Sinne mit seiner Thematisierung justizieller Zeugenschaft gewissermaßen diejenige (‚vir-

16 Mahr, „Ein Modell des Modellseins", S. 193.

17 Vermutlich handelt es sich um den Anwalt Richard Mason, der am 27.11.1639 in die Anwaltskammer *Middle Temple* aufgenommen wurde. Vgl. *Middle Temple Records*, hg. von Charles Henry Hopwood, London 1904, S. 888 und *Register of admissions to the Honourable Society of the Middle Temple, Vol I, Fifteenth Century to 1781*, hg. von Herbert Arthur Charlie Sturgess, London 1949, S. 137.

18 Siehe zu diesem Konzept Steven Shapin und Simon Schaffer, *Leviathan and the air-pump. Hobbes, Boyle, and the experimental life*, Princeton, NJ, 1985, S. 60–65; Steven Shapin, „Pump and Circumstance: Robert Boyle's Literary Technology", in: *Social Studies of Science* 14 (1984), S. 481–520.

19 Dies zeigt sich etwa angesichts Robert Boyles Konzept der Zeugenschaft. Vgl. Shapin und Schaffer, *Leviathan*, S. 55–60, insbesondere S. 56. Doch ein grundlegender Einfluss der Rechtswissenschaft auf Naturphilosophie und Medizin lässt sich bereits früher veranschlagen. So hat Francis Bacons juristischer Hintergrund seinen Entwurf einer reformierten Naturphilosophie maßgeblich beeinflusst, was sich gleichermaßen in der von ihm verwandten justiziellen Metaphorik widerspiegelt. Siehe hierzu Julian Martin, *Francis Bacon, the State and*

tuelle') Authentifizierung des Buchwissens vor, die der Text selbst nicht leisten kann, da sein Autor die allermeisten der beschriebenen Körpermodifikationen nicht selbst zu Gesicht bekommen hat. Der Kupferstich von Thomas Cross[20] bildet dementsprechend eine Gerichtsszene ab, in der eine sechsbrüstige Dianafigur als Allegorie der Natur[21] in Gestalt einer Richterin über die im Buch beschriebenen Körperpraktiken urteilt. Auch die von Bulwer zitierten Quellen erscheinen in diesem Zusammenhang verbildlicht und werden gleichermaßen als „sufficient *Witnesses* of credible *Historians*"[22] eingeführt.

Doch während R. Mason, der Verfasser der genannten Ansprache, von „your ingenious peregrination through the World" spricht, ist es in Wahrheit der menschliche Körper, auf den Bulwers Entdeckergestus hier zielt. Im Rahmen seines Rekurses auf Bacon in der Einleitung zu *Chirologia* kombiniert Bulwer Kolonial- und Körpermetaphorik:

> *The consideration in generall, and at large of humane Nature, that great Light of Learning hath adjudged worthy to bee emancipate and made a knowledge of it selfe. In which continent of Humanity hee hath noted (as a maine deficiencie) one Province not to have been visited, and that is* Gesture. Aristotle *(saith he) [...] hath very ingeniously and diligently handled the* factures *of the Body, but not the Gestures of the Body, which are no lesse comprehensible by Art.*[23]

Der stellenweise noch unbeschrittene *Kontinent der Menschheit*, der bei Bacon an anderer Stelle noch als *Kontinent der Natur*[24] eingeführt ist, wird im Widmungsschreiben von *Philocophus* wieder aufgerufen: „When coasting along the borders of *gesture*, and *voluntary motion*, I discovered a *community* among the *Senses*, and that there was in the continent of *Humanity*, a *Terra incognita* of *Ocular Audition*; a treasure reserved for these times [...]".[25]

---

the Reform of Natural Philosophy, Cambridge [u.a.] 1992; Peter Pesic, „Wrestling with Proteus: Francis Bacon and the ‚Torture' of Nature", in: *Isis* 90 (1999), S. 81–94.

20 Für einen Überblick über Cross' Arbeiten siehe Arthur Mayger Hind, *Engraving in England in the Sixteenth & Seventeenth Centuries. A Descriptive Catalogue with Introductions. Part 3. The Reign of Charles I.*, Cambridge 1964, S. 277–326.

21 Aufgegriffen ist hier eine traditionsreiche Ikonographie der Natur, die sich ab dem späten 15. Jahrhundert mit der Bildtradition der Artemis Ephesia überlagerte und die sich in ihrer modifizierten Gestalt vor allem durch Cesare Ripas einflussreiche *Iconologia* ([1593] 1618) verbreitete. Siehe hierzu Katharine Park, „Nature in Person: Medieval and Renaissance Allegories and Emblems", in: *The moral authority of nature*, hg. von Lorraine Daston u. Fernando Vidal, Chicago, Ill., 2004. S. 50–73.

22 Bulwer, *Anthropometamorphosis*, „The Epistle Dedicatory", o. P.

23 Bulwer, *Chirologia*, „To the Candid and Ingenious Reader", o. P.

24 Vgl. Bacon, *Of the proficience and advancement of Learning*, S. 36.

25 John Bulwer, *Philocophus: Or, The Deafe And Dumbe Mans Friend. Exhibiting The Philosophicall verity of that subtile Art, which may inable one with an observant Eie, to Heare what any man speaks by the moving of his lips. Upon the same Ground, with the advantage of an Historicall Exemplification, apparently proving, That a Man borne Deafe and Dumbe, may be taught to Heare the sound of words with his Eie, & thence learne to speake with his Tongue*, London 1648, „For the Right [...]", o. P.

Und wenn an anderer Stelle die Nase zum stattlichen Vorgebirge verfremdet wird, das einen Ozean der Schönheit teilt,[26] ist hier nicht ein Metaphernschwall barocker Liebeslyrik intendiert, sondern auch an dieser Stelle zeichnet sich der Wahrnehmungsmodus des Entdeckers ab, der sich einer noch ungekannten Landschaft gegenübersieht.

Dass es dem Selbstverständnis einer Baconianischen Wissenschaft entspricht, die aus der Antike überlieferten Wissensbestände einer umfassenden Neubewertung zu unterziehen und sich in der Art eines Entdeckungsreisenden einem zu gewinnenden neuen Wissen zuzuwenden, findet sich etwa in dem Frontispiz von Bacons *Novum Organon* (1620) mit seinen über den Atlantik heimkehrenden Schiffen prominent versinnbildlicht.[27] Bei Bulwer im Besonderen leistet die Verschiebung des *Wissensobjekts Körper* in den semantischen Bereich geographischer Entdeckungen die Evokation eines Wahrnehmungsmodus, dem die Unvoreingenommenheit des erstmaligen Sehens zu eigen ist. Die buchstäbliche *Ver-Fremdung* des Körpers verspricht idealiter die Suspendierung gewohnheitsmäßiger Voranahmen und Wahrnehmungsmuster, die erkenntnishinderlich wirken können.[28]

4 Der menschliche Organismus als eigensinniges „Modellierungsmaterial"[29]

Bernd Mahr hat gezeigt, wie der Verlauf der Begriffsgeschichte des Modells zu Vitruvs *Zehn Büchern über Architektur* (1. Jh. v. Chr.) zurückzuverfolgen ist.[30] Der hier verwandte *modulus*-Begriff bezeichnet ein berechnetes Grundmaß, das den Teilen eines Bauwerks sowie dem Bauwerk in seiner Gesamtheit zum Zwecke der Symmetriebildung zugrunde gelegt wird. Mit Mahr gesprochen ist Vitruvs architektonisches Modell zugleich Modell *für* die Konstruktion eines Bauwerks und Modell *von* den menschlichen Proportionen, da die Maßverhältnisse der bei Vitruv beschriebenen Tempelsäulen anthropometrisch begründet sind und auf

26 Vgl. Bulwer, *Anthropometamorphosis*, S. 114.

27 Während die Metaphorik der Seereise zeitgenössisch (etwa bei John Milton) durchaus Vorbehalte gegen koloniale Unternehmungen ausdrücken konnte, zeigt sie in Bacons Texten eine optimistischere Grundhaltung an, die etwa mit Columbus' Entdeckungsfahrten zugleich die Aussicht auf wissenschaftlichen Fortschritt verknüpft. Vgl. Philip Edwards, *Sea-Mark. The Metaphorical Voyage, Spenser to Milton*, Liverpool 1997. Bacon setzt sich jedoch zur Antike keinesfalls nur durch eine bloße Überwindungsrhetorik in Beziehung. Hierzu siehe etwa Bacon, *Of the proficience and advancement of Learning*, S. 25.

28 Dass die gewohnheitsmäßige menschliche Wahrnehmung das Wahrnehmbare korrumpiert und aus diesem Grund zu objektivieren ist, dürfte dabei ein Bulwer vertrauter Gedanke gewesen sein. Denn nichts anderes besagt Bacons Beschreibung der *Idola Tribus* in seinem *Novum Organon*: Der Verstand des Menschen erscheint hier – in visueller Metaphorik – als defizienter Spiegel, der seine eigene Natur mit derjenigen der gespiegelten Dinge vermischt. Vgl. Francis Bacon, *Franciscy de Verulamio, summi Angliae cancellarij instauratio magna*, Londini 1620, XLI., S. 57.

29 Die Wendung nimmt Bezug auf Reinhard Wendlers Überlegungen zum oft übersehenen produktiven Potenzial einer bestimmten Widerspenstigkeit des Materials beim Entwurf kybernetischer Modelle und solchen der bildenden Kunst. Vgl. Reinhard Wendler, *Das Modell zwischen Kunst und Wissenschaft*, München 2013, S. 31f.

30 Vgl. Mahr, „Ein Modell des Modellseins", S. 188–190.

das „Gliederverhältnis" „eines wohlgeformten Menschen" bezogen werden:[31] „Den Körper des Menschen hat nämlich die Natur so geformt, daß das Gesicht vom Kinn bis zum oberen Ende der Stirn und dem untersten Rande des Haarschopfes 1/10 beträgt, die Handfläche von der Handwurzel bis zur Spitze des Mittelfingers ebensoviel, der Kopf vom Kinn bis zum höchsten Punkt des Scheitels 1/8 [...]."[32] Wenig später ergänzt Vitruv dann im Hinblick auf die griechische Klassik: „Wenn also die Natur den menschlichen Körper so zusammengesetzt hat, [...] scheinen die Alten mit gutem Recht bestimmt zu haben, daß auch bei der Ausführung von Bauwerken diese ein genaues symmetrisches Maßverhältnis der einzelnen Glieder zur Gesamterscheinung haben."[33]

Die Verfahrensweisen der architektonischen Kulturtechnik werden somit durch die Herleitung aus der disziplinären Tradition, vor allem aber unter Berufung auf eine vermeintlich transhistorische, unveränderlich naturgegebene organische Struktur – in mancher Hinsicht ähnlich wie im Kant-Beispiel – legitimiert. Dies vermag jedoch nicht darüber hinwegzutäuschen, dass dieser Transfer seinen Ausgangspunkt letztlich in einer mehr oder minder willkürlich gesetzten Norm nimmt. Dass die menschlichen Proportionen und deren internes Verhältnis sich nämlich einer empirischen Betrachtung als höchst variabel darstellen, wird etwa in der Frühen Neuzeit durchaus registriert und problematisiert.

Reinhard Wendler hat gezeigt, wie die Art des Modellierungsmaterials unmittelbar Einfluss auf den Vorgang der Modellanwendung nimmt. Zudem macht er darauf aufmerksam, dass die Modellobjekteignung unbeständiger Materialien historisch wiederholt angezweifelt worden ist. So etwa von Winckelmann, der die Verformung des Tons bei der Trocknung problematisiert.[34] Vergleichbare Schwierigkeiten ergeben sich auch, wenn sich das der Modellauffassung zugrunde gelegte Ausgangsobjekt als allzu mutabel erweist. So beschreibt Johann Sigismund Elßholtz, Leibarzt Friedrich Wilhelms von Brandenburg, in seiner anthropometrischen Schrift *Meß=Kunst Des Menschlichen Cörpers* (zuerst 1654 auf Latein erschienen) den menschlichen Körper als nicht stillzustellendes Objekt des Erkenntnisinteresses: „Ja wir selbst machen nicht nur im Essen / Spazierengehen / Bewegung und andern Sachen / so wir fürnehmen verschiedene Gestalten / sondern auch im Schlaffen und Ruhen / da auch so gar in Schlaf die Einathmungen nicht feyret / welche durch Aufhebung und Niedersinckung der Brust unaufhörlich ihre Figur verändert."[35]

31 Vgl. hierzu auch ders., „Modellieren. Beobachtungen und Gedanken zur Geschichte des Modellbegriffs", in: *Bild, Schrift, Zahl*, hg. von Sybille Krämer und Horst Bredekamp, München 2009, S. 59–86.

32 Marcus Vitruvius Pollio, *Vitruvii De architectura libri decem. Vitruv – Zehn Bücher über Architektur*, hg. von Curt Fensterbusch, Darmstadt 1991, S. 137.

33 Ebd., S. 139.

34 Vgl. Wendler, *Das Modell zwischen Kunst und Wissenschaft*, S. 32.

35 Johann Sigismund Elßholtz, *Meß=Kunst Des Menschlichen Cörpers. Oder Von der zusammstimmenden Proportion der Theile des Menschen=Cörpers/ Und Ubereinstimmung der Mähler*, Nürnberg

Bacons Diagnose in *The Advancement of Learning* (1605) liest sich wie eine Vorwegnahme dieses Postulats: „man in his Mansion, sleepe, exercise, passions, hath infinit variations; and it cannot be denied, but that the *bodie of Man* of all other things, is of the most compounded Masse."[36]

Vor diesem Hintergrund stellt sich die Frage, wie der als höchst unbeständig wahrgenommene menschliche Körper als epistemisches Modell Verwendung finden konnte. Dass eine idealisierte Norm wie diejenige des vitruvianischen Menschen nur bedingt zur Argumentationsgrundlage einer empirisch ausgerichteten Wissenspraxis wie der Bulwers werden kann, wird auch in R. Masons neunseitigem Brief an Bulwer deutlich. Gleich an drei Stellen spricht Mason von der „Symetry" des Menschen und bezeichnet es als Vergehen, von der „exact and most indisputable proportion"[37] des naturgegebenen Körpers durch künstliche Modifikationen abzuweichen. Was uns bei Vitruv als „Eurythmie"[38] begegnet, ist bei Mason eine „ocular harmony" der Proportionen des Körpers, die wiederum gleichermaßen in ein anderes Wissensfeld transferiert wird, um dessen Regelwerk zu stiften. In diesem Fall handelt es sich nicht um Architektur, sondern um Mathematik. Mason schreibt von besagter ‚okularer Harmonie', „that it hath ever since hinted unto us the most demonstrative and severest Rules in the Mathematiques".[39] Mason jedoch verzichtet in seinem Text gänzlich auf die Darstellung konkreter Körpermodifikationspraktiken. Stattdessen situiert er das Thema anthropomorpher Varianz im weiteren geschichtsphilosophischen Rahmen des Sündenfallnarrativs.

Doch Adam und Eva, „our *Prototypes*",[40] vermögen kein Körpermodell als verlässliche Normalitätsinstanz zu stellen, obgleich sie der erwähnten Gerichtsszene des Frontispizes als Gutachter („Assessors")[41] beisitzen. Dies bedingt bereits die mangelnde Rekonstruierbarkeit ihrer tatsächlichen Körperlichkeit, wie Bulwer in seinen Darlegungen zu einer norm- und naturgerechten Haartracht feststellt: „*They therefore who would have us believe that the Haire should descend no lower then the Eares,* [...] *had need prove that* Adam *had scissers, and cut his Haire in Paradise.*"[42]

Darüber hinaus muss Bulwer der Verweis auf eine Normalitätsinstanz auch angesichts seiner verstärkten Lektüre von Reiseberichten als zunehmend fragwürdig erschienen sein. Die hier beschriebenen Kolonialkontakte führten zu

---

1695, S. 48. Zu Elßholtz' Anthropometrie siehe auch Rüdiger Campe, *Affekt und Ausdruck. Zur Umwandlung der literarischen Rede im 17. und 18. Jahrhundert*, Berlin/Boston 1990, S. 420ff.

36 Bacon, *Of the proficience and advancement of Learning*, S. 39.

37 Vgl. Bulwer, *Anthropometamorphosis*, o. P.

38 Vgl. auch Mahr, „Ein Modell des Modellseins", S. 190.

39 Vgl. Bulwer, *Anthropometamorphosis*, o. P.

40 Siehe ebd., „The intent of the Frontispiece unfolded", o. P.

41 Ebd.

42 Ebd., S. 61f. Diskussionen um eine regelgerechte Haartracht waren zu Bulwers Lebzeiten stark politisch konnotiert. Die abwertende Bezeichnung von Puritanern als ‚Roundheads' bezeugt dies, denn sie bezieht sich auf die kurzhaarigen Frisuren zahlreicher Puritaner. Bulwer selbst war mutmaßlich royalistischer Gesinnung.

einer Vervielfältigung von (geographischen, medizinischen, ‚linguistischen', botanischen, zoologischen etc.) Wissensbeständen, die auch das Fassungsvermögen jeden Modells ‚normaler' Körperlichkeit unvermeidlich überstrapazieren musste. Vielleicht erklärt sich so der veränderte, streng-restriktive Gestus, den Bulwer der einstmalig wertgeschätzten Vielfalt körperlichen Ausdrucks nun entgegenbringt, da sie droht, seine Theoriebildung durch ihr schieres Ausmaß zu sabotieren.

Anders als R. Mason sieht sich der Mediziner Bulwer veranlasst, neben der Kategorie der Schönheit ergänzend diejenige der Nützlichkeit einzuführen, um den somatischen Normverstoß im Einzelfall zu begründen und seine Verurteilung plausibel zu machen.[43] So wird etwa für eine mittlere Größe der Augen nicht allein auf Grundlage ästhetischer Argumentationen plädiert, sondern es wird auch auf den Aspekt optischer Funktionstüchtigkeit verwiesen.[44]

Im Falle einer Völkergruppe der Westindischen Inseln, die die Schädel ihrer Neugeborenen in eine Bretterkonstruktion zwänge und diese dadurch zu Quadratköpfen forme, bemüht Bulwer tatsächlich den Mensch-Bauwerk-Vergleich. Dieser steht aber auch hier im Dienste eines Funktionalitätsarguments, da die Beeinträchtigung des Intellekts durch die veränderte Kopfform gleichnishaft in der Terminologie akustischer Theorie verdeutlicht wird: Bulwer zufolge könne der menschliche Intellekt in einem rund geformten Schädel besser gedeihen („flourishing") als in einem eckigen, genau wie sich auch ein Echo in einem gerundeten Gebäude stärker entwickle als in einem winkelreichen.[45]

Dort, wo Bulwer der vitruvianischen relationalen Bestimmung der menschlichen Proportionen am nächsten kommt, wählt er bezeichnenderweise die musiktheoretische Begrifflichkeit für das 3:2-Verhältnis:

> Now the Nose according to the justice of Nature, should be no longer then the Lip and Eare; and the third part of the Face in length, and the thirtieth part of the length of the whole body, it should not exceed in length halfe that distance which interposeth between the externall Angle of both the Eyes; therefore the length of the Nose should answer in a Sesquialtera proportion, the length of the Eye, and the Diduction of the Mouth.[46]

Diese Wortwahl verweist bereits auf die für Bulwer typische Inanspruchnahme synästhetischer[47] Metaphern, auf deren epistemologisches Potenzial ich im Folgenden etwas genauer eingehen möchte.

---

43 Dies tut Bulwer in Einklang mit dem von ihm hoch geschätzten Galen. Vgl. ebd., S. 127.

44 Vgl. ebd., S. 109.

45 Vgl. ebd., 15.

46 Ebd., S. 121.

47 Die Kompensierbarkeit der einzelnen Sinne ist zu Bulwers Zeit noch nicht als ‚Synästhesie' benannt worden, handelt es sich doch um einen Neologismus des 19. Jahrhunderts. Das Phänomen jedoch ist in der Koinzidenz eines aktuell Wahrgenommenen und der Erinnerung an ein einst Wahrgenommenes in der *sensus communis*-Konzeption Aristoteles' (vor allem in *De anima*) bereits aufgerufen. Vgl. Ulrike Zeuch, „*Sensus communis, imaginatio* und *sensorium*

5 Anagramm der Sinne – Synästhetische Metaphern und Bulwers *Umwertung* der Gehörlosigkeit

In seiner Abhandlung über Gehörlosigkeit, *Philocophus*, paraphrasiert und kommentiert Bulwer ein Kapitel der naturphilosophischen Abhandlung *Of Bodies* (1644) des polyhistorischen Autors und Diplomaten Kenelm Digby. Hier charakterisiert Digby den Gehörlosen noch äußerst zaghaft mithilfe eines synästhetischen Bildes: „I mentioned one that could heare by his eyes; (if that expression may be permitted me)".[48] Dem gegenüber steht Bulwers Gebrauch entsprechender Bilder, der schon beinah exzessiv zu nennen ist. Diese Tendenz geht mit einer Gewichtung einher, die die Wortsprache stellenweise zu einer entbehrlichen Kommentierung des manuellen Textes deklassiert.[49]

Dass die Körpersprache bei Bulwer einen derart hohen Stellenwert beanspruchen kann, hat im Wesentlichen zwei Voraussetzungen, die er besonders in *Chirologia / Chironomia* wiederholt kenntlich macht. Es handelt sich zum einen um die Aufwertung der rhetorischen *actio* im Allgemeinen und der manuellen Gestik im Besonderen durch Quintilian (*Institutio Oratoria* (XI, 3), ca. 95 n. Chr.), der in der Renaissance wieder verstärkt rezipiert wird.[50] Zum anderen kann sich Bulwer auf Bacons Reflexionen über universalsprachliche Zeichensysteme in *The Advancement of Learning* (1605) berufen.[51]

Entscheidend ist, dass Bulwer die Möglichkeit eines *real character*, die das 17. Jahrhundert umtreibt, eigenwilligerweise anders auffasst als etwa John Wilkins, Francis Lodwick, Thomas Urquhart, Cave Beck und George Dalgarno.[52] Im Anschluss an Bacon gilt diesen Autoren der *real character* als künstlich zu schaffendes Konstrukt willkürlicher Bedeutungszuweisung. „*Hierogliphickes*, and *Gestures*" dagegen wiesen laut Bacon als Signifikanten Ähnlichkeit mit dem jeweils Bezeichneten auf. Ein wirklich präziser Ausdruck sei jedoch durch ihren Gebrauch nicht zu bewerkstelligen.[53]

---

commune im 17. Jahrhundert", in: *Synästhesie. Interferenz, Transfer, Synthese der Sinne*, hg. von Hans Adler und Ulrike Zeuch, Würzburg 2002, S. 167.

48 Kenelm Digby, *Two Treatises. In the one of which, the Nature of Bodies; in the other, the Nature of Mans Soule; is looked into: in way of discovery, of the Immortality of Reasonable Soules*, Paris 1644, S. 254.

49 Vgl. etwa Bulwer, *Chirologia*, S. 2, 4f.

50 Vgl. Roland F. Varwig, „Chironomie", in: *Historisches Wörterbuch der Rhetorik*, hg. von Gert Ueding, Tübingen 1994, Bd. 2, Bie–Eul, Sp. 175–190, hier Sp. 181.

51 Siehe Bacon, *Of the proficience and advancement of Learning*, S. 59. Vgl. dazu Bulwers Ausführungen in *Chirologia*, S. 4.

52 So verfasste der Geistliche und Naturphilosoph John Wilkins *An Essay towards a Real Character and a Philosophical Language* (1668), der Händler Francis Lodwick schrieb *A Common Writing* (1647), der Autor und Übersetzer Thomas Urquhart *Logopandecteision* (1653), der Geistliche und Lehrer Cave Beck verfasste die Abhandlung *The Universal Character* (1657) und der Autor und Lehrer George Dalgarno schrieb *Ars signorum* (1661). Gemeinsam ist diesen heterogenen Entwürfen von Autoren unterschiedlichster Milieus und Konfessionen eine sprachkritische Grundhaltung sowie der Rückbezug auf Francis Bacon.

53 Vgl. Bacon, *Of the proficience and advancement of Learning*, S. 59f.

Interessanterweise vermengt Bulwer die bei Bacon einander gegenübergestellten Ausdrucksmittel. Bei ihm wird die Gestensprache der Hand zum *„universall character of Reason"*.[54] In diesem Sinne überwindet Bulwers *Corporall Philosophy* mit der Rede von der Hand als *Signifikant der Vernunft* den in Bacons Universalsprachenkonzept erkennbar werdenden Hiatus zwischen Körper und Wissen. Da Bulwer also annimmt, eine transnational verständliche Universalsprache wäre mit der manuellen Gestensprache bereits verfügbar, muss ihm auch eine Abkehr von der gewohnheitsmäßigen Verbalsprache zwangsläufig verheißungsvoll erscheinen (auch wenn diese Abkehr im Falle der Gehörlosigkeit natürlich keine gewählte ist).

Bezeichnenderweise begreift Bulwer Gehörlosigkeit denn auch nicht in erster Linie als Defizit. Stattdessen interessieren ihn die „strange recompences Nature affords".[55] Gemeint ist die gegenseitige Kompensationsfähigkeit der einzelnen Sinnesmodalitäten, die zugleich alternative somatische Wahrnehmungs- und Kommunikationsformen stiftet. Bulwer bekundet wiederholt seine Hochachtung vor den alternativen Verständigungsformen der Betroffenen, zu deren weiterer Verfeinerung und Verbreitung er beitragen möchte. Deren praktische Fertigkeiten seien allerdings durch die Theorie schwer einholbar, gesteht Bulwer in seinem Widmungsschreiben ein: „wee can easier say what you cannot doe, then what you can".[56] Eben an dieser Stelle kommen Bulwer die synästhetischen Bilder zu Hilfe. Wie schon Digby spricht er von der Befähigung der Gehörlosen, „[to] heare the sound of words with their Eie". Die Sprache hingegen erscheint in Bulwers medientheoretischen Reflexionen als „a silent and audible writing, and writing is a visible and permanent speech".[57] Diese Folge von Gleichsetzungen steigert sich zum Bild eines *Maskenballs der Sinne*, in dessen Rahmen sich die sinnlichen Vermögen in steter, wenngleich zureichend geregelter Bewegung befinden:

> Illustrious Nature heere descends
> To dance the *Senses Masque*; a Ball,
> Which we their *Anagram* may call:
> On each Hand the Scene keeping *Tact*,
> Without whom life can nought transact […].[58]

6 Theaterkörper

Bulwers ausgeprägtes Interesse für das komplexe Zusammenspiel der Sinnesmodalitäten muss ihm den Rückgriff auf eine explizit theatrale Terminologie (*„Senses Masque"*, „Ball", „Scene") nahegelegt haben. In Bulwers Körpermodell bilden die einzelnen Sinnesmodalitäten keine Konstanten, sondern dynamische Variablen.

54 Bulwer, *Chirologia*, S. 3.
55 Vgl. Bulwer, *Philocophus*, „For the Right […]", o. P.
56 Ebd.
57 Ebd., S. 83. Das Argument taucht wiederholt im Text auf.
58 Ebd., „A Reflection of the sence and minde of the Frontispiece", o. P.

Ihre fortwährende Transformation und Verschiebung sind dabei sogar erstrebenswert, bewirken sie doch, unter entsprechender Anleitung, eine Steigerung somatischer Eloquenz. Darüber hinaus wirken sich entsprechende Verschiebungen in ihrem verfremdenden Effekt freilich auch auf den Bereich der Wahrnehmung aus, da sie die Ablösung gewohnheitsmäßiger Wahrnehmungsmuster begünstigen, die das überhaupt Wahrnehmbare determinieren.[59] In dieser Hinsicht ließe sich bei Bulwer von einer Überblendung von Körper- und Theatermodell sprechen, denn auch das Theater versteht sich aus der Perspektive einer kulturhistorisch orientierten Theaterwissenschaft, mit Helmar Schramm gesprochen, als multimediales System veränderlicher, ‚stilisierter Kulturfaktoren': „Wahrnehmung, Bewegung und Sprache".[60] Und auch im Theater ist es die variierende raumzeitliche Organisation dieser Faktoren, die eine Wahrnehmung jenseits der gewohnheitsmäßigen ermöglicht.

Wie angedeutet unterscheidet sich Bulwers *körperliche Philosophie* in entscheidenden Punkten von der zeitgenössischen Körper-Geist-Trennung durch Descartes und gründet vielmehr auf einem fortwährenden dynamischen Wechselspiel zwischen Körper und Geist. Deshalb scheint es zu kurz gegriffen, in den Beschreibungen deformierter Köpfe in *Anthropometamorphosis* vor allem das Körpermodell des *body politic* sehen zu wollen.[61]

Das Theater jedoch stilisiert Bulwer mehr als einmal zum Modell des menschlichen Körpers. So etwa in seinen Ausführungen zur Muskelaktivität beim Vorgang des Lachens: „In this Dance of the Muscles performed by excessive Laughter upon the Theater of Mirth, the Countenance, the Mouth seems to lead to the Chorus; For, Laughter is a motion arising chiefly out of the Contraction of the Muscles of the *Lips* [...]."[62]

Erscheint hier das Antlitz als Theater, so verfügt der menschliche Körper in Bulwers Vorwort zu *Chirologia* über gleich zwei Theater, in denen sich das Ausdrucksvermögen in besonderem Maße konzentriert:

> *I intend to reduce and bring home to their fountaine and common parent the Body of man. Two Amphitheaters there are in the Body, whereon most of these patheticall*

59 Vgl. zum Prinzip „habitualisierte[r] Blickschranken" Helmar Schramm, „Blickschranken. Zum Verhältnis von Experiment und Spiel im 17. Jahrhundert", in: *„Die Vernunft ist mir noch nicht begegnet". Zum konstitutiven Verhältnis von Spiel und Erkenntnis,* hg. von Natascha Adamowsky, Bielefeld 2005, S. 153–164, hier S. 156f. und S. 161.

60 Vgl. ders., „Theatralität", in: *Ästhetische Grundbegriffe (ÄGB). Historisches Wörterbuch in sieben Bänden,* hg. von Karlheinz Barck et al., Stuttgart/Weimar 2005, Bd. 6, S. 48–73, hier S. 72.

61 So sieht etwa William Earl Burns in der Thematik bei Bulwer eine Referenz auf die politischen Unruhen seiner Zeit und auf die Hinrichtung Charles I. 1649. Vgl. William Earl Burns, „The King's Two Monstrous Bodies. John Bulwer and The English Revolution", in: *Wonders, marvels, and monsters in early modern culture,* hg. von Peter G. Platt, Newark/London 1999, S. 191f. Auch Robert Blair St. George will in den in *Anthropometamorphosis* beschriebenen Körpern in erster Linie einen symbolischen *body politic* sehen. Vgl. Robert Blair St. George, *Conversing by signs. Poetics of implication in colonial New England culture,* Chapel Hill, N.C., 1998, S. 164.

62 Bulwer, *Pathomyotomia,* S. 106.

> *subtilities are exhibited by Nature, in way of* discovery *or* impression, *proceeding either from the effect of sufferance, or the voluntary motions of the Minde, which effect those impressions on the parts which wee call the Speaking Motions, or Discoursing Gestures, and naturall Language of the Body, to wit, the* Hand *and the* Head.[63]

Die Theatermetaphorik ist hier alles andere als willkürlich gewählt und auch nicht als bloßes Inventar eines preziös-barocken Stils misszuverstehen. Dadurch, dass Bulwer sie in unmittelbarem Zusammenhang mit der Darlegung seines Erkenntnisinteresses und seiner Methodik einführt („*I intend to reduce* […]"), offenbart er seine Erwartung gegenüber ihrer epistemologischen Leistungsfähigkeit. Reduktion, die Bulwer hier erklärtermaßen anstrebt, ist als „Verkürzung"[64] Bestandteil klassischer Modelldefinitionen, die Bernd Mahr als ontologische verwerfen würde. Reduktion ist aber freilich auch eine theatrale Technik, die dem Zuschauenden im Theater einen synoptischen Überblick über einen als solchen markierten Schauraum gewährt. Denn ab dem späten 15. Jahrhundert bildet sich in Europa allmählich eine Bühnenform im Innenraum mit erhöhter Bühne und rahmendem Bühnenportal heraus, die – in weit stärkerem Maße als noch die mittelalterliche Simultanbühne – den Zuschauenden räumlich von dem Dargebotenen separiert und ihn auf diese Weise zum Überblicken des Bühnengeschehens befähigt. Die epistemologische Implikation einer „exzentrische[n], objektivierungs- und urteilsfähige[n] [Beobachterp]osition" kommt entsprechend in der Frühen Neuzeit auch der Metapher des *theatrum* zu.[65]

Bulwer selbst berichtet an keiner Stelle von einem eigenen Besuch in einem Theatergebäude. Bis zu seinem sechsunddreißigsten Lebensjahr (also bis zu den puritanischen Theaterschließungen 1642) hatte er jedoch jede Gelegenheit, die Theatergebäude der Stadt zu besuchen. Er wird sie – als reger Leser dramatischer Texte – zumindest gelegentlich genutzt haben und etwa das überdachte (zweite) *Blackfriars* Theater in der Nähe von *St Paul*, das nördlicher gelegene offene *Red Bull* Theater oder das offene (zweite) *Globe* Theater am Südufer der Themse aufgesucht haben. Im *Globe* etwa hätte Bulwer als Arzt wohl tatsächlich eine distanzwahrende Beobachterposition auf einem der privilegierten Sitzplätze einnehmen können.[66]

---

63 Bulwer, *Chirologia*, „To the Candid and Ingenious Reader", o. P.

64 Herbert Stachowiak, *Allgemeine Modelltheorie*, Wien 1973, S. 131ff. Zitiert nach Mahr, „Ein Modell des Modellseins", S. 192.

65 Siehe Hole Rößler, „Weltbeschauung. Epistemologische Implikationen der Theatrum-Metapher in der Frühen Neuzeit", in: *Theatralität von Wissen in der Frühen Neuzeit*, hg. von Nikola Roßbach und Constanze Baum, URL: http://diglib.hab.de/ebooks/ed000156/id/ebooks_ed000156_article02/start.htm (1.8.2019).

66 Generell zeichnete sich die von der offenen Amphitheaterarchitektur vorgegebene Akteur-Zuschauer-Relation dadurch aus, dass die Zuschauenden innerhalb des runden oder polygonen Baus entsprechend ihrer gesellschaftlichen Hierarchiestufe entweder in unmittelbarer Nähe zur *apron stage* (preisgünstige Stehplätze im Innenhof) platziert waren oder

Eine vermeintliche Objektivierung durch Distanznahme scheint indes besonders angeraten, wo man es – im weitesten Sinne – mit einem Wissen vom Menschen zu tun hat. Wenn Helmuth Plessners Philosophische Anthropologie im 20. Jahrhunderts die menschliche ‚Selbstvermittelheit' herausstreicht,[67] kann an dieser Stelle mit Bulwer daran erinnert werden, dass diese selbstbezogene ‚Abständigkeit' fortwährend epistemologisch produktiv zu machen ist, um die Gefahr des Anthropomorphismus als Erkenntnishindernis abzuwenden. Für die epistemologische Herausforderung menschenbezogenen Wissens, die darin besteht, dass Beobachtungsgegenstand und Beobachtungsstandpunkt notwendig in eins fallen, sensibilisiert bereits Bacon in *The Advancement of Learning*: „We come therefore now to [...] *the knowledge of our selves*: which deserveth the more accurate handling, by howe much it toucheth us more neerely."[68]

Bulwers Theatermetaphorik scheint genau diese epistemologisch vorteilhafte, objektivierende Distanz zwischen Beobachtungsgegenstand und Beobachtungsstandpunkt zu stiften. Und doch ist auch Bulwers *Corporall Philosophy* mit ihrer theatralen Modellierung des Körpers geprägt vom Risiko, den Körper undifferenziert als natürliche und universale Gegebenheit darzustellen: Wie anfänglich erwähnt, führt Bulwer in *Chirologia* das Zählen unkritisch als eine Praxis ein, bei der die Beschaffenheit des Körpers die Grenzen dessen determiniert, was gedacht und erkannt werden kann. Dem Haupttext von *Anthropometamorphosis* stellt Bulwer später ein umfangreiches, in Paarreimen gehaltenes Gedicht voran, das folgende Verse enthält: „Stay, Changling *Proteus*! let me count the rapes / Made on thy Forme, in thy abusive shapes [...]."[69]

Liest man den Auftakt dieses Gedichtes als Charakterisierung der eigenen Wissenspraxis, markiert hier der Zählvorgang als anthropomorph begründete Kulturtechnik ein Risiko, dem sich auch eine *theatrale* Wissenspraxis wie die Bulwers ausgesetzt sieht: Dass nämlich das Modell – in diesem Fall das Körpermodell – stets droht, sein „imperatives Potential" zu entfalten, wie es Reinhard Wendler mit Marx W. Wartofsky ausdrückt,[70] und vom „Modus einer Möglichkeit" (Mahr) in ein folgenschweres Erkenntnishindernis umzuschlagen.

---

aber in einiger Entfernung zu ihr (teurere Sitzplätze auf den Galerien). Die teuersten Plätze befanden sich auf abgeteilten Balkonlogen (*lords' rooms*), die an das hintere Bühnenende anschlossen. Lediglich die Sitzplätze hier sowie auf den Galerien waren überdacht, während die Zuschauenden auf der *apron stage* der Witterung ausgesetzt waren. Vgl. Gabriel Egan, „Reconstructions of the Globe: A Retrospective", in: *Shakespeare and the Globe*, hg. von Stanley Wells, Cambridge 1999 (Shakespeare Survey 52.1999), S. 1–16; Andrew Gurr, *Playgoing in Shakespeare's London*, Cambridge u. a. 1987, S. 19, 253.

67 Vgl. etwa Helmuth Plessner, „Anthropologie der Sinne (1970)", in: ders., *Gesammelte Schriften*, hg. von Günter Dux, Odo Marquard und Elisabeth Ströker, Frankfurt a. M. 1980, Bd. 3, S. 317–393.

68 Bacon, *Of the proficience and advancement of Learning*, S. 36.

69 Bulwer, *Anthropometamorphosis*, „A through-description of the Nationall Gallant", o. P.

70 Wendler, *Das Modell zwischen Kunst und Wissenschaft*, S. 41. Wendler nimmt Bezug auf Wartofskys Aufsatz „Telos and Technique: Models as Modes of Action (1968)", in: ders., *Models: Representation and the scientific understanding*, Dordrecht 1979, S. 140–153.

Bibliographie

Quellen

Bacon, Francis, *The Twoo Bookes of Francis Bacon. Of the proficience and advancement of Learning, divine and humane, The second booke,* London 1605.

–, *Franciscy de Verulamio, summi Angliae cancellarij instauratio magna,* Londini 1620.

Bulwer, John, *Chirologia: or the Naturall Language of the Hand. Composed of the Speaking Motions, and Discoursing Gestures thereof,* London 1644.

–, *Chironomia: Or, the Art of Manuall Rhetoricke. Consisting of the Naturall Expressions, digested by Art in the Hand, as the chiefest Instrument of Eloquence, by Historicall Manifesto's, exemplified Out of the Authentique Registers of Common Life, and Civill Conversation,* London 1644.

–, *Philocophus: Or, The Deafe And Dumbe Mans Friend. Exhibiting The Philosophicall verity of that subtile Art, which may inable one with an observant Eie, to Heare what any man speaks by the moving of his lips. Upon the same Ground, with the advantage of an Historicall Exemplification, apparently proving, That a Man borne Deafe and Dumbe, may be taught to Heare the sound of words with his Eie, & thence learne to speake with his Tongue,* London 1648.

–, *Pathomyotomia, Or A Dissection of the significative Muscles of the Affections of the Minde. Being an Essay to a new Method of observing the most Important movings of the Muscles of the Head, as they are the neerest and Immediate Organs of the Voluntarie or Impetuous motions of the Mind. With the Proposall of a new Nomenclature of the Muscles,* London 1649.

–, *Anthropometamorphosis: Man Transform'd; Or, the Artificiall Changling. Historically presented, In the mad and cruell Gallantry, foolish Bravery, ridiculous Beauty, filthy Finenesse, and loathsome Loveliness of most Nations, fashioning and altering their Bodies from the mould intended by Nature. With Figures of those Transfigurations. To which artificiall and affected Deformations are added, all the Native and Nationall Monstrosities that have appeared to disfigure the Humane Fabrick. With a Vindication of the Regular Beauty and Honesty of Nature. And an Appendix of the Pedigree of the English Gallant,* London 1653.

Digby, Kenelm, *Two Treatises. In the one of which, the Nature of Bodies; in the other, the Nature of Mans Soule; is looked into: in way of discovery, of the Immortality of Reasonable Soules,* Paris 1644.

Elßholtz, Johann Sigismund, *Meß=Kunst Des Menschlichen Cörpers. Oder Von der zusammstimmenden Proportion der Theile des Menschen=Cörpers/ Und Ubereinstimmung der Mähler,* Nürnberg 1695.

Kant, Immanuel, „Was heißt: sich im Denken orientieren?“, in: ders., *Schriften zur Metaphysik und Logik,* hg. von Wilhelm Weischedel, Darmstadt 1975, Bd. 5, S. 267–283.

Middle Temple Records, hg. von Charles Henry Hopwood, London 1904.

Proust, Marcel, *In Swanns Welt,* übers. von Eva Rechel-Mertens, Frankfurt a. M. 1997.

Register of admissions to the Honourable Society of the Middle Temple, Vol I: Fifteenth Century to 1781, hg. von Herbert Arthur Charlie Sturgess, London 1949.

Vitruvius Pollio, Marcus, *Vitruvii De architectura libri decem. Vitruv – Zehn Bücher über Architektur,* hg. von Curt Fensterbusch, Darmstadt 1991.

Sekundärliteratur

Burns, William Earl, „The King's Two Monstrous Bodies. John Bulwer and The English Revolution", in: *Wonders, marvels, and monsters in early modern culture,* hg. von Peter G. Platt, Newark/London 1999, S. 187–204.

Campe, Rüdiger, *Affekt und Ausdruck. Zur Umwandlung der literarischen Rede im 17. und 18. Jahrhundert,* Berlin/Boston 1990.

Edwards, Philip, *Sea-Mark. The Metaphorical Voyage, Spenser to Milton,* Liverpool 1997.

Egan, Gabriel, „Reconstructions of the Globe: A Retrospective", in: *Shakespeare and the Globe,* hg. von Stanley Wells, Cambridge 1999 (Shakespeare Survey 52.1999), S. 1–16.

Gurr, Andrew, *Playgoing in Shakespeare's London,* Cambridge u. a. 1987.

Hind, Arthur Mayger, *Engraving in England in the Sixteenth & Seventeenth Centuries. A Descriptive Catalogue with Introductions. Part 3. The Reign of Charles I.,* Cambridge 1964.

Mahr, Bernd, „Ein Modell des Modellseins. Ein Beitrag zur Aufklärung des Modellbegriffs", in: *Modelle,* hg. von Ulrich Dirks und Eberhard Knobloch, Frankfurt a. M. 2008, S. 187–218.

–, „Modellieren. Beobachtungen und Gedanken zur Geschichte des Modellbegriffs", in: *Bild, Schrift, Zahl,* hg. von Sybille Krämer und Horst Bredekamp, München 2009, S. 59–86.

Martin, Julian, *Francis Bacon, the State and the Reform of Natural Philosophy,* Cambridge [u. a.] 1992.

Mulsow, Martin, „Einleitung", in: ders., *Prekäres Wissen. Eine andere Ideengeschichte der Frühen Neuzeit,* Berlin 2012, S. 9–36.

Park, Katharine, „Nature in Person: Medieval and Renaissance Allegories and Emblems", in: *The moral authority of nature,* hg. von Lorraine Daston u. Fernando Vidal, Chicago, Ill., 2004. S. 50–73.

Perler, Dominik, *René Descartes,* München 1998.

Pesic, Peter, „Wrestling with Proteus: Francis Bacon and the ‚Torture' of Nature", in: *Isis* 90 (1999), S. 81–94.

Plessner, Helmuth, „Anthropologie der Sinne (1970)", in: ders., *Gesammelte Schriften,* hg. von Günter Dux, Odo Marquard und Elisabeth Ströker, Frankfurt a. M. 1980, Bd. 3, S. 317–393.

Rößler, Hole, „Weltbeschauung. Epistemologische Implikationen der Theatrum-Metapher in der Frühen Neuzeit", in: *Theatralität von Wissen in der Frühen Neuzeit,* hg. von Nikola Roßbach und Constanze Baum, URL: http://diglib.hab.de/ebooks/ed000156/id/ebooks_ed000156_article02/start.htm (1.8.2019).

Schramm, Helmar, „Blickschranken. Zum Verhältnis von Experiment und Spiel im 17. Jahrhundert", in: *„Die Vernunft ist mir noch nicht begegnet". Zum konstitutiven Verhältnis von Spiel und Erkenntnis,* hg. von Natascha Adamowsky, Bielefeld 2005, S. 153–164.

–, „Theatralität", in: *Ästhetische Grundbegriffe (ÄGB). Historisches Wörterbuch in sieben Bänden,* hg. von Karlheinz Barck et al., Stuttgart/Weimar 2005, Bd. 6, S. 48–73.

Shapin, Steven und Simon Schaffer, *Leviathan and the air-pump. Hobbes, Boyle, and the experimental life,* Princeton, NJ, 1985.

Shapin, Steven, „Pump and Circumstance: Robert Boyle's Literary Technology", in: *Social Studies of Science* 14 (1984), S. 481–520.

Stachowiak, Herbert, *Allgemeine Modelltheorie,* Wien 1973.

St. George, Robert Blair, *Conversing by signs. Poetics of implication in colonial New England culture,* Chapel Hill, N.C., 1998.

Varwig, Roland F., „Chironomie", in: *Historisches Wörterbuch der Rhetorik,* hg. von Gert Ueding, Tübingen 1994, Bd. 2, Bie–Eul, Sp. 175–190.

Wartofsky, Marx W., „Telos and Technique: Models as Modes of Action (1968)", in: ders., *Models: Representation and the scientific understanding,* Dordrecht 1979, S. 140–153.

Wendler, Reinhard, *Das Modell zwischen Kunst und Wissenschaft,* München 2013.

Zeuch, Ulrike, „*Sensus communis, imaginatio* und *sensorium commune* im 17. Jahrhundert", in: *Synästhesie. Interferenz, Transfer, Synthese der Sinne,* hg. von Hans Adler und Ulrike Zeuch, Würzburg 2002, S. 167–184.

Apokalyptische Naturphilosophie und institutionalisierter Baconismus

Das Widmungsschreiben in der *Via lucis* (1668) von Johann Amos Comenius an die *Royal Society**

Michael Lorber

Dass der aufklärerische Fortschrittsglaube beinahe ungebrochen fortwirkt, obwohl die Gesetzmäßigkeiten der Evolution gezeigt haben, dass vielmehr ein verstörend komplexes Zusammenspiel aus Zufall und Anpassung zu verantworten hat, was für eine gewisse Zeit fortlebt, liegt womöglich an der simplen Attraktivität des streberhaften historischen Zeitstrahls und seiner Entsprechung im linearen Schriftbild westlicher Kulturen – angesichts dessen man allzu leicht dem naturalistischen Fehlschluss erliegen kann, alles Gegebene, selbst nach dem Bedeutungsverlust göttlicher Instanzen, als gewollt und sinnvoll anzusehen.

Judith Schalansky, *Verzeichnis einiger Verluste*

Im Jahr 1641 verließ der 49-jährige Universalgelehrte Johann Amos Comenius seine Böhmische Bruderschaft in Polen. Er folgte einer vielversprechenden Einladung von Samuel Hartlib[1] nach London,[2] wo er am 21. September ankam. Schon vor dessen Ankunft hatte Hartlib unter den Londoner Gelehrten und im

* Der vorliegende Beitrag ist eine gekürzte Fassung von einigen Ergebnissen meiner Dissertationsschrift *Zwischen Erlösung und Produktivität. Zur Performanz alchemischen Wissens und den Projekten Johann Joachim Bechers (1635–1682) in der Frühen Neuzeit*, die 2012 von der Freien Universität Berlin angenommen wurde.

1 Der Preuße Hartlib hatte bereits 1628 den Kontinent in Richtung England verlassen. Seine Auswanderung kann als paradigmatisch für die Situation der zentraleuropäischen Gelehrtenwelt angesehen werden, die in den Verwüstungen des Dreißigjährigen Kriegs kaum noch ihren Platz finden konnte und in England bessere Bedingungen vorfand. Vgl. Hugh Trevor-Roper, „Drei Ausländer: Die Philosophen der puritanischen Revolution", in: ders., *Religion, Reformation und sozialer Umbruch. Die Krisis des 17. Jahrhunderts*, mit einem Vorwort zur dt. Ausg. von dems. und übs. von Michael Erbe, Frankfurt a. M./Berlin 1970, S. 221–270, hier S. 232ff.

2 Die Einladung erfolgte mit den Worten: „Come, come, come: it is for the glory of God: deliberate no longer with flesh and blood!" Nach Trevor-Roper schien Comenius irrtümlich zu glauben, seine Einladung nach London durch Hartlib sei im offiziellen Auftrag durch das Parlament erfolgt. Vom privaten Charakter der Einladung Hartlibs, der auch Comenius klar gewesen sei und den er auch bevorzugt habe, gehen mit überzeugenden Belegen hingegen Webster und Blekastad aus. Vgl. Robert Fitzgibbon Young, *Comenius in England. The Visit of Jan Amos Komenský (Comenius). The Czech Philosopher and Educationist to London 1641–1642: Its Bearing on the Origins of the Royal Society, on the Development of the Encyclopaedia, and on Plans for the Higher Education of the Indians of new England and Virginia as Described in Contemporary Documents, Selected, Translated and Edited with an Introduction, and Tables of Dates by Robert Fitzgibbon*

Parlament enthusiastisch für die pansophischen Ideen von Comenius geworben sowie auch für die Übersetzung und die Publikation einiger seiner Schriften gesorgt.[3] Hartlib selbst war emigrierter Preuße und ab den 1630er Jahren Initiator eines wachsenden internationalen Gelehrtennetzwerkes – des sogenannten Hartlib-Circle. Er stand also nicht nur mit Comenius, sondern mit zahlreichen Gelehrten über die Grenzen Europas hinaus in regem Kontakt.[4] Hartlib charakterisierte sich selbst vor diesem Hintergrund als „Agent for the Advancement of Universal Learning and the Public Good, which I confess is an Emploiement, whereunto from my youth God God [sic] hath naturalized my affections."[5] Mit Comenius stand Hartlib bereits seit Beginn der 1630er Jahre in schriftlichem Kontakt. Die beiden verband ihre Begeisterung für Francis Bacons Experimentalphilosophie, die Rosenkreuzermanifeste bzw. Johann Valentin Andreaes spätere Sozietätsentwürfe.[6] In Comenius' pansophischer Philosophie erkannte Hartlib

Young, London 1932, S. 39 (dort auch Anm. 2 auf S. 41); Trevor-Roper, „Drei Ausländer", S. 244; Charles Webster, „Introduction", in: ders., *Samuel Hartlib and the Advancement of Learning*, hg. von dems. Cambridge 1970, S. 1–72, hier S. 35 und Milada Blekastad, *Comenius. Versuch eines Umrisses von Leben, Werk und Schicksal des Jan Amos Komenský*, Oslo/Prag 1969, S. 304 und S. 308.

3 Vgl. Blekastad, *Comenius*, S. 309f.

4 Vgl. Friedrich Althaus, „Samuel Hartlib. Ein deutsch-englisches Charakterbild", in: *Historisches Taschenbuch*, begr. von Friedrich von Raumer und hg. von Wilhelm Maurenbrecher, Leipzig 1884, 6. Folge, 3. Jg., S. 189–278.

5 *Clavis apocalyptica: Or, a Prophetical Key: by which the great Mysteries in the Revelation of St. John, and the Prophet Daniel are opened; It beeing made apparent That the Prophetical Numbers com to an end with the year of our Lord, 1655. Written by a Germane D. and now translated out of High-Dutch. In Two Treatises. 1. Shewing what in these our times hath been fulfilled. 2. At this present is effectually brought to pass. 3. And henceforth is to bee exspected in the years neer at hand. With an introductorie Preface*, London 1651, 2ᵛ (Zueignung von Samuel Hartlib an Oliver St. John).

6 Im Falle von Comenius ist sogar ein auf den 15. September 1629 datierter Brief erhalten, in dem der von den Kriegswirren entmutigte Reformator Andreae Comenius sein Reformprojekt gleichsam überträgt: „Ich übergebe Dir also die Register unseres Schiffbruchs. Lies sie und verbessere sie. Ich bin zufrieden, wenn ich Dich nicht ganz enttäuschen muß. Ich tröste mich mit denen, die durch ihre Irrtümer anderen den Weg zu glücklicherer Fahrt bahnten. Unser Ziel war es, all die religiösen und gelehrten Idole zu vertreiben und Christus wieder in seinen Stand einzusetzen." Johann Valentin Andreae, „[Brief an Jan Amos Comenius vom 15. September 1629]", in: ders., *Schriften zur christlichen Reform* (= Gesammelte Schriften, Bd. 6, hg. in Zusammenarbeit mit Fachgelehrten von Wilhelm Schmidt-Biggemann, bearb., übs. und komm. von dems.), Stuttgart – Bad Cannstatt 2010, S. 312–313, hier S. 313. Im Vorwort zu John Durys *The Reformed School* (ca. 1649) kommt Hartlib ausdrücklich auf den heilsgeschichtlichen Aspekt seiner geplanten Einrichtung zu sprechen, wenn er schreibt: „I have been taught from within, to look up to God alone in well-doing, till he bring his Salvation out of Sion: for, to propagate this Salvation of his with my poor talents, and to stirre up others to contribute [th]eir help thereunto, is the utmost aim which I have in the Agency of Learning[.]" Wie sehr das Unterfangen, ein „Office of Publike Addresse" zur Förderung und Verwaltung weltweiten Wissens einzurichten, im Zeichen des Verlustes des Paradieses und kommender Heilserwartung steht, geht aus einer handschriftlichen Notiz in den Hartlib Papers deutlich hervor. Erlösung könne nicht anders erlangt werden, „but in perpetuall fight against manifold temptations[,] which soe long as wee are in this earthly tabernacle, shall never bee wanting; because wee find that vnto [us] every promise of perfection[,] whereby wee are fitted for the glory of Eternitie; this Antecedent Qualification is requisit[ed], that wee

auch wesentliche Aspekte seiner eigenen reformatorischen Absichten wieder.[7] Das gemeinsame Ziel, auf das sich Hartlib und Comenius verständigten, war eine Generalreformation der Lebensverhältnisse der Menschen im Zeichen des christlichen Glaubens.[8] In dieser Generalreformation sollten sich naturphilosophisches Wissen, religiöse Offenbarung, Bildungspolitik, die sozioökonomischen Bedingungen sowie politische Gerechtigkeit harmonisch aufeinander beziehen und sukzessive in Richtung einer christlichen Utopie verbessern.[9] Geleitet wurden Hartlib und Comenius dabei von der Überzeugung, dass es zwischen vernunftbasierter Experimentalerkenntnis in der Naturphilosophie und religiöser Offenbarung eben keine Diskrepanz geben muss, sondern sich beide gegenseitig zugunsten christlicher Gemeinschaften ergänzen können.[10]

---

should overcome: noe man can overcome that hath not fought; noe man can fight without an Enemie; Now the Enemie with which [whom] a Christian is to fight[,] is nothing else[,] but the Corruption[,] which Adam did bring into the world through lust to conquer this all along from the begining of our race unto the ende." Trotz einiger Anläufe und wohlwollender Aufnahme seitens des Parlaments konnte Hartlib auch das Projekt eines „Office of Publike Addresse" aufgrund mangelnder Gelder nicht realisieren. Dennoch gelang es Hartlib, eine seitens des neu gegründeten Council of State gewährte und gut dotierte Pension zu erhalten und konnte seine vielfältigen Projekte weiter verfolgen. Aus: John Dury, *The Reformed School*, London 1649, Vorrede A2[r-v], *Hartlib Papers. Second Edition. A Complete Text and Image Database of the Papers of SAMUEL HARTLIB (c. 1600–1662). Held in Sheffield University Library*, 2 CD-Roms, Sheffield, England 2002, Bun. 47/10/4A. Vgl. auch Mark Greengrass, „Archive Refractions: Hartlib's Papers and the workings of an Intelligencer", in: *Archives of the Scientific Revolution: The Formation and Exchange of Ideas in Seventeenth-Century Europe*, hg. von Michael Hunter, Woodbridge 1998, S. 35–48, hier S. 36 und Uwe Voigt, „Einleitung", in: Johann Amos Comenius, *Der Weg des Lichtes/Via lucis*, eingel., übers. und mit Anmerkungen versehen von Uwe Voigt, Hamburg 1997, S. IX–XLIX, hier S. XX.

7 Webster, „Introduction", S. 24. Zur Genese des Begriffs Pansophie in der neuplatonisch-hermetischen Philosophie der Renaissance vgl. Wilhelm Schmidt-Biggemann, „Pansophie", in: *Historisches Wörterbuch der Philosophie*, hg. von Joachim Ritter und Karlfried Gründer, 13 Bde., Basel/Stuttgart 1971–2004, Bd. 7, Sp. 56–59.

8 Comenius benennt vor diesem Hintergrund dann auch konkret die notwendigen „Voraussetzungen zur Realisierung der so sehnlich herbeigesehnten Zustände", nämlich „I. ein Herz voll ungeheuer großer Zuversicht, II. die glühendste Anrufung Gottes, III. den Fleiß und die unermüdliche Anstrengung ziemlich vieler weiser Männer, IV. die Gunst der Hochgestellten, V. Klugheit und eine verläßliche Ordnung bei den Arbeiten, VI. die rasche Nutzanwendung all dessen, was erarbeitet worden ist, VII. sodann aber auch eine kluge und stetige Ausdehnung von einer Gruppe auf eine andere, bis hin zur ersehnten universalen Weite." Comenius, *Der Weg des Lichtes*, S. 172.

9 Trevor-Roper stellt die These auf, dass die puritanische Revolution, in der Bacons reformatorische Ideen eine so wichtige Rolle spielten, vielleicht gar nicht stattgefunden hätte, wäre Bacon selbst mit seinen Reformen erfolgreicher gewesen. Vgl. Trevor-Roper, „Drei Ausländer", S. 228.

10 Comenius könnte sogar das Vorbild für die Figur des Reisenden in der für den Hartlib-Circle programmatischen Utopieschrift *Macaria* gewesen sein, die als anonymer Dialog einen Monat vor der Ankunft Comenius' in London publiziert wurde. Vgl. [Gabriel Plattes], *A Description of the famous. Kingdome of Macaria; shewing its excellent Government: wherein The Inhabitants live in great Prosperity, Health, and Happinesse; the King obeyed, the Nobles honoured; and all good men respected, Vice punished, and vertue rewarded. An Example to other Nations. In a Dialogue between a Schollar and a Traveller*, London 1641, A2[r] (Vorrede). Die Autorschaft der utopischen Schrift *Macaria* wurde seit 1847 Hartlib zugeschrieben, seit 1972 gilt allerdings

Neben dieser intellektuellen Freundschaft mit Hartlib und auch persönlichen Sorgen war der ganz aktuelle Anlass für die Reise von Comenius nach London die kurz zuvor erfolgte Konstituierung des Langen Parlaments und der Umstand, dass sich die Auseinandersetzung zwischen dem Parlament und Charles I. gerade zu entspannen schienen. Es herrschte eine rege Aufbruchsstimmung.[11] Hartlib und Comenius sahen endlich die Zeit gekommen, um mit vereinten Kräften ihre sozialutopischen Ideen in einer Generalreformation aller Verhältnisse zu realisieren und die Zukunft neu und besser zu gestalten.

In seiner kurzen Zeit in London verfasste Comenius die *Via lucis* (dt. *Der Weg des Lichtes*), in der er u. a. ein *Pansophisches Kollegium* entwirft, für dessen Realisierung sich Hartlib noch im selben Jahr öffentlich eingesetzt hat. Trotz eines eigentlich gelungenen Einstandes Comenius' in der Londoner Gelehrtenwelt und der grundsätzlichen Begeisterung seitens einiger Parlamentarier scheiterten Finanzierung und Realisierung des Pansophischen Kollegiums und die damit verbundenen Reformvorhaben:[12] Denn am 4. Januar stürmte Charles I. mit Soldaten das Parlament, und der Bürgerkrieg stand unmittelbar bevor, der keinen Platz mehr für Reformen ließ.[13] Am 21. Juni 1642, also bereits und gutes halbes Jahr nach seiner Ankunft, verließ der enttäuschte Comenius England schon wieder... im Gepäck seine generalreformatorische Schrift *Via lucis*, die allerdings erst 26 Jahre später, nämlich 1668, in Amsterdam in Druck gehen sollte.[14] Hartlib blieb in London und bemühte sich weiterhin in mehreren Anläufen um die Realisierung von alten und auch neuen Reformplänen, die – wie etwa das „Office of Publicke Addresse" – in vielerlei Hinsicht weiterhin von Comenius' pansophischen Ideen geprägt waren.[15]

Im Folgenden werde ich zunächst die programmatische Grundidee der *Via lucis* kurz skizzieren, die vor dem Hintergrund ihrer turbulenten Entstehungsgeschichte verstanden werden muss. Dann werde ich ausführlicher auf Comenius' Widmungsschreiben an die Royal Society eingehen, das er 1668 dem erstmaligen Druck der *Via lucis* vorangestellt hat. Dieses Widmungsschreiben, so die Kernthese meine Ausführungen, kann als eine faszinierende historische Miniatur am

---

Gabriel Plattes (1600–1644), ein enger Freund Hartlibs, als Verfasser. Vgl. Charles Webster, „The Authorship and Significance of Macaria", in: *Past and Present* 56 (1972), S. 34–48.

11 Vgl. Webster, „Introduction", S. 35 und Trevor-Roper, „Drei Ausländer", S. 248.

12 Vgl. Blekastad, *Comenius*, S. 315f.

13 Angesichts dieser äußerst angespannten politischen Situation schlossen Hartlib, Comenius und Dury am 13. März 1642 einen schriftlichen Pakt, in dem sie festlegten, auch künftig und über große Distanzen hinweg ihr gemeinsames Reformprojekt weiter vorantreiben zu wollen. Vgl. Webster, „Introduction", S. 35ff. Der Pakt ist abgedruckt in G. H. Turnbull, *Hartlib, Dury and Comenius. Gleanings from Hartlib's papers*, London 1947, S. 458–460 (vgl. auch ebd., S. 363).

14 Young, *Comenius in England*, S. 44.

15 Vgl. Charles Webster, *The Great Instauration. Science, Medicine and Reform 1626–1660*, London 1975, S. 70 und Trevor-Roper, „Drei Ausländer", S. 248ff. Hartlib sollte Comenius persönlich zwar entgegen allen Beteuerungen beim emotionalen Abschied nicht mehr wiedersehen, blieb mit ihm aber bis zum Ende seines Lebens in Briefkontakt. Vgl. Turnbull, *Hartlib, Dury and Comenius*, S. 354ff.

Schnittpunkt von Modell + Risiko verstanden werden, insofern es Comenius auf sehr hellsichtige Weise gelingt, einen folgenschweren Paradigmenwechsel hin zur modernen Naturwissenschaft sichtbar werden zu lassen. Er weist im direkten Vergleich des Programms seiner Pansophie mit dem der Königlichen Gesellschaft darauf hin, dass beiden ein höchst unterschiedliches Verständnis vom Wesen der Welt zugrunde liegt und welche Risiken mit dem sich abzeichnenden Paradigmenwechsel im Verständnis von Welt konkret verbunden sind. Diese beiden unterschiedlichen Formen, Welt zu begreifen, interpretiere ich als konkurrierende Modi von Weltverarbeitung bzw. Weltbearbeitung, die sich aus ganz unterschiedlichen Weltmodellen ableiten.[16] Vor diesem Hintergrund zeichnet sich der für den besagten Paradigmenwechsel entscheidende Unterschied zwischen apokalyptischer Naturphilosophie und institutionalisiertem Baconismus ab.

1

Die Argumentation der 1641/42 in London verfassten *Via lucis* gliedert sich nun wie folgt: Im Anschluss an eine Darlegung und Analyse der völlig zerrütteten Weltverhältnisse, die maßgeblich vom Eindruck des Dreißigjährigen Krieges geprägt sind, bemüht sich Comenius, die universalen Heilmittel für die Menschheit zu präsentieren. Das Zentrum dieses Heilweges bildet das die Welt durchströmende göttlich-universale Licht. Programmatisch heißt es in der *Via lucis* zum pansophischen Unternehmen:

> Wir wollen nun genau bestimmen, was für uns eigentlich dabei herauskommt, wenn wir ALLE ALLES auf ALLSEITIGE Weise verstehen. [...] Wir verstehen unter „ALLEM" dasjenige, was Gott den Menschen in dieser gegenwärtigen weltlichen Schule schon enthüllt hat oder was er uns in Zukunft noch enthüllen wird: *sei es nun Ewiges oder Zeitliches, Geistiges oder Körperliches, Himmlisches oder Irdisches, Natürliches oder Künstliches, Theologisches oder Philosophisches, Gutes oder Böses, Allgemeines oder Konkretes.*[17]

Entscheidend für Comenius ist nun, dass es eben dieser Erkenntnisweg des universalen Lichtes ist, der es den Menschen erlaubt, in Kooperation mit Gott die Welt aktiv und stetig zu verbessern und zu vervollkommnen. Organisatorisch ruht die Realisierung der pansophischen Gemeinschaft auf vier Säulen: (1) den universalen Büchern, die alles notwendige Wissen enthalten;[18] (2) den universa-

16 Die Begriffe Weltverarbeitungs- bzw. Weltbearbeitungsmodus übernehme ich aus Andreas Reckwitz, *Die Erfindung der Kreativität. Zum Prozess gesellschaftlicher Ästhetisierung*, Berlin 2012, der sie allerdings in Zusammenhang mit modernen Ästhetisierungsprozessen gebraucht.

17 Comenius, *Der Weg des Lichtes*, S. 106.

18 Hier unterscheidet Comenius zwischen drei Gattungen von Büchern: Pansophia („ordnungsgemäß gegliederte Abschrift *der Gottes-Bücher: der Natur, der Schrift und der Begriffe, die dem Geist von Geburt an innewohnen*"), Panhistoria („*als ein hell erleuchtetes Theater für den Verlauf aller* (natürlichen und künstlichen, moralischen und geistigen) *Dinge, die in der Pansophia bereits hinsichtlich der generellen Ideen beschrieben worden sind*") und Pandogmatia („[alle bisherigen] *Schriften sollen so begutachtet und zu Kernaussagen zusammengefaßt werden, wie ihre*

len Schulen, die dieses Wissen vermitteln; (3) einem Pansophischen Kollegium, in dem nach dem Vorbild von Bacons Experimentalphilosophie zum Wohle der christlichen Gemeinschaft aktiv geforscht wird, und schließlich wird (4) eine universale Sprache benötigt, um dieses Wissen ohne Schwierigkeiten weltweit kommunizieren zu können.[19] Methodisch entwirft Comenius die Pansophie als induktives Verfahren interdependierender und sich einfaltender Wissensbereiche; ein Verfahren, das in den Worten Comenius schließlich in „ein System der Systeme", in eine „Kunst der Künste", in eine „Wissenschaft der Wissenschaften" und zuletzt in das „Licht der Lichter", d. h. in das universale Licht münden wird.[20]

Insgesamt lässt sich Comenius' pansophisches Denken in seiner *Via lucis* – mit Uwe Voigt gesprochen – als „kreative Syntheseleistung"[21] begreifen, und zwar von sich konträr gegenüberstehenden geschichtsphilosophischen Modellen: Auf der einen Seite wirken hier *apokalyptisch-chiliastische* Vorstellungen einer Restitution paradiesischer Verhältnisse, die auch bei Comenius nicht unabhängig von der jenseitigen Erlösung existiert, sondern diese gewissermaßen „präfiguriert".[22]

---

einzelnen Autoren nacheinander gelebt und geschrieben haben. [...] *Die Aufgabe, die ein Verfasser der Pandogmatia zu erfüllen hat, besteht nämlich im Wiedergeben und nicht im Werten.*"). Comenius, *Der Weg des Lichtes*, S. 130, 132 und S. 137.

19 Comenius, *Der Weg des Lichtes*, S. 123, 140, 144f., 153 und S. 155.

20 Ebd., S. 47f.

21 Uwe Voigt, *Das Geschichtsverständnis des Johann Amos Comenius in ‚Via Lucis' als kreative Syntheseleistung. Vom Konflikt der Extreme zur Kooperation der Kulturen*, Frankfurt a. M. 1996.

22 Uwe Voigt, „Einleitung", S. XXII. Andernorts fasst Uwe Voigt die Position von Comenius wie folgt zusammen: „Das chiliastische Streben nach innerweltlicher Perfektion, nach Immanenz der Einheit zwischen Mensch und Gott in der Geschichte einerseits und die augustinische Ausschau auf eine endgültige Erlösung in einem Jenseits [...] werden zu integralen Bestandteilen einer kohärenten Bewegung. Raumzeitliche Vollendung bildet überweltliche Vollkommenheit zwar nur ab und ist nicht mir ihr identisch; doch stellt die Weltzeit nicht nur ein der Sphäre des Idealen gegenüber indifferentes Medium andauernder ‚peregrinatio' dar. Vielmehr besitzt sie eine eindeutig qualifizierte Ausrichtung hin auf eine (relative) Vollendung, die sich einer geschichtstranszendenten Erlösung gegenüber nicht verschließt, sondern diese präfiguriert und den Menschen, sofern dieser Einsicht in jene sinnhaltige Struktur der Geschichte gewinnt, darauf vorbereitet. [...] Während der ‚bloße' Chiliast auf dem Heilszustand im Diesseits in-sistiert, der ‚bloße' Augustinist dagegen in kritischer Distanz zu aller innerzeitlichen Verwirklichung ek-sistiert, findet Comenius zu einer kon-sistenten Sichtweise. Das so entstehende Geschichtskonzept läßt sich [...] charakterisieren [...] als eine Art des Chiliasmus, [der] keinen abrupten Abbruch der bisherigen Weltzeit unter drastischen, quasi-apokalyptischen Ereignissen erwartet, sondern einen allmählichen Übergang, der gegebenenfalls [...] menschliche Mitarbeit erfordert, ja stimuliert." Uwe Voigt, *Das Geschichtsverständnis des Johann Amos Comenius*, S. 143f. Spirituelle Erlösung und menschliche Produktivität im naturphilosophischen Experiment, so kann vor diesem Hintergrund festgehalten werden, sind gesellschaftspolitisch gleichermaßen relevant und ermöglichen sich gegenseitig, ohne hierbei aber gänzlich zusammenzufallen. Die aufrechterhaltene Unterscheidung zwischen Vollkommenheit im Diesseitigen und im Jenseitigen ist religiös begründet und spiegelt sich im Verhältnis von aktiver menschlicher Schöpferkraft und gottgewährter Gnade wider: „Ausgeschlossen [vom erstrebten Universalwissen] bleibt – in Übereinstimmung mit puritanischen Ideen – das unmittelbare Wissen göttlicher Dinge als abgehoben und unterschieden von natürlicher, moralischer, und bürgerlicher Vervollkommnung'. Dieses lehrt Gott selbst, ohne daß es der Vermittlung durch menschliches Lernen bedarf." Wolfgang van

Auf der anderen Seite bilden utopische Aspekte eine wesentliche Triebfeder der Pansophie, insofern die Vervollkommnungsfähigkeit des Menschen in seiner eigenen, rationalen Vernunftsfähigkeit begründet liegt. Diese Fähigkeit soll sich in aktivem Handeln manifestieren und sich als Fortschritt in der künftigen Geschichte entfalten. Ihren Niederschlag findet diese Fähigkeit bei Comenius eben in der Ausbildung von institutionell verankerten öffentlichen Einrichtungen und insbesondere im Pansophischen Kollegium.[23]

Apokalyptisches und utopisches Geschichtsmodell schließen sich bei Comenius also nicht gegenseitig aus. Beide Modelle ermöglichen eine Form der Weltaneignung, mittels derer dem kontingenten Sein Sinnhaftigkeit durch ein künftiges Ziel abgerungen werden kann. Wie Bernd Mahr dargelegt hat, erlaubt es die religiöse Apokalypse, eine bezugslose unbestimmbare Angst in eine zielgerichtete Furcht, Hoffnung oder frohe Erwartung zu transformieren.[24] Auf diese Weise können Vergangenheit und Zukunft bzw. Erfahrungsraum und Erwartungshorizont[25] im Zeichen einer geglaubten Prophetie oder des gesteckten Ziels der Vollkommenheit sinnstiftend aufeinander bezogen und dem Nebel einer diffusen Seins-Angst entrissen werden. Modelltheoretisch gesprochen, erweisen sich Apokalypse und Utopie also in doppelter Weise als sinnstiftend: aus dem Vergangenen kann Sinn extrapoliert werden, der als Richtschnur für das Zukünftige dient. Im Modell von Apokalypse und Utopie werden also Vergangenheit und Zukunft mit Blick auf ein Telos vergegenwärtigt.[26]

Klassische Utopien funktionieren aus dieser Perspektive im Grunde ähnlich wie Apokalypsen, wobei aber nicht in erster Linie der Glaube an einen transzendenten Gott, der durch sein alles Verdorbene aussortierendes Eingreifen die Welt zum Guten wenden und sich am Ende der Zeiten offenbaren wird, im Vordergrund steht, sondern eher das Vertrauen auf immanenten Fortschritt, auf Vernunft oder anderes als Katalysator der Seins-Angst fungiert. Trotz möglicher Mischformen[27] – wie eben bei Comenius – ist der entscheidende Unterschied zwi-

den Daele, „Die soziale Konstruktion der Wissenschaft. Institutionalisierung und Definition der positiven Wissenschaft in der zweiten Hälfte des 17. Jahrhunderts", in: Gernot Böhme, ders. und Wolfgang Krohn, *Experimentelle Philosophie. Ursprünge autonomer Wissenschaftsentwicklung*, Frankfurt a. M. 1977, S. 129–182, hier S. 147.

23 Die Vorstellung, dass über Institutionen das Fortkommen des Gemeinwesens reguliert und über lange Zeiträume hinweg garantiert werden kann, stellt ein markantes Kennzeichen eben insbesondere in utopischen Entwürfen dar. Vgl. Richard Saage, *Utopische Profile*, 4 Bde., Münster 2001, Bd. 1, S. 56.

24 Bernd Mahr, „Zum Verhältnis von Angst, Prophezeiung und Modell, dargelegt an der Offenbarung des Johannes", in: *Prophetie und Prognostik. Verfügungen über Zukunft in Wissenschaften, Religionen und Künsten*, hg. von Daniel Weidner und Stefan Willer, München 2013, S. 167–190.

25 Vgl. hierzu Reinhart Koselleck, „‚Erfahrungsraum' und ‚Erwartungshorizont' – zwei historische Kategorien", in: ders., *Vergangene Zukunft. Zur Semantik geschichtlicher Zeiten*, Frankfurt a. M. 1989, S. 349–375.

26 Ebd., S. 354f.

27 Sofern die Utopie aber einen historischen Endzustand kennt, was meist der Fall ist, bleibt in ihr ein Moment der jüdisch-christlichen Apokalyptik wirksam. Vgl. Karl Löwith, *Welt-*

schen religiöser Apokalypse und Utopie als konkurrierende Geschichtsmodelle in der Bedeutung zu sehen, die dem aktiven Handeln des Menschen zugesprochen wird: Denn die religiöse Apokalypse zeichnet sich klassischer Weise eben durch die Vernichtung des Ist-Zustandes durch die göttliche Hand aus, bevor anschließend ein neuer, vollkommener Zustand – wiederum durch die Hand Gottes – erschaffen wird. In der Utopie hingegen wird es meist als die selbstverantwortliche Aufgabe des Menschen verstanden, sukzessiv der Verwirklichung des Idealzustandes zuzuarbeiten.

In der geschichtsphilosophischen Synthese von Apokalypse und Utopie vermittelt Comenius erfolgreich zwischen diesen beiden Geschichtsmodellen, insofern die aktive Mitarbeit des Menschen für die Erreichung eines im Zeichen der christlichen Erlösung stehenden historischen Endzustandes notwendig ist. Genau das ist mit der Kooperation zwischen Mensch und Gott gemeint, die für Comenius äußert wichtig ist.

> Es ist also nicht Gottes Wille, daß wir bei unserem Bitten und Warten müßig bleiben, während wir das ersehnte Gut von ihm erbitten oder auf bereits Versprochenes warten. Vielmehr sollen wir zugleich auch handeln, und zwar so, daß wir damit die Ernsthaftigkeit unseres Bittens, Klopfens und Wartens bestätigen, d. h. wir sollen Gott entgegenkommen und unsere Hand ausstrecken, um die Geschenke anzunehmen, die er bringt. [...] *Überdies ist es gestattet, bei jedem Handeln zugleich auch dessen Prinzipien einzusehen, nach denen es zu geschehen hat, und dieser Einsicht wegen Nachforschungen anzustellen.* [...] Es bleibt also nur das eine übrig: Niemand darf Gott seine Mitarbeit verweigern, wenn er merkt, daß er in einer Angelegenheit etwas zum allgemeinen Nutzen beitragen kann.[28]

Wissensgeschichtlich ist diese Syntheseleistung von Comenius mit Blick auf die Frage nach dem modernen Fortschrittsdenken äußerst bemerkenswert. Als wichtigstes Merkmal für Fortschrittsdenken definiert Jürgen Mittelstraß die theoretische Reflexion des aktiv-autonomen Handelns in Form eines sich in der künftigen Zeit stetig weiter entfaltenden Wissens. Hierfür sei wiederum ein Zusammenspiel von „historischem" und „planendem Bewußtsein" erforderlich.[29] Einen zentralen Ort, in dem sich dieses Fortschrittsdenken manifestieren und entfalten kann, stellen die Akademien der experimentellen Naturforschung dar. Zu Institutionalisierungsprozessen kam es in den Wissenschaften im Abendland selbstverständlich bereits ab dem Mittelalter, aber erst im 17. Jahrhundert wird davon auch die experimentelle Naturforschung auf breiter Basis erfasst, die bis dahin vor allem in der häufig als sehr ambivalent erachteten Kunst der Alchemie oder auch in

geschichte und Heilsgeschehen. Die theologischen Voraussetzungen der Geschichtsphilosophie [1953], Stuttgart 2004.

28 Comenius, *Der Weg des Lichtes*, S. 54f. und S. 57.

29 Jürgen Mittelstraß, *Neuzeit und Aufklärung. Studien zur Entstehung der neuzeitlichen Wissenschaft und Philosophie*, Berlin/New York 1970, S. 343ff.

magischen Praktiken ihre weit verstreuten Orte hatte. In den Akademien der experimentellen Naturforschung wird erstmals das Programm einer Generationen übergreifenden Forschung, mithin die Idee einer *scientific community* programmatisch formuliert, deren in die Zukunft weisenden und auch die Phantasie anregenden Erfolge – schon in einem ganz modernen Sinne von Fortschritt – maßgeblich von der rastlosen experimentellen Tätigkeit ihrer Mitglieder abhängt.

Vor diesem Hintergrund kann nun festgehalten werden, dass nicht nur Bacon und Descartes – gewissermaßen als Vordenker des modernen Fortschrittsmodells – die Institutionalisierung der experimentellen Wissenschaft gefordert haben, wie dies in der Forschung mit direktem Blick auf die Gründung der Royal Society 1660 häufig nahegelegt wird.[30] Denn die pansophischen Ideen von Comenius und deren Einfluss auf den Hartlib-Circle belegen, dass eine Form des institutionell verankerten Fortschrittsdenkens im Bereich der Naturphilosophie bereits zwei Jahrzehnte vor der Gründung der Royal Society sehr konkrete Gestalt angenommen hat, und zwar keineswegs im Kontext eines weltimmanenten rationalistischen Empirismus.[31]

Wichtig ist es aber, den fundamentalen Unterschied zwischen dem pansophischen und dem modernen Fortschrittsmodell klar hervorzuheben. In der Pansophie von Comenius ist eine wichtige Paradoxie des modernen Fortschrittsdenkens nämlich noch nicht vollends entfaltet: Koselleck hat diese Paradoxie des Fortschritts als eine Dialektik ausgewiesen, die in der Moderne aus einer entfinalisierten Teleologie resultiere; also eine Dialektik, die sich zwischen der Unerreichbarkeit endlicher Perfektion einerseits und der Notwendigkeit einer endlosen Zielverschiebung andererseits entfalte.[32] Die für die Moderne charakteristische radikale Differenz bzw. der immer stärker auseinanderklaffende Bezug zwischen

---

30 In diesem Sinne argumentiert bspw. auch noch Mittelstraß, wenn er schreibt: „Wo zu Beginn des neuzeitlichen Denkens vom Fortschritt gesprochen wird und Erwartungen mit diesem verknüpft werden, geschieht dies entweder unmittelbar unter Hinweis auf die neue Wissenschaft, z. B. auf die Arbeiten Galileis, Harveys, Newtons und Boyles, oder mittelbar unter Berufung auf deren Interpreten, in erster Linie Descartes." Ebd., S. 348.

31 Zu den diffusen Verbindungen zwischen Hartlib-Circle und Royal Society vgl. Michael Lorber. „Der Wunsch, einen ‚seichten aufgeblasenen Kopf in seiner ganzen Größe darzustellen'. Historische Hintergründe zur Rezeption Johann Joachim Bechers in der *historia literaria*", in: *Scharlatan! Eine Figur der Relegation in der frühneuzeitlichen Gelehrtenkultur (= Zeitsprünge. Forschungen zur Frühen Neuzeit/Studies in Early Modern History, Culture and Science* 17.2/3 (2013)), hg. von Tina Asmussen und Hole Rößler Frankfurt a. M. 2013, S. 183–214, hier insbes. S. 201–210; R. H. Syfret, „The Origins of the Royal Society", in: *Notes and Records of the Royal Society of London* 5.2 (1948), S. 75–137; G. H. Turnbull. „Samuel Hartlib's Influence on the Early History of the Royal Society", in: *Notes and Records of the Royal Society of London* 10.2 (1953), S. 101–130; Charles Webster, „New Light on the Invisible College. The Social Relations of English Science in the Mid-Seventeenth Century", in: *Transactions of the Royal Historical Society* 24 (1974), S. 18–42; David Kronick. „The Commerce of Letters: Networks and ‚Invisible Colleges' in Seventeenth- and Eighteenth-Century Europe", in: *The Library Quarterly* 71.1 (2001), S. 28–43.

32 Reinhart Koselleck und Christian Meier, „Fortschritt", in: *Geschichtliche Grundbegriffe. Historisches Lexikon zur politisch-sozialen Sprache in Deutschland*, hg. von Reinhart Koselleck, Otto Brunner und Werner Conze, 8 Bde., 1972–1997, Bd. 2, S. 351–423, hier S. 352.

Erfahrungsraum und Erwartungshorizont hat sich in der Pansophie angesichts des durch die Transzendenz Gottes präfigurierten historischen Telos schlicht noch nicht in dem Maße entfaltet, um von Fortschritt in einem modernen Sinne sprechen zu können. Oder etwas einfacher formuliert: Uns Modernen ist völlig bewusst, dass sich unser Streben nach Perfektion niemals erfüllen wird, sondern sich dieser finale Zustand, an dem alles gut sein wird, mit dem Fortschreiten der Zeit endlos weiter in die Zukunft verschiebt. Die Sehnsucht nach diesem perfekten Zustand ist für uns einerseits ein Motor für den scheinbar unaufhaltsamen Fortschritt, insofern wir trotzdem weiter tätig bleiben; dies bedeutet andererseits ob seiner Unerreichbarkeit auch einen existenziellen Sinnverlust. Das ist der Preis der Freiheit von der christlichen Prädestination.

Comenius hingegen kann in der Pansophie immanente Geschichtlichkeit und transzendente Vollkommenheit mittels seines apokalyptisch-utopischen Geschichtsmodells noch synthetisieren. Zwar zeichnet sich die Pansophie bereits durch die Dominanz des sich seiner immanenten Geschichtlichkeit bewussten Menschen aus, der in diesem Bewusstsein autonom handelt und Zukunft aktiv und eigenverantwortlich gestaltet. In der Art, wie Comenius Themen wie Naturforschung, Soziales, Bildung und Politik programmatisch im Zeichen des gemeinschaftlichen Heils miteinander verbindet, gelingt es ihm aber, unendlichen Fortschritt und teleologische Heilsgeschichte in seiner pansophischen Vision einer programmatischen Generalreformation zusammenzudenken, in welcher der gläubige und zugleich aktiv-schöpferische Mensch den zentralen Platz einnimmt. Auf gewisse Weise kann das Heil durch das christliche Handeln im Sinne der Pansophie in die gegenwärtige Welt einwandern, insofern es durch die außerzeitliche Gnade Gottes ontologisch abgesichert ist und die irdische Zeit eben deshalb präfigurieren kann. Vielleicht könnte man – zugegebenermaßen doppelt paradox – von einem *vor*modernen Fortschrittsmodell in der *Via lucis* sprechen, das in seinem spezifischen Verständnis von Naturwissen eben der Apokalypse letztendlich mehr als der Utopie verpflichtet ist.

2

Das pansophische Programm ist gescheitert. Ob Comenius' Programm in England mit Hilfe Hartlibs tatsächlich hätte realisiert werden können, wenn es nicht zum Bürgerkrieg gekommen wäre, bleibt fraglich; allein schon Oliver Cromwells Protektorat ein Jahrzehnt später lässt anderes vermuten. Auch in der experimentellen Naturforschung konnte sich der rationalistische Empirismus[33] gegen die Pansophie letztlich durchsetzen, dafür steht beispielhaft eben die Gründung der Royal

33 Im Zusammenspiel zwischen einer epistemologisch aufgerüsteten Methodik einerseits und einer offenen Epistemologie experimenteller Verfahrensweise andererseits wird auch der vermeintliche Gegensatz zwischen (französischem) Rationalismus à la René Descartes und (englischem) Empirismus à la Francis Bacon durchlässig. Zur Aufhebung dieser Gegensätzlichkeit vgl. Andreas Gipper, „Experiment und Öffentlichkeit. Cartesianismus und Salonkultur im französischen 17. Jahrhundert“, in: *Spektakuläre Experimente. Praktiken der Evidenz-*

Society um 1660. Diese Tendenz zur Verweltlichung, die diesem neuen, mit der Pansophie nicht zu vereinbarendem Fortschrittsdenken innewohnte, hat bereits Comenius auf sehr hellsichtige Weise sich abzeichnen sehen und auch kritisch kommentiert. Auf die aus dem Immanent-Werden des Naturwissens resultierenden Risiken hat er ausdrücklich hingewiesen; und zwar im hochambivalenten Widmungsschreiben seiner *Via lucis* von 1668 an die Royal Society.

Die *Via lucis* widmet er den „Lichtspendern eines erleuchteten Zeitalters, der Königlichen Londoner Gesellschaft, einer erfolgreichen Geburtshelferin für die im Entstehen begriffene sachbezogene Philosophie". Er lobt auch die vielen „*bereits veröffentlichte*[n] *Erfahrungsberichte über staunenswerte Beobachtungen*".[34]

Diese Widmung ist außerordentlich beachtenswert und brisant: Das gesellschaftliche Reformprogramm der *Via lucis,* das in der aufgeheizten Stimmung eines radikalisierten Antiroyalismus unmittelbar vor dem englischen Bürgerkrieg entstanden ist, wird einer naturforschenden Gesellschaft zugeeignet, die sich unmittelbar nach der Restauration von 1660 konstituiert und vor kurzem erst von Charles II. die königlichen Privilegien erhalten hat sowie dezidiert in königlichen Diensten steht. Diesen veränderten politischen Umständen muss Comenius dementsprechend in seiner Widmung auch Rechnung tragen: Er täuscht im Widmungsschreiben über die eigentlichen Beweggründe seiner Englandreise von 1641/42, auf der die *Via lucis* entstanden ist, hinweg: Statt von der damals beabsichtigten Reform der Wissenschaften und des Erziehungswesens mit dem Ziel, eine christliche Gemeinschaft mit Unterstützung des Parlaments zu realisieren, spricht er nur von seiner damaligen Absicht, die Heiden in Neu-England zu missionieren; ein Vorhaben, mit dem er sich vermutlich erst sehr viel später – lange nach dieser Reise – tatsächlich beschäftigt hat.[35] Des Weiteren findet in der gesamten *Via lucis* der für ihre Entstehungsgeschichte so wichtige Samuel Hartlib keinerlei Erwähnung, da dieser aufgrund seiner Unterstützung Cromwells in Ungnade gefallen war.[36] Zudem betont Comenius, dass sein vorgeschlagenes Reformpro-

---

produktion im 17. Jahrhundert (= Theatrum Scientiarum, Bd. III), hg. von Helmar Schramm, Ludger Schwarte und Jan Lazardzig, Berlin/New York 2006, S. 242–259.

34 Vgl. Johann Amos Comenius, „Widmungsschreiben an die Royal Society", in: ders., *Der Weg des Lichtes,* S. 3–19, hier S. 9.

35 Ebd., S. 4 und Uwe Voigt, *Das Geschichtsverständnis des Johann Amos Comenius,* S. 41f.

36 Nach der Rückkehr Charles II. aus dem französischen Exil 1660 konnten solche offensichtlichen Anhänger der puritanischen Revolutionsidee wie Hartlib, die ganz öffentlich für „release from the restrictions of the ancien régime; liberty of religious association, liberty of the press, free trade, reform of monopolistic professional practices, leading to free and socially reorientated medicine, education and law" eingetreten waren, keine Rehabilitation erwarten. Obwohl viele der Gründungsmitglieder der Royal Society von der Unterstützung Hartlibs im Vorfeld der Restauration unmittelbar profitierten, wurde Hartlib auch bei der Gründung der Royal Society 1660 weder in einem ersten Vorschlag von 35 möglichen Fellows berücksichtigt, noch fand er Erwähnung in einer erweiterten Liste von 100 weiteren Kandidaten. In den frühen offiziellen Dokumenten der Royal Society taucht er genauso wenig auf wie später in Thomas Sprats *History of the Royal Society* (1667). Webster, „Introduction", S. 41, 63 und S. 69.

gramm „unter unveränderter Beibehaltung der gegebenen Grundlagen Bildung, Religion *und* Politik" durchgeführt werden könne.[37] Auf diese Weise bemüht er sich, jedweden Verdacht eines revolutionären politischen Geistes gegenüber der noch jungen Monarchie zu zerstreuen; ein Geist, der seiner Schrift mehr als zu Recht hätte unterstellt werden können. Die Bewahrung der herrschenden gesellschaftlichen Ordnung, deren vollständige Erneuerung in den 1640er Jahren im Umfeld des Hartlib-Circles noch das revolutionäre Ziel der pansophischen Idee war, wird somit den neuen politischen Bedingungen angepasst und geradezu zum neuen qualitativen Ausweis der pansopischen Unternehmung erhoben.

Ein zentrales Anliegen, das Comenius mit seiner Widmung verfolgt, ist es, die Anschlussfähigkeit seiner Pansophie für die experimentellen Forschungen der Royal Society nachzuweisen, und zwar nicht nur mit Blick auf die *Via lucis*, sondern auch auf seine gerade im Entstehen befindliche *Consultatio catholica*.[38] Die wertvollsten Berührungspunkte zwischen seinem pansophischen Programm und der experimentellen Naturforschung der Royal Society sieht Comenius in einem Unterprogramm der universalen Bücher, nämlich der Panhistoria. Die Panhistoria ist *„ein hell erleuchtetes Theater für den Verlauf aller* (natürlichen und künstlichen, moralischen und geistigen) *Dinge"*. Experimente definiert Comenius in diesem Zusammenhang als *„Ringen der natürlichen Form mit der Materie,* der natürlichen Substanzen untereinander, der Kunst mit der Natur, der Gesetze mit den Gewohnheiten, der menschlichen Klugheit mit den tatsächlichen Geschehnissen, der göttlichen Weisheit mit der menschlichen Torheit".[39] Dass die für ihre Experimente bekannte Royal Society die organisatorischen Voraussetzungen für die Grundpfeiler des pansophischen Unternehmens liefern kann, ergibt sich für Comenius aus dem Umstand, dass die Königliche Gesellschaft als Institution eben „bereits mit öffentlicher Autorität ausgestattet" sei.[40] Deswegen stelle sie eine Lösung für das große Problem dar, dass – und hier zitiert Comenius wörtlich Bacons Idee für eine von der öffentlichen Hand geförderte *scientific community* – „die Lebenszeit keines einzigen Menschen dafür aus[reicht], alles zu bewältigen", eben weil „gewisse Versuche [...] nur langsam, im Verlauf von Jahren und Jahrhunderten voranschreiten".[41]

Trotz aller politischen Zugeständnisse und dem Aufzeigen der offensichtlichen Berührungspunkte kommt die Kritik an der Royal Society im Widmungsschreiben keineswegs zu kurz. In dieser Kritik treten nicht nur die Differenzen zwischen dem universalen pansophischen Kollegium und der Königlichen Gesellschaft, sondern viel umfassender auch jene zwischen der generalreformatorischen Bewegung und dem institutionalisierten Baconismus klar zutage. Zudem

37 Comenius, „Widmungsschreiben an die Royal Society", S. 7.
38 Ebd., S. 5.
39 Comenius, *Der Weg des Lichtes*, S. 132.
40 Comenius, „Widmungsschreiben an die Royal Society", S. 5.
41 Comenius, *Der Weg des Lichtes*, S. 133. Im Vorwort zitiert Comenius die entsprechende Passage aus Bacons *Advancement of Learning* ausdrücklich. Vgl. ebd., S. 9 und S. 197 (dort Anm. 29).

werden alle in das Widmungsschreiben eingestreuten politischen Anbiederungsversuche in dieser kritischen Hinterfragung der Royal Society wenn nicht gerade zurückgenommen, so doch inhaltlich aufs Deutlichste konterkariert.

Nach all dem Lob und der Erläuterung der möglichen Bedeutung der Königlichen Gesellschaft für seine Panhistoria hält Comenius mit Blick auf deren augenblickliche Ausrichtung kritisch fest, „daß dies noch nicht das Ganze ist, wonach im Namen der Menschheit schon anfänglich verlangt wird *und das dazu erforderlich ist, die Glückseligkeit des Letzten Zeitalters heraufzuführen: man muß gänzlich* DARÜBER HINAUS [PLUS ULTRA] streben“.[42]

Die Formulierung „plus ultra“ („darüber hinaus“) verdient in diesem Zusammenhang größte Aufmerksamkeit, weil es sich hierbei um einen seit der Renaissance programmatischen Ausdruck handelt, der für Expansion steht, wobei gleichermaßen raumzeitliche wie theoretische Erweiterungen der menschlichen Weltsicht gemeint sein können. Die Formulierung leitet sich von der Wendung „nec plus ultra“ („und nicht darüber hinaus“) ab, die als Warnung auf den Säulen des Herakles bei Gibraltar gestanden und das Ende der Welt markiert haben soll.[43] Die Verkürzung und damit inhaltliche Verkehrung auf „plus ultra“ symbolisiert die Überschreitung von einst als unüberschreitbar erachteter Grenzen und wurde zum Motto von Karl V., in dessen Reich die Sonne nie unterging.[44] Francis Bacon greift auf seinem Frontispiz zur *Instauratio magna* (1620) das sein gesamtes Werk charakterisierende „plus ultra“ auf, indem er ein Schiff zwischen den Säulen des Herakles allen Warnungen zum Trotz erfolgreich heimkehren lässt (Abb. 1). Als Motto dient dem Frontispiz „Multi pertransibunt & augebitur scientia“ („Viele werden hindurchfahren & das Wissen wird sich mehren“), das der Daniel-Apokalypse entstammt (Daniel 12,2–4), nun aber in seiner expansiven Kraft eben nicht mehr in einem unmittelbar apokalyptischen Kontext steht. Im Gegenteil: Das im Hintergrund des Frontispizes zu erkennende zweite Schiff symbolisiert viel eher den Aufbruch in neue Zeiten, in einen „endless progress or proficience“, der für die Royal Society programmatisch werden sollte. Im *Valerius Terminus* (1603) hatte Bacon selbst zwei Jahrzehnte zuvor den apokalyptischen Rahmen hingegen noch wesentlich deutlicher herausgestellt.[45]

---

42 Comenius, „Widmungsschreiben an die Royal Society“, S. 9.

43 Vgl. hierzu Hans Blumenberg, *Legitimität der Neuzeit*, Erneuerte Ausgabe, Frankfurt a. M. 1996, S. 396 und Comenius, *Der Weg des Lichtes*, S. 198 (dort Anm. 31 von Uwe Voigt).

44 Vgl. Karlheinz Stierle, *Das große Meer des Sinns. Hermenautische Erkundungen in Dantes „Commedia“*, München 2007, S. 384f.

45 „[…] a special prophecy, was appointed to this autumn of the world: for to my understanding it is not violent to the letter, and safe now after the event, so to interpret that place in the prophecy of Daniel where speaking of the latter times it is said, *Many shall pass to and fro, and science shall be increased*; as if the opening of the world by navigation and commerce and the further discovery of knowledge should meet in one time or age.“ Francis Bacon, „Advancement of Learning“, in: ders., *The Works of Francis Bacon*, hg. von James Spedding, Robert Leslie Ellis und Douglas Denon Heath, 14 Bde., Stuttgart – Bad Cannstatt 1982, Bd. 3, S. 253–491, hier S. 268 [Nachdruck d. Ausgabe London, 1857–1874]; ders. „Valerius Terminus of the Interpration of Nature: with the Annotations of Hermes Stella“, in: ders., *The Works*

Im heilsgeschichtlichen Kontext der Pansophie strebt das „plus ultra" aber noch nicht der latent infiniten Akkumulation von Wissen innerhalb der experimentellen Naturphilosophie entgegen, wie dies im institutionalisierten Baconismus der Royal Society eben im Wesentlichen der Fall sein sollte. Vielmehr geht es Comenius in seinem dreistufigen Erkenntnismodell um die Weiterführung der Erkenntnis der Natur über ihre materielle Dinghaftigkeit hinaus, insofern auf die Erkenntnis der Natur, die Erkenntnis des menschlichen Wesens und schließlich die Erkenntnis des Wesen Gottes folge [„physische, metaphysische, hyperphysische Schule"].[46] Das „plus ultra" ist bei Comenius damit in Bezug auf Wissen wesentlich metaphysisch und qualitativ geprägt, während es im institutionalisierten Baconismus vor allem quantitative Dimensionen umfasst und Wissen letztendlich als selbstreferentiell ausweist. Selbstzweck und Quantität von Wissen schließt Comenius aus seiner Panhistoria aber ganz explizit strikt aus. Er schreibt:

> *Sodann darf auch nicht alles Wahre verzeichnet werden, sondern allein dasjenige, das in bedeutsames Wissen übergehen kann,* in Wissen, das dazu dient, die geistige Auffassungskraft auf die Betrachtung der Dinge auszurichten, dazu, Klugheit hinsichtlich der Tätigkeiten der Dinge anzuerziehen, oder schließlich dazu, dem Geist der Menschen fromme, pflichtbewußte Gesinnung und ernsthafte Ehrfurcht vor der Gottheit zu verleihen.[47]

Comenius greift mit „plus ultra" somit ein den Fellows sehr vertrautes Motto auf,[48] gibt ihm aber im Rahmen seiner Beweisführung, warum sich die Königliche Gesellschaft seiner Pansophie anschließen soll, mittels einer äußerst geschickten Rhetorik statt einer quantitativen eine qualitative Bedeutung. Damit steht Comenius den ursprünglichen Gedanken Bacons, der den heilsgeschichtlichen Aspekt im Gesamtprogramm der *Instauratio magna* zumindest für das Ende der Zeiten noch gelegentlich thematisiert, vielleicht sogar näher als die Mitglieder der Königlichen Gesellschaft, die sich ja ausdrücklich auf Bacon berufen.

---

of Francis Bacon, hg. von James Spedding, Robert Leslie Ellis und Douglas Denon Heath, 14 Bde., Stuttgart – Bad Cannstatt 1982, Bd. 3, S. 215–252, hier S. 221 [Nachdruck d. Ausgabe London, 1857–1874].

46 Vgl. Comenius, „Widmungsschreiben an die Royal Society", S. 10–13.

47 Comenius, *Der Weg des Lichtes*, S. 134. Damit steht Comenius auch in diesem Punkt Andreae nahe. Vgl. Martin Brecht, „‚Er hat uns die Fackel übergeben...' Die Bedeutung Johann Valentin Andreaes für Johann Amos Comenius", in: *Das Erbe des Christian Rosenkreuz, Vorträge gehalten anläßlich des Amsterdamer Symposiums 18.–20. November 1986: Johann Valentin Andreae 1586–1986 und die Manifeste der Rosenkreuzerbruderschaft 1614–1616*, hg. von der Bibliotheca Philosophica Hermetica, Amsterdam 1988, S. 28–47.

48 Im selben Jahr wie Comenius' *Via lucis* erscheint Joseph Glanvills (Fellow der Royal Society) ebenfalls dieses Motto aufgreifende, zukunftsoptimistisch-programmatische Schrift *Plus ultra: Or, the Progress and Advancement of Knowledge Since the Days of Aristotle. In an Account of some of the most Remarkable Late Improvements of Practical, Useful Learning: To Encourage Philosophical Endeavours*, London 1668.

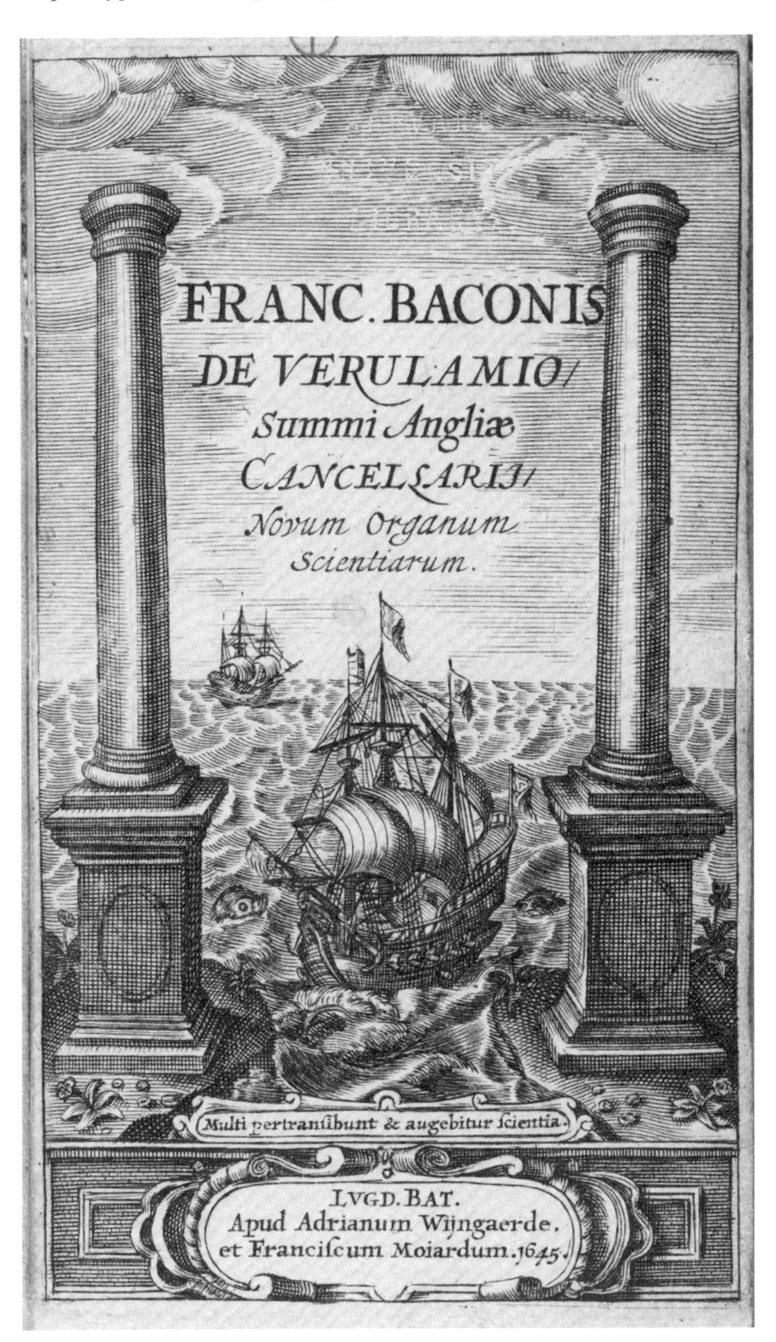

Abb. 1: Frontispiz zu Francis Bacon, *Novum organum scientiarum* (1620). Leiden 1645. EC.B1328.620ib, Houghton Library, Harvard University.

Seine Kritik schließt Comenius dann mit sehr deutlichen Worten: Er wolle die Mitglieder der Royal Society darauf aufmerksam machen, dass deren Tätigkeiten den pansophischen Anforderungen bei weitem noch nicht entsprechen würden, sie aber jetzt durchaus noch die Gelegenheit hätten, mit ihrer Arbeit nach Höherem zu streben.[49] Wenn sie sich hingegen wie bisher mit den bloßen Ergebnissen ihrer Experimente zufriedengeben sollten, ohne auf ihre weitergehende gesellschaftliche Bedeutung für den Menschen und für die Gotteserkenntnis zu reflektieren, würden sie „lächerlich sein wie der Mann im Evangelium, der begann, einen Turm zu bauen, und ihn nicht zu Ende führen konnte […]. Euer Werk wird ein auf den Kopf gestelltes Babel sein, das seine Bauten nicht gegen den Himmel richtet, sondern gegen die Erde."[50]

Nach dieser grundlegenden Kritik wird der Ton wieder etwas versöhnlicher, und Comenius betont nochmals, dass er die Royal Society in ihrem Suchen nach der Wahrheit der Natur keineswegs verachte. Vielmehr sehe er in deren Arbeiten die wichtige erste Grundvoraussetzung für die pansophische Erkenntnis.[51] Letztlich lässt Comenius aber von seiner pansophischen Unternehmung nicht ab und gesteht in all seinem Lob für die Königliche Gesellschaft deren Mitgliedern nur zu, bislang „im Tempel der Weisheit Gottes lediglich die Schwelle berührt" zu haben.[52]

Die offizielle Reaktion der Royal Society auf die ihr gewidmete *Via lucis* war dementsprechend recht verhalten. Henry Oldenburg übersandte Comenius in seiner Funktion als Sekretär der Royal Society einen Dankesbrief und das neue Buch von John Wilkins zur Universalsprache. Eine inhaltliche Auseinandersetzung mit der Pansophie blieb aus. Die Ausgabe der *Via lucis*, die Comenius der Royal Society zukommen ließ, wurde umgehend weiterverkauft.[53]

In diesem Zusammenhang ist noch erwähnenswert, dass Comenius etwa zur selben Zeit und aus ähnlichen Gründen nicht nur die englischen Empiriker, sondern auch die französischen Rationalisten mit einer äußerst ambivalenten Widmung bedacht hat: Seine unvollendeten *Clamores Eliae* (*Die Mahnrufe des Elias*) eignet er zwar den Cartesianern zu, jedoch nicht ohne darin den sich der Theologie und der Politik gleichermaßen enthaltenden Cartesianismus als „pestilentissmus

49 Vgl. Comenius, „Widmungsschreiben an die Royal Society", S. 13.

50 Ebd., S. 14f.

51 Ebd., S. 10f. und S. 15f. An späterer Stelle reformuliert Comenius seine Drei-Schulen-Lehre nochmals: „Es wird nämlich nicht genügen, Forschungen über die Dinge außerhalb von uns einzuleiten [Tätigkeitsbereich der Royal Society]; es ist auch nach weitaus Größerem zu suchen, nach der Wahrheit der Dinge in uns und nach der Wahrheit des Reiches Gottes für uns." Ebd., S. 18.

52 Ebd., S. 14.

53 Vgl. Blekastad, *Comenius*, S. 659. Kunna stellt die These auf, dass der Verkauf des Buches neben finanziellen Gründen auch deshalb beschlossen worden sein könnte, um sich durch dessen Besitz nicht zu kompromittieren. vgl. Ulrich Kunna, *Das „Krebsgeschwür der Philosophie". Komenskýs Auseinandersetzung mit dem Cartesianismus* (= Schriften zur Comeniusforschung, Bd. 19), Sankt Augustin 1991, S. 232f.

in philosophia" – als „Krebsgeschwür der Philosophie" – zu bezeichnen. Als geeignetes Heilmittel gegen die quantitative Raum-Zeit-Immanenz cartesianischer Rationalität empfiehlt Comenius wiederum seine Pansophie.[54]

Wogegen sich Comenius in seinem eigenwilligen universalwissenschaftlichen Ansatz sehr hellsichtig richtet, ist also die sich abzeichnende Auffächerung des menschlichen Wissens in verschiedene, voneinander unabhängige Wissensbereiche. Faktisch ist es aber genau jene funktionelle Ausdifferenzierung des universalwissenschaftlichen Wissens in mehr oder weniger autonome Wissenschaftsdisziplinen, die den Beginn der modernen Wissenschaft markiert. Bei dieser Form disziplinärer Ausdifferenzierung handelt es sich – mit Rudolf Stichweh gesprochen – um eine *horizontale* Ausdifferenzierung des Wissens, insofern sogenannte „Interdependenzunterbrechungen"[55] im universalen Wissensgebäude die Etablierung paralleler, gleichrangiger und autonomer Wissenschaftsdisziplinen erlauben. Damit wird in den modernen Wissenschaften sukzessiv das vertrauensvolle Band einer *vertikalen* Ausdifferenzierung von Wissen gelöst, das den Menschen noch mit Gott verbinden konnte. Denn im Zeichen seiner Pansophie – verstanden als „fortlaufende Methode (welche einer Kette zu vergleichen ist)"[56] – konnte Comenius noch experimentelle Naturphilosophie, Pädagogik, Moral, Politik und Theologie im Wissensgebäude des pansophischen Kollegiums zusammendenken und im universalen Licht der Pansophie sich vertikal ins Göttliche einfalten sehen. Mit der horizontalen Ausdifferenzierung ist neben der Parallelisierung von autonomen Wissensbereichen zugleich ein absolutes Immanent-Werden des Wissens verbunden. Strenggenommen kann von nun an in der Naturphilosophie – darauf hat Thomas Leinkauf hingewiesen – nicht mehr von der ‚einen' Natur gesprochen werden, die „in ihrem inneren, dem Auge unzugänglichen elementaren Bereich metaphysisch bzw. göttlich gedeutet wird".[57] An ihre Stelle trete das pluralisierte Neutrum von disziplinär ausdifferenzierten Naturen.

Voraussetzung für diese Pluralisierung des Naturwissens, die sich – in der für die Wissenschaftsgeschichte einflussreichen Terminologie von Thomas S. Kuhn – in unterschiedlichen disziplinären Paradigmen niederschlägt,[58] war eben jene Entkoppelung des Naturwissens von Politik und göttlicher Offenbarung, gegen die Comenius in seinem Widmungsschreiben so entschieden argumentiert. Denn während er sich in seiner synthetisierenden Geschichtsphilosophie darum

54 Zum Verhältnis von Descartes' und Comenius' Philosophie vgl. grundlegend Kunna, *Das „Krebsgeschwür der Philosophie"* und Comenius, *Der Weg des Lichtes*, S. 200f. (dort Anm. 42). Zur Übersetzung von „pestilentissimus" als „Krebsgeschwür" vgl. Kunna, ebd., S. 7f. (dort Anm. 3).

55 Rudolf Stichweh, *Zur Entstehung des modernen Systems wissenschaftlicher Disziplinen. Physik in Deutschland 1740–1890*, Frankfurt a. M. 1984, S. 17; vgl. dort auch S. 39–62.

56 Comenius, „Widmungsschreiben an die Royal Society", S. 6.

57 Thomas Leinkauf, „Der Naturbegriff in der Frühen Neuzeit. Einleitung", in: ders., *Der Naturbegriff in der Frühen Neuzeit. Semantische Perspektiven zwischen 1500 und 1700*, hg. von dems. unter Mitwirkung von Karin Hartbecke, Tübingen 2005, S. 1–19, hier S. 9 und S. 18f.

58 Thomas S. Kuhn, *Die Struktur wissenschaftlicher Revolutionen*, Zweite revidierte und um das Postskriptum von 1969 ergänzte Auflage, Frankfurt a. M. 1973.

bemüht, christlichen Glauben und die Bacon'sche Experimentalphilosophie zusammen zu denken, wird aus seiner Perspektive vom institutionalisierten Baconismus eben genau diese Verbindung preisgegeben.

Was Comenius in seiner Kritik an der Royal Society somit reflektiert, sind die epistemologischen Risiken von umbrechenden Geschichtsmodellen bzw. von einer veränderten epistemologischen Weltaneignung: Denn Comenius erkennt sehr klar, dass mit der Art und Weise, wie die königlichen Fellows experimentell forschen, der Verlust des gesellschaftlichen Wertes jenes Naturwissen einhergeht, der im Zentrum seiner Pansophie steht. Denn Naturwissen besitzt in der Pansophie deshalb allerhöchste Bedeutung, eben weil es über sich hinausweist und sinnstiftend für die christliche Gemeinschaft ist, insofern es als Ausdruck des göttlichen Heilsplanes erscheint, dem die Menschen in der Pansophie aktiv zuarbeiten können. Diesen Sinn im Naturwissen kann Comenius in seiner Immanenz und Transzendenz synthetisierenden Methodik noch bewahren: Denn Comenius deutet und bündelt die Polyvalenzen eines weltimmanenten Wissensfortschritts im Zeichen der christlichen Erlösung am Ende der Zeiten. Aus dieser Perspektive kann die gegebene Vielfalt des Wissens als ausgefaltete Präfiguration der Erlösung im Göttlich-Einen im Hier und Jetzt kontextualisiert werden. Auf diese Weise erfährt das Naturwissen seine Nobilitierung und Harmonisierung mit und in der christlichen Heilslehre. Die Entkoppelung des Naturwissens von der Religion, der Politik und der Gesellschaft hingegen, und genau das wirft Comenius ja den Mitgliedern der Königlichen Gesellschaft vor, würde zu einer referenzlosen Autonomisierung des Wissens führen, in der es um seinen eigentlichen Wert gebracht und seiner über sich hinausweisenden Bedeutung beraubt wird.

Diese Autonomisierung und Neutralisierung des Naturwissens gegenüber seinen sozialen und politischen Bedingungen, die gemeinhin als Wissenschaftliche Revolution in der Frühen Neuzeit bezeichnet wird,[59] hat Wolfgang van den Daele in seiner soziologischen Analyse der Ursprünge der modernen Naturwissenschaft konzise auf den Punkt gebracht: Die moderne Wissenschaft verlege „den sozialen, politischen, pädagogischen Wert der Erkenntnis" – auf den es ja dem Reformer Comenius vor allem ankam – „in ihre Objektivität selbst". Was in diesem Kontext als Selbstbehauptung des Menschen gegenüber der Natur erscheint, sei letztlich schlicht eine Funktionalisierung „der positiven Erkenntnis" der Wissenschaft „für beliebige Zwecke": „Für die Bindung dieser Funktionalität an humanen Fortschritt" gebe es – so van den Daele weiter – „keine inhaltlichen und organisatorischen Mechanismen" mehr.[60] Aus dieser wissenshistorischen

59 Zum teils verwirrenden Gebrauch des Begriffs ‚Wissenschaftliche Revolution' (Singular) in Abgrenzung zu Kuhns ‚wissenschaftlichen Revolutionen' (Plural) vgl. I. Bernard Cohen, *Revolutionen in der Naturwissenschaft*, übers. von Werner Kutschmann, Frankfurt a. M. 1994.

60 van den Daele, „Die soziale Konstruktion der Wissenschaft", S. 163f. Vgl. auch Wilhelm Kühlmann. „Sozietät als Tagtraum – Rosenkreuzerbewegung und zweite Reformation", in: *Europäische Sozietätsbewegung und demokratische Tradition. Die europäischen Akademien der Frü-*

Perspektive tendiert Wissen an der Schwelle zur Moderne zunächst dazu, selbstreferentiell, autonom und neutral zu werden, um sich dann in seiner Neutralität für alle möglichen Zwecke instrumentalisieren zu lassen. Mit dieser hinsichtlich des abhanden gekommenen historischen Telos infiniten Verzeitlichung des modernen Naturwissens korrespondiert dessen ganz spezifische Maßlosigkeit, die sich der Autonomie verleihenden Emanzipation verdankt. Fortschrittsdenken ist auf eigentümliche Weise maßloses Denken.

> Der Fortschritt der einen treibt den Fortschritt der anderen voran und umgekehrt. Fortschritt in Wissenschaft und Technik ist seinem eigenen Wesen nach maßlos, oder anders ausgedrückt: Wenn es ein inneres Maß von Wissenschaft und Technik geben sollte, dann dies, über jedes Maß hinauszugehen. Maß bedeutet hier Einschränkung, Begrenzung; wogegen sich wissenschaftliche und technische Rationalitäten gerade durch die Vorläufigkeit jeder Begrenzung definieren.[61]

Ich denke, dass Comenius den Aspekt der gottesfernen Instrumentalisierung der Natur und die damit in Zusammenhang stehende selbstgenerative Maßlosigkeit der experimentellen Naturforschung schon im Augenblick der institutionellen Konstituierung der Neuen Wissenschaft ganz klar erkannt hat. Deshalb forderte er einerseits die programmatische Anbindung des bloßen Naturwissens an höhere menschliche und religiöse Ziele ein und betonte andererseits, dass deshalb auch nicht alles gewusst werden darf, sondern eben nur das, was sich als bedeutsam erweise für die in seiner christlichen Pansophie aufgezeigten Ziele.

Es ist hier nicht der Ort, um ausführlich darzulegen, wie Francis Bacon diese Wissenschaftsautonomie unter Bezug auf die paradiesische Unschuld methodisch vorbereitet hat,[62] obgleich apokalyptische Aspekte auch noch in der *Instauratio Magna* von Bedeutung sind,[63] was sie für Comenius wiederum noch anschlussfähiger gemacht haben mag. Erst im institutionalisierten Baconismus in der zweiten Hälfte des 17. Jahrhunderts tritt die Neutralisierung des Naturwis-

---

hen Neuzeit zwischen Frührenaissance und Spätaufklärung, hg. von Klaus Garber und Heinz Wismann unter Mitwirkung von Winfried Siebers, 2 Bde., Tübingen 1996, Bd. 1, S. 1124–1151, hier S. 1148.

61 Jürgen Mittelstraß, „Für und wider eine Wissenschaftsethik", in: ders., *Wissen und Grenzen. Philosophische Studien*, Frankfurt a. M. 2001, S. 68–85, hier S. 72.

62 „For it was not that pure and uncorrupted natural knowledge whereby Adam gave names to the creatures according to their propriety, which gave occasion to the fall. It was the ambitious and proud desire of moral knowledge to judge of good and evil, to the end that man may revolt from God and give laws to himself, which was the form and manner of the temptation." Francis Bacon, „Preface to The Great Instauration", in: ders., *The Works of Francis Bacon*, hg. von James Spedding, Robert Leslie Ellis und Douglas Denon Heath, 14 Bde., Stuttgart – Bad Cannstatt 1982, Bd. 4, S. 13–21, hier S. 20 [Nachdruck d. Ausgabe London, 1857–1874].

63 Vgl. Klaus Reichert, „In diesem Herbst der Welt. Francis Bacons Begründung der Wissenschaft aus dem Geist der apokalyptischen Verheißung", in: *Wissensideale und Wissenskulturen in der frühen Neuzeit / Ideals and Cultures of Knowledge in Early Modern Europe*, hg. von Wolfgang Detel und Claus Zittel, Berlin 2002, S. 239–257.

sens offen und programmatisch in Erscheinung, und zwar als explizite *conditio sine qua non* für eine funktionierende *scientific community*; eine Haltung also, die sich vom Wissen selbst ohne Weiteres auf die zumindest vordergründig neutrale gesellschaftspolitische Funktion der naturforschenden Akademien übertragen ließe. So betont bereits Thomas Sprat in seiner *History of the Royal Society* von 1667 ausdrücklich, dass politische und religiöse Zwistigkeiten in der Zusammenarbeit der Mitglieder der Königlichen Gesellschaft keine Rolle mehr spielen würden. Als geeignetes Heilmittel gegen jedweden religiösen oder politischen Zwist habe sich die Vereinbarung unter den Mitgliedern erwiesen, sich um „calm and indifferent things" herum zu versammeln und diese nur noch in den Experimenten selbst – also ohne vorstrukturierende Erwartungen religiöser, politischer oder anderweitiger Prägung – gleichsam zum Sprechen zu bringen.[64] Als Kehrseite des berühmten Mottos der Royal Society „Nullius in verba" tritt hier eine eigentümliche Materialität der Welt in den Vordergrund, die nur sich selbst zu gehorchen scheint und nichts und niemandem mehr verpflichtet ist. Losgelöst aus allen gesellschaftlichen Zusammenhängen erscheint hier Naturkraft – wie Bruno Latour es treffend auf den Punkt bringt – als „ein stummes, aber mit Sinn begabtes oder versehenes Objekt".[65] Eben hierin – in der Dialektik einer stummen Natur, die eines jeden Bezugs außerhalb ihrer Selbst beraubt wird, und einer beredten Natur, die im Experiment jedoch immer wieder auf ihre materielle Eigengesetzlichkeit zurückgeworfen wird – erkennt Latour die Verfasstheit der Moderne, insofern im Empirismus gleichermaßen die Natur von der Kultur wie im Rationalismus das Subjekt vom Objekt getrennt werde: ein Unterfangen, das für Comenius als Verfechter einer apokalyptischen Naturphilosophie im Zeichen des christlichen Heilsgeschehens das große Skandalon darstellt.[66]

3

Mit Bruno Latour möchte ich auch zum Ende kommen, weil es seine Auseinandersetzung mit dem Beginn der Moderne erlaubt, einen möglichen Weg zu skizzieren, auf dem die hellsichtigen Analysen Comenius' für aktuelle Diskussionen anschlussfähig gemacht werden können.

Der Clou in Latours Ansatz einer symmetrischen Anthropologie besteht ja darin, dass wir, also die Menschen in der sogenannten westlich-zivilisierten Welt, eigentlich einer Selbsttäuschung erliegen und niemals modern gewesen sind. Diese provokante These zielt darauf ab, die fest etablierten Grenzen zwischen Natur und Kultur bzw. zwischen Subjekt und Objekt, über die sich Moderne

64 Thomas Sprat, *History of the Royal Society, For the Improving of Natural Knowledge*, London 1667, S. 426.

65 Bruno Latour, *Wir sind nie modern gewesen. Versuch einer symmetrischen Anthropologie* [1991], übers. von Gustav Rößler, Frankfurt a. M. 2008, S. 42.

66 Zu apokalyptischer Naturphilosophie in der Frühen Neuzeit vgl. grundlegend Wilhelm Schmidt-Biggemann, *Apokalypse und Philologie. Wissensgeschichten und Weltentwürfe der Frühen Neuzeit*, hg. von Anja Hallacker und Boris Bayer, Göttingen 2007.

definieren lässt, wieder ganz grundsätzlich in Frage zu stellen. Ausgangspunkt von Latours Überlegungen ist hierbei das Auseinanderdriften von Politik und Wissenschaft in scheinbar ganz autonome Bereiche, eine Entwicklung, die sich insbesondere ab Mitte des 17. Jahrhunderts abzuzeichnen beginne (Latour untersucht diesen Prozess im Anschluss an Steven Shapins und Simon Schaffers *Leviathan and the Air-Pump* anhand eines Streites zwischen Hobbes und Boyle): Auf Seiten der politischen Macht konstituiere sich gemäß der gängigen Einschätzung im 17. Jahrhundert das kulturelle Rechts*subjekt*, auf Seiten der wirkenden Naturkräfte konstituiere sich hingegen das naturhafte, stumme und dennoch mit Sinn begabte Wissenschafts*objekt*. Aus dieser Gegenüberstellung von Subjekt und Objekt resultiert nach Latour die behauptete Autonomie der beiden Sphären in der Moderne. Faktisch sind wir vermeintlich modernen Menschen aber nach Latour immer mehr zu hybriden Wesen geworden, die sich quer zu diesen vordergründig autonomen Wissensbereichen bewegen, denken und leben.

Inwiefern sich diese Hybridisierungen jenseits der institutionellen Autonomiebildungen im Sinne Latours ausformen, lässt sich anhand eines kleinen Beispiels aus der Konstituierungsphase der Neuen Wissenschaft zeigen: Nicht zuletzt vor dem Hintergrund der generalreformatorischen Bestrebungen der 1640er Jahre wurden der Royal Society für die Gewährung der in vielerlei Hinsicht äußerst wichtigen königlichen Privilegien bestimmte Auflagen gemacht: Sie sollte sich in ihren Statuten verpflichten, mit ihren Forschungen keine Fragen der Politik, der Religion und Theologie zu berühren. Es war das vorrangige Interesse Charles II., alle Formen der Politisierung aus der Zeit der puritanischen Revolution, wie sie in der vordersten Reihe Hartlib betrieb, gänzlich zu verbannen, um die erneute Regentschaft des Stuart-Hauses nicht zu gefährden und die eigene Herrschaft von Gottes Gnaden wieder zu legitimieren.[67] Tatsächlich verhielt es sich aber so, dass die vermeintlich neutrale Royal Society von Beginn an geopolitische Aufträge übernahm, etwa in Form der Verbesserung von Seekarten, von Kriegsschiffen oder von Gefängnisbauten.[68] Und nicht zuletzt wurde die Königliche Gesellschaft mit der Aufgabe betraut, die Tätigkeit anderer Forscher kritisch zu begleiten und im Sinne der Krone zu überprüfen und zu überwachen.[69] Unterhalb der Demarkationslinie zwischen den zusehends auch institutionell verankerten Autonomiebereichen Wissenschaft und Politik zeichneten sich somit von Beginn an

67 Tatsächlich hat die Restauration von der puritanischen Revolution auch profitiert, da dringend notwendige finanzpolitische Reformen, die früher schon gefordert wurden, aber erst unter Cromwell durchgesetzt werden konnten, beibehalten werden konnten. Vgl. Hugh Trevor-Roper, „Die allgemeine Krisis des 17. Jahrhunderts", in: ders., *Religion, Reformation und sozialer Umbruch. Die Krisis des 17. Jahrhunderts*, mit einem Vorwort zur dt. Ausg. von dems. und übers. von Michael Erbe, Frankfurt a. M./Berlin 1970, S. 53–93, hier S. 92 und Michael Hunter, *Science and Society in Restoration England*, Ipswich 1992, S. 3f.

68 Regine Masthoff, „Komenskýs Ratschlag an die Regia Societas in London vom Jahre 1668", in: *Zwanzig Jahre Comeniusforschung in Bochum/ Dvacet let bochumské komeniologie. Gesammelte Beiträge/Sebrané příspěvky*, hg. von Klaus Schaller, Sankt Augustin 1990, S. 245–259.

69 van den Daele, „Die soziale Konstruktion der Wissenschaft", S. 156ff. und S. 137.

relational-hybride Verflechtungen ab. Bei diesen Verflechtungen handelt es sich allerdings um rein weltimmanente Re-Politisierungen des kurz zuvor neutralisierten und seines transzendenten Gehalts beraubten Naturwissens – denn das Wissen über die Natur fügt sich in seiner über sich selbst hinausweisenden Bedeutung nicht wieder in einen christlichen Heilsplan ein, sondern wird vielmehr den machtpolitischen Interessen des absoluten Herrschers einverleibt.

Das entscheidende und leicht einsehbare Paradox, auf das Latour fokussiert, besteht systemtheoretisch gesprochen also darin, dass die funktionelle Ausdifferenzierung moderner Gesellschaften einerseits Komplexitätsreduktion durch die ständige Ausbildung neuer autonomer Subsysteme mit eigenen dichotomisch strukturierten Leitdifferenzen betreibt (was die Komplexität des übergeordneten Systems natürlich beträchtlich erhöht und insgesamt als Zivilisationsprozess zu verstehen ist). Andererseits emergieren zeitgleich – eher unbemerkt und gewissermaßen gesellschaftlich subkutan – immer komplexere relational-hybride Verflechtungen zwischen den vordergründig Autonomie beanspruchenden Systemen. Aus Sicht Latours handelt es sich hierbei um das Wuchern hybrider Gefüge, die sich transinstitutionell und transdichotomisch ausbilden.[70] Diese wuchernden Hybride forcieren eine radikale, wenn auch tendenziell strukturell nicht abbildbare Komplexitätssteigerung, insofern sie sich dem herkömmlichen Prozess systemimmanenter Komplexitätsreduktion durch Ausbildung von Subsystemen erfolgreich entziehen und stattdessen viel eher als komplexe Emergenzformen in einem Zwischenraum von System und Subsystemen zu begreifen sind.

Mit der Akteur-Netzwerk-Theorie beabsichtigt Latour also, die Verflechtungen von Gesellschaft, Natur und Technik dergestalt intelligibel zu machen, dass das Denken in Dichotomien von menschlichem Subjekt und nicht-menschlichem Objekt sowie die Opposition von Natur und Kultur nicht länger die Analyse ihrer Funktionszusammenhänge präfiguriert. Es müssen also die für das Selbstverständnis der Moderne konstitutiv wichtigen Oppositionspaare Natur/Kultur bzw. Subjekt/Objekt kritisch hinterfragt werden, um in Netzwerken die relational-hybriden Gefüge zwischen menschlichen und nicht-menschlichen Akteuren überhaupt sichtbar werden zu lassen. Erst mit diesem regelrechten Paradigmenwechsel können besagte Hybride beschrieben und die komplexen Zusammenhänge ganz aktueller Risiken wie etwa in der Ökologie in ihrer Vielschichtigkeit analysiert werden. Aus dieser radikalen Perspektive Latours sind wir dann eben gar nie modern gewesen, weil die Dichotomie-Bildungen nur vordergründig ein konstituierendes Merkmal der Moderne sind. Mit der Infragestellung der klaren Grenzen zwischen Subjekt und Objekt gerät nicht zuletzt auch der aufklärerische Traum der anthropologischen Selbstermächtigung endgültig ins Wanken.

70 Es wäre eine aufregende Aufgabe, Foucaults machtanalytische Dispositivkonzeption in diesem Zusammenhang mit Latours Hybridisierungen zusammenzudenken.

Ohne weiter auf Details der Akteur-Netzwerk-Theorie oder die sicherlich auch gerechtfertigte Kritik an ihr einzugehen,[71] scheint mir doch eine Parallele zwischen Comenius und Latour an dieser Stelle augenfällig und für weitere Forschungen anschlussfähig zu sein. Denn auch wenn Latours Akteur-Netzwerk-Theorie mit den metaphysischen Sorgen, die Comenius zu seinem ambivalenten Widmungsschreiben angeregt haben, erst einmal wenig zu tun haben mag, treffen sich die beiden in einem wichtigen Argument: Sowohl am Beginn der Moderne bei Comenius als auch an der beabsichtigten Überwindung der Moderne bei Latour steht eine Kritik am neutralen oder vielleicht besser: am von allen Implikationen anderer gesellschaftlicher Bereiche gereinigten Wissen. Das von Comenius und Latour gleichermaßen kritisierte Wissen ist selbstreferentiell, d. h. es ist aus den großen gesellschaftlichen Zusammenhängen herausgelöst, und verdankt sich wesentlich der stabilisierenden Wirkung dichotomischer und Autonomie stiftender Strategien. Mit dieser Neutralisierung und Autonomisierung gehen jedoch massive Risiken einher, die aus dem Blick geraten zu drohen; sei es ein mit radikaler Gottesferne einhergehender historischer Sinnverlust oder die Formation von existentiellen Bedrohungen, die unterschwellig in der Unsichtbarkeit des Hybriden wuchern. Man könnte fast glauben, die Stimme von Comenius zu vernehmen, wenn Latour im Vorwort zu Isabelle Stengers' kosmopolitischem Projekt einen neuen analytischen Blick auf die tatsächlichen Zusammenhänge zwischen autonomen Wissensbereichen einfordert: „In der Wissenschaftsphilosophie kann es keinen Fortschritt geben, wenn die ganze Übereinkunft mit all ihren Bestandteilen Ontologie, Epistemologie, Ethik, Politik und Theologie nicht gleichzeitig diskutiert wird."[72]

Folgte man dieser – wie ich finde – überlebenswichtigen Spur weiter, ginge es natürlich nicht um ein bloßes Aufspüren plumper Analogien zwischen dem Beginn der Moderne und den gegenwärtigen Versuchen, sie angesichts drohender Katastrophen zu überwinden. Es ginge vielmehr darum, eine Verbindung in Form einer historischen Komparatistik in Angriff zu nehmen. Die entscheidende Frage müsste dann lauten: Lässt sich mit einem diachronen Bezug auf die epistemologischen Bedingungen der Modernekritik an den Schwellen ihres Erscheinens und ihres Verblassens eine Dynamik bestimmen, die es erlaubt, eine andere Geschichte zu schreiben: eben die Geschichte relationaler Hybridformen, die sich in den subkutanen Gesellschaftsschichten formieren und verborgene Prozesse in

71 Zur Kritik vgl. übersichtlich Georg Kneer, „Akteur-Netzwerk-Theorie", in: *Handbuch Soziologische Theorien*, hg. von dems. und Markus Schroer, Wiesbaden 2009, S. 19–39, hier S. 34ff.

72 Bruno Latour, „Stengers' Schibboleth. Vorwort", in: Isabelle Stengers, *Spekulativer Konstruktivismus*, übers. von Gabriele Ricke, Henning Schmidgen und Ronald Voullié, Berlin 2008, S. 7–32, hier S. 17. Umgekehrt findet sich in den *Clamores Eliae* eine neuplatonisch imprägnierte Passage, die der Akteur-Netzwerk-Theorie vage ähnelt, wenn es darum geht, eine umfassende Erkenntnis von der Welt zu erhalten: „Elias hat das Ziel, all das miteinander zu verbinden, zwischen dem Gott keinen Unterschied gemacht hat: alles Hohe dem Niederen anzuerhöhen, auf daß Gleichheit herrsche, ähnlich der paradiesischen Harmonie." Zitiert nach Kunna, *Das „Krebsgeschwür der Philosophie"*, S. 173.

den Verhältnissen von Macht und Wissen in Gang setzen? Vielleicht erschiene in dieser Geschichte das Aufkommen autonomer Wissensbereiche im Zeichen dichotomischer Strukturbildung dann eher als ein *Effekt* denn als die *Ursache* dessen, was wir bislang gewohnt sind, als Moderne zu bezeichnen. Vielleicht könnte auf diese Weise nicht nur ein historischer Beitrag zur Akteur-Netzwerk-Theorie aus vormoderner Perspektive geleistet, sondern auch die von Stengers geforderte „Kosmopolitik" in Angriff genommen werden. Es käme dann ähnlich wie in Paul Feyerabends Plädoyer für einen erkenntnistheoretischen Anarchismus darauf an, „nicht über Theorien, sondern über die mit ihnen verbundene Autorität zu lachen", um Unterbrechungen in „die großen Geschichten des Fortschritts und der Rationalität" einzuführen.[73]

Es sind die von unseren soziokulturellen, ökonomischen, politischen und religiösen Bedingungen gespeisten Modelle von Welt, die unsere Wahrnehmung und unser Handeln, also unsere Modi der Weltverarbeitung und der Weltbearbeitung in aller Regel bestimmen. Diese Modelle tendieren dazu, einen unhinterfragbaren absoluten Anspruch zu erheben. Es ist den Krisen zu danken, die meist an den Rändern ihres Hoheits- und Geltungsanspruches entstehen, dass die Risiken ersichtlich werden, die mit bestimmten Modellen von Welt verbunden sind – sei es nun der drohende Verlust transzendenten Sinns im immanenten Sein oder die sich aus der kategorischen Trennung zwischen Subjekt und Objekt erhebende Hybris des modernen Menschen, der die Welt mit seinem der Natur abgerungenen Wissen zerstört. Und es sind diese Krisen, die uns neue Handlungsspielräume eröffnen, jenseits etablierter und gesellschaftlich sanktionierter Wahrnehmungs- und Handlungsmuster anders zu denken und zu handeln.

Bibliographie

Quellen

Andreae, Johann Valentin, „[Brief an Jan Amos Comenius vom 15. September 1629]", in: ders., *Schriften zur christlichen Reform* (= Gesammelte Schriften, Bd. 6, hg. in Zusammenarbeit mit Fachgelehrten von Wilhelm Schmidt-Biggemann, bearb., übers. und komm. von dems.), Stuttgart – Bad Cannstatt 2010, S. 312–313.

Bacon, Francis, „Advancement of Learning", in: ders., *The Works of Francis Bacon*, hg. von James Spedding, Robert Leslie Ellis und Douglas Denon Heath, 14 Bde., Stuttgart – Bad Cannstatt 1982, Bd. 3, S. 253–491 [Nachdruck d. Ausgabe London, 1857–1874].

–, „Preface to The Great Instauration", in: ders., *The Works of Francis Bacon*, hg. von James Spedding, Robert Leslie Ellis und Douglas Denon Heath, 14 Bde., Stuttgart – Bad Cannstatt 1982, Bd. 4, S. 13–21, hier S. 20 [Nachdruck d. Ausgabe London, 1857–1874].

73 Isabelle Stengers, „Der kosmopolitische Vorschlag", in: dies., *Spekulativer Konstruktivismus*, mit einem Vorwort von Bruno Latour, übers. von Gabriele Ricke, Henning Schmidgen und Ronald Voullié, Berlin 2008, S. 153–185, hier S. 154 und S. 162.

–, „Valerius Terminus of the Interpration of Nature: with the Annotations of Hermes Stella", in: ders., *The Works of Francis Bacon*, hg. von James Spedding, Robert Leslie Ellis und Douglas Denon Heath, 14 Bde., Stuttgart – Bad Cannstatt 1982, Bd. 3, S. 215–252 [Nachdruck d. Ausgabe London, 1857–1874].

Clavis apocalyptica: Or, a Prophetical Key: by which the great Mysteries in the Revelation of St John, and the Prophet Daniel are opened; It beeing made apparent That the Prophetical Numbers com to an end with the year of our Lord, 1655. Written by a Germane D. and now translated out of High-Dutch. In Two Treatises. 1. Shewing what in these our times hath been fulfilled. 2. At this present is effectually brought to pass. 3. And henceforth is to bee exspected in the years neer at hand. With an introductorie Preface, London 1651.

Comenius, Johann Amos, *Der Weg des Lichtes/Via lucis*, eingel., übers. und mit Anmerkungen versehen von Uwe Voigt, Hamburg 1997.

Dury, John, *The Reformed School*, London [1649].

Glanvill, Joseph, *Plus ultra: Or, the Progress and Advancement of Knowledge Since the Days of Aristotle. In an Account of some of the most Remarkable Late Improvements of Practical, Useful Learning: To Encourage Philosophical Endeavours*, London 1668.

Hartlib Papers. Second Edition. A Complete Text and Image Database of the Papers of SAMUEL HARTLIB (c. 1600–1662). Held in Sheffield University Library, 2 CD-Roms. Sheffield, England 2002.

[Plattes, Gabriel], *A Description of the famous. Kingdome of Macaria; shewing its excellent Government: wherein The Inhabitants live in great Prosperity, Health, and Happinesse; the King obeyed, the Nobles honoured; and all good men respected, Vice punished, and vertue rewarded. An Example to other Nations. In a Dialogue between a Schollar and a Traveller*, London 1641, A2^r (Vorrede).

Petty, William, *The Advice of W. P. to Mr. Samuel Hartlib for the Advancement of Some particular Parts of Learning*, London 1647.

Sprat, Thomas, *History of the Royal Society, For the Improving of Natural Knowledge*, London 1667.

Sekundärliteratur

Althaus, Friedrich, „Samuel Hartlib. Ein deutsch-englisches Charakterbild", in: *Historisches Taschenbuch*, begr. von Friedrich von Raumer und hg. von Wilhelm Maurenbrecher, Leipzig 1884, 6. Folge, 3. Jg., S. 189–278.

Blekastad, Milada, *Comenius. Versuch eines Umrisses von Leben, Werk und Schicksal des Jan Amos Komenský*, Oslo/Prag 1969.

Blumenberg, Hans, *Legitimität der Neuzeit*, Erneuerte Ausgabe, Frankfurt a. M. 1996.

Brecht, Martin, „‚Er hat uns die Fackel übergeben...' Die Bedeutung Johann Valentin Andreaes für Johann Amos Comenius", in: *Das Erbe des Christian Rosenkreuz. Vorträge gehalten anläßlich des Amsterdamer Symposiums 18.–20. November 1986: Johann Valentin Andreae 1586–1986 und die Manifeste der Rosenkreuzerbruderschaft 1614–1616*, hg. von der Bibliotheca Philosophica Hermetica, Amsterdam 1988, S. 28–47.

Cohen, I. Bernard, *Revolutionen in der Naturwissenschaft*, übers. von Werner Kutschmann, Frankfurt a. M. 1994.

Gipper, Andreas, „Experiment und Öffentlichkeit. Cartesianismus und Salonkultur im französischen 17. Jahrhundert", in: *Spektakuläre Experimente. Praktiken der Evidenzproduktion im 17. Jahrhundert* (= Theatrum Scientiarum, Bd. III), hg. von Helmar Schramm, Ludger Schwarte und Jan Lazardzig, Berlin/New York 2006, S. 242–259.

Greengrass, Mark, „Archive Refractions: Hartlib's Papers and the workings of an Intelligencer", in: *Archives of the Scientific Revolution: The Formation and Exchange of Ideas in Seventeenth-Century Europe,* hg. von Michael Hunter, Woodbridge 1998, S. 35–48.

Hunter, Michael, *Science and Society in Restoration England,* Ipswich 1992.

Kneer, Georg, „Akteur-Netzwerk-Theorie", in: *Handbuch Soziologische Theorien,* hg. von dems. und Markus Schroer, Wiesbaden 2009, S. 19–39.

Koselleck, Reinhart, „‚Erfahrungsraum' und ‚Erwartungshorizont' – zwei historische Kategorien", in: ders., *Vergangene Zukunft. Zur Semantik geschichtlicher Zeiten,* Frankfurt a. M. 1989, S. 349–375.

–, und Christian Meier, „Fortschritt", in: *Geschichtliche Grundbegriffe. Historisches Lexikon zur politisch-sozialen Sprache in Deutschland,* hg. von Reinhart Koselleck, Otto Brunner und Werner Conze, 8 Bde., 1972–1997, Bd. 2, S. 351–423.

Kronick, David, „The Commerce of Letters: Networks and ‚Invisible Colleges' in Seventeenth- and Eighteenth-Century Europe", in: *The Library Quarterly* 71.1 (2001), S. 28–43.

Kühlmann, Wilhelm, „Sozietät als Tagtraum – Rosenkreuzerbewegung und zweite Reformation", in: *Europäische Sozietätsbewegung und demokratische Tradition. Die europäischen Akademien der Frühen Neuzeit zwischen Frührenaissance und Spätaufklärung,* hg. von Klaus Garber und Heinz Wismann unter Mitwirkung von Winfried Siebers, 2 Bde., Tübingen 1996, Bd. 1, S. 1124–1151.

Kuhn, Thomas S., *Die Struktur wissenschaftlicher Revolutionen,* Zweite revidierte und um das Postskriptum von 1969 ergänzte Auflage, Frankfurt a. M. 1973.

Kunna, Ulrich, *Das „Krebsgeschwür der Philosophie". Komenskýs Auseinandersetzung mit dem Cartesianismus* (= Schriften zur Comeniusforschung, Bd. 19), Sankt Augustin 1991.

Latour, Bruno, „Stengers' Schibboleth. Vorwort", in: Isabelle Stengers, *Spekulativer Konstruktivismus,* übers. von Gabriele Ricke, Henning Schmidgen und Ronald Voullié, Berlin 2008, S. 7–32.

–, *Wir sind nie modern gewesen. Versuch einer symmetrischen Anthropologie* [1991], übers. von Gustav Rößler, Frankfurt a. M. 2008.

Leinkauf, Thomas, „Der Naturbegriff in der Frühen Neuzeit. Einleitung", in: ders., *Der Naturbegriff in der Frühen Neuzeit. Semantische Perspektiven zwischen 1500 und 1700,* hg. von dems. unter Mitwirkung von Karin Hartbecke, Tübingen 2005, S. 1–19.

Lorber, Michael, „Der Wunsch, einen ‚seichten aufgeblasenen Kopf in seiner ganzen Größe darzustellen'. Historische Hintergründe zur Rezeption Johann Joachim Bechers in der *historia literaria*", in: *Scharlatan! Eine Figur der Relegation in der frühneuzeitlichen Gelehrtenkultur (= Zeitsprünge. Forschungen zur Frühen Neuzeit/Studies in Early Modern History, Culture and Science* 17.2/3 (2013)), hg. von Tina Asmussen und Hole Rößler, Frankfurt a. M. 2013, S. 183–214.

Löwith, Karl, *Weltgeschichte und Heilsgeschehen. Die theologischen Voraussetzungen der Geschichtsphilosophie* [1953], Stuttgart 2004.

Mahr, Bernd, „Zum Verhältnis von Angst, Prophezeiung und Modell, dargelegt an der Offenbarung des Johannes", in: *Prophetie und Prognostik. Verfügungen über Zukunft in Wissenschaften, Religionen und Künsten,* hg. von Daniel Weidner und Stefan Willer, München 2013, S. 167–190.

Masthoff, Regine, „Komenskýs Ratschlag an die Regia Societas in London vom Jahre 1668", in: *Zwanzig Jahre Comeniusforschung in Bochum/ Dvacet let bochumské komenio-*

logie. Gesammelte Beiträge/Sebrané příspěvky, hg. von Klaus Schaller, Sankt Augustin 1990, S. 245–259.
Mittelstraß, Jürgen, *Neuzeit und Aufklärung. Studien zur Entstehung der neuzeitlichen Wissenschaft und Philosophie*, Berlin/New York, 1970.
–, „Für und wider eine Wissenschaftsethik“, in: ders., *Wissen und Grenzen. Philosophische Studien*, Frankfurt a. M. 2001, S. 68–85.
Reckwitz, Andreas, *Die Erfindung der Kreativität. Zum Prozess gesellschaftlicher Ästhetisierung*, Berlin 2012.
Reichert, Klaus, „In diesem Herbst der Welt. Francis Bacons Begründung der Wissenschaft aus dem Geist der apokalyptischen Verheißung“, in: *Wissensideale und Wissenskulturen in der frühen Neuzeit / Ideals and Cultures of Knowledge in Early Modern Europe*, hg. von Wolfgang Detel und Claus Zittel, Berlin 2002, S. 239–257.
Saage, Richard, *Utopische Profile*, 4 Bde., Münster 2001.
Schalansky, Judith, *Verzeichnis einiger Verluste*, Berlin 2018.
Schmidt-Biggemann, Wilhelm, „Pansophie“, in: *Historisches Wörterbuch der Philosophie*, hg. von Joachim Ritter und Karlfried Gründer, 13 Bde., Basel/Stuttgart 1971–2004, Bd. 7, Sp. 56–59.
–, *Apokalypse und Philologie. Wissensgeschichten und Weltentwürfe der Frühen Neuzeit*, hg. von Anja Hallacker und Boris Bayer, Göttingen 2007.
Stengers, Isabelle, „Der kosmopolitische Vorschlag“, in: dies., *Spekulativer Konstruktivismus*, mit einem Vorwort von Bruno Latour, übers. von Gabriele Ricke, Henning Schmidgen und Ronald Voullié, Berlin 2008, S. 153–185.
Stichweh, Rudolf, *Zur Entstehung des modernen Systems wissenschaftlicher Disziplinen. Physik in Deutschland 1740–1890*, Frankfurt a. M. 1984.
Stierle, Karlheinz, *Das große Meer des Sinns. Hermenautische Erkundungen in Dantes „Commedia“*, München 2007.
Syfret, R. H., „The Origins of the Royal Society“, in: *Notes and Records of the Royal Society of London* 5.2 (1948), S. 75–137.
Trevor-Roper, Hugh, „Die allgemeine Krisis des 17. Jahrhunderts“, in: ders., *Religion, Reformation und sozialer Umbruch. Die Krisis des 17. Jahrhunderts*, mit einem Vorwort zur dt. Ausg. von dems. und übers. von Michael Erbe, Frankfurt a. M./Berlin, 1970, S. 53–93.
–, „Drei Ausländer: Die Philosophen der puritanischen Revolution“, in: ders., *Religion, Reformation und sozialer Umbruch. Die Krisis des 17. Jahrhunderts*, mit einem Vorwort zur dt. Ausg. von dems. und übs. von Michael Erbe, Frankfurt a. M./Berlin 1970, S. 221–270.
Turnbull, G. H., *Hartlib, Dury and Comenius. Gleanings from Hartlib's papers*, London 1947.
–, „Samuel Hartlib's Influence on the Early History of the Royal Society“, in: *Notes and Records of the Royal Society of London* 10.2 (1953), S. 101–130.
van den Daele, Wolfgang, „Die soziale Konstruktion der Wissenschaft. Institutionalisierung und Definition der positiven Wissenschaft in der zweiten Hälfte des 17. Jahrhunderts“, in: Gernot Böhme, ders. und Wolfgang Krohn, *Experimentelle Philosophie. Ursprünge autonomer Wissenschaftsentwicklung*, Frankfurt a. M. 1977, S. 129–182.
Voigt, Uwe, *Das Geschichtsverständnis des Johann Amos Comenius in ‚Via Lucis' als kreative Syntheseleistung. Vom Konflikt der Extreme zur Kooperation der Kulturen*, Frankfurt a. M. 1996.

Voigt, Uwe, „Einleitung“, in: Johann Amos Comenius, *Der Weg des Lichtes/Via lucis*, eingel., übs. und mit Anmerkungen versehen von Uwe Voigt, Hamburg 1997, S. IX–XLIX.

Webster, Charles, „Introduction“, in: ders., *Samuel Hartlib and the Advancement of Learning*, hg. von dems. Cambridge, 1970, S. 1–72.

–, „The Authorship and Significance of Macaria“, in: *Past and Present* 56 (1972), S. 34–48.

–, „New Light on the Invisible College. The Social Relations of English Science in the Mid-Seventeenth Century“, in: *Transactions of the Royal Historical Society* 24 (1974), S. 18–42.

–, *The Great Instauration. Science, Medicine and Reform 1626–1660*, London 1975.

Young, Robert Fitzgibbon, *Comenius in England. The Visit of Jan Amos Komenský (Comenius). The Czech Philosopher and Educationist to London 1641–1642: Its Bearing on the Origins of the Royal Society, on the Development of the Encyclopaedia, and on Plans for the Higher Education of the Indians of new England and Virginia as Described in Contemporary Documents, Selected, Translated and Edited with an Introduction, and Tables of Dates by Robert Fitzgibbon Young*, London 1932.

Altern im Modell
Populäre Bilder von Lebenstreppen und Altersstufen seit der Frühen Neuzeit

Malte Völk

1 Modell und Schematismus

Bemühungen darum, das menschliche Leben in voneinander abgrenzbare Abschnitte einzuteilen, sind seit der Antike in verschiedensten Ausprägungen zu beobachten. Wenn in Bildern, Allegorien und Sprüchen zwei, sieben, zehn, zwölf oder gar 15 Altersstufen[1] des menschlichen Lebens dargestellt werden, so regt sich dabei durch die Jahrhunderte, die Denkschulen und die sozialen Schichten hindurch als Motivation offenbar stets der gleiche Impuls: das Leben in ein Modell zu bringen. Zu sehen ist dann eine Menschengestalt, die, gleichsam die Gattung repräsentierend, als typisch geltende Stufen der Entwicklung und des Alterns durchläuft. Der Blick auf solche Bilder stiftet Gemeinsamkeit und setzt diese schon voraus. Denn dass es jedem so ergehen wird wie der abgebildeten Person, ist eine Prognose, die auf bisherigen Erfahrungen beruht und damit nicht nur alle lebenden, sondern auch alle bisher gelebt habenden und zukünftigen Menschen vereint.

In der Vielgestaltigkeit der Unterteilung von Lebensaltern lassen sich wiederkehrende Muster und ikonographische Schwerpunkte erkennen. Dabei mag zuerst auffallen, dass allen diesen bildhaften, allegorischen Darstellungen ein deutlicher Schematismus gemein ist: „No matter how many stages it takes to complete a life, nor how long or short each of these stages might be, all stages-of-life theories show the same recognizable, generalizing, and stereotype image."[2] Bereits Friedrich Nietzsche kritisiert die schematische Unterteilung des menschlichen Lebens in Abschnitte als „eine ehrwürdige Albernheit".[3] Er hinterfragt die Vorstellung eines linearen Alterungsprozesses und einer geordneten Abwicklung von Lebensphasen. Brüche und Sprünge sowie Querverbindungen, die unabhän-

---

1 Vgl. zur Entwicklung dieser Varianten Franz Boll, „Die Lebensalter. Ein Beitrag zur antiken Ethologie und zur Geschichte der Zahlen", in: ders., *Kleine Schriften zur Sternkunde des Altertums*, hg. von Viktor Stegemann, Leipzig 1950, S. 156–224.

2 Anouk Janssen, „Going Grey in Black and White: The Representation of Old Age in Netherlandish Prints (1550–1650)", in: *Alterskulturen und Potentiale des Alter(n)s*, hg. von Heiner Fangerau u. a., Berlin 2007, S. 59–80, hier S. 61.

3 Friedrich Nietzsche, „Menschliches, Allzumenschliches. Ein Buch für freie Geister", in: ders., *Kritische Gesamtausgabe*, hg. von Giorgio Colli und Mazzino Montinari, Berlin 1967, Abt. 4, Bd. 3, S. 306.

gig von einem chronologischen Ablauf das Leben prägten, blieben außen vor. Am Beispiel der Gleichsetzung des Lebens mit den vier Jahreszeiten demonstriert Nietzsche, wie einfach sich solche Unterteilungen durch gegenläufige Erfahrungen widerlegen lassen. Nietzsches Widerspruch wirft die Frage auf, inwieweit Modellen von Lebensaltern normativer Charakter zukommt. Wie sind solche Modelle epistemologisch einzuschätzen? Dieser Frage soll hier aus kulturwissenschaftlicher Perspektive nachgegangen werden.[4]

2 Populäre Modelle

Die Polemik Nietzsches lässt sich auch deuten als Hinweis darauf, wie populär solche Lebensalterdarstellungen lange Zeit gewesen sind. Auf ihre Geläufigkeit weist ebenfalls der Umstand, dass solche Modelle des Alterns etwa in Schwänken und Märchen als Grundlage für parodistische Brechungen herhalten können[5] – was auch ihren Schematismus implizit beleuchtet.

In seiner *Rede über das Alter*[6] aus dem Jahr 1860, die heute als ein „Meilenstein der Altersforschung"[7] gilt, nennt Jacob Grimm als einen Ausgangspunkt für seine Überlegungen die Erinnerung an eine solche Lebensalterdarstellung, deren Anblick sich ihm als Kind „unauslöschlich einprägte".[8] Es handelt sich um die im deutschen Sprachraum sehr beliebte Fassung einer Alterstreppe aus zehn Stufen, auf der der Mensch einer Pyramide gleich auf- und absteigt. Genau eine solche Doppeltreppe der Lebensalter wird auch von Jean Paul evoziert, wenn der Erzähler der 1793 erschienenen Erzählung vom *Leben des vergnügten Schulmeisterlein Maria Wutz* sich zur Einleitung der Lebensbetrachtung ebenfalls solcher Abbildungen erinnert – und jene hier sieben Stufen dann auch tatsächlich die Erzählung strukturieren:[9] Es solle „ordentlich a priori angefangen und mit dem Schulmeisterlein langsam in den drei *aufsteigenden Zeichen* der Altersstufen hinauf und auf der andern Seite in den drei *niedersteigenden* wieder hinab gegangen werden – bis Wutz am Fuß der tiefsten Stufe vor uns ins Grab fällt."[10] Doch nicht

4 Im Rahmen eines Postdoc-Stipendiums der Fritz Thyssen Stiftung habe ich mich mit der kulturwissenschaftlichen Bedeutung von hohem Alter und Demenz beschäftigt – die hier präsentierten Überlegungen sind im Zuge dieser Förderung entstanden.

5 Vgl. Harm-Peer Zimmermann: „Leitlinien und Zuglüste des Erzählens. Hans im Glück, gelesen als Altersparabel", in: *Fabula. Zeitschrift für Erzählforschung* 56/3 (2015), S. 232–247.

6 Jacob Grimm, „Rede über das Alter", in: ders., *Rede auf Wilhelm Grimm und Rede über das Alter. Gehalten in der Königl. Akademie der Wissenschaften zu Berlin*, hg. von Herman Grimm, Berlin 1863, S. 39–68.

7 Harm-Peer Zimmermann, „‚je älter ich werde, desto democratischer gesinnt bin ich'. Über Jacob Grimm, die Kulturwissenschaft und das Alter", in: *Schweizerisches Archiv für Volkskunde* 109 (2013), S. 167–183, hier S. 167.

8 Grimm, „Rede über das Alter", S. 43.

9 Vgl. hierzu Ulrich Fleischhut, *Die Allegorie bei Jean Paul*, Bonn 1977, S. 152–154 sowie Malte Völk, *Ästhetik der Dingwelt. Materielle Kultur bei Jean Paul, Aby Warburg und Walter Benjamin*, Berlin 2015 (Kaleidogramme 127), S. 91–93.

10 Jean Paul, „Leben des vergnügten Schulmeisterlein Maria Wutz in Auenthal. Eine Art Idylle", in: ders., *Werke*, hg. von Norbert Miller, München 1970, Abt. I, Bd. 1, S. 422–462, hier S. 425.

nur Gelehrten und Literaten sind die Lebensstufen-Bilder vertraut. Ihre Verbreitung dürfte größtenteils zusammenfallen mit der Entwicklung des Buchdrucks und der allgemeinen Alphabetisierung in Europa zwischen dem Mittelalter und dem 20. Jahrhundert. So erwähnt Jean Paul etwa seine Kenntnis des Doppeltreppen-Bildes aus dem *Orbis sensualium pictus* von Johann Amos Comenius. Dieses didaktisch konzipierte Schul- und Kinderbuch mit seinem titelgebenden, universalistischen Anspruch „die sichtbare Welt"[11] abzubilden, war als eine Mischung aus Lesefibel, Comic und lateinisch-deutscher Vokabelliste über rund 250 Jahre hinweg als Schulbuch in Gebrauch, wobei es zwischen 1658 und 1964 244 Auflagen und zahlreiche Übersetzungen erlebte. Möglicherweise kann das Werk gar als „das am meisten verbreitete Schulbuch überhaupt"[12] gelten. Das Kapitel „Homo. Der Mensch" beginnt mit einer knappen Darstellung der biblischen Schöpfungsgeschichte einschließlich der Vertreibung aus dem Paradies, um sogleich überzugehen in das Kapitel „Septem Aetates Hominis. Die Sieben Alter des Menschen",[13] illustriert durch eine Doppeltreppen-Darstellung.

Auch die Quelle, aus der Jacob Grimm seine Erinnerung an die Lebenstreppe schöpft, verweist auf die große Verbreitung dieser Bilder. Es handelt sich bei jenem Wandschmuck der grimmschen Elternstube um „ein kunstloses Bild",[14] um einen Bilderbogen, wie er besonders im 19. Jahrhundert massenhaft Verbreitung gefunden hatte, bis hin zur Nachahmung in Kalendern oder auf Ofenkacheln: „Unser Motiv ist eines der beliebtesten und bekanntesten dieser Zeit, höchstens Napoleon ist öfter dargestellt worden als dieser Mensch von 10 bis 100 Jahren, in dem sich jedermann wiedererkennen konnte. Diese Bilderbogen flogen millionenfach durch ganz Europa."[15]

3 Funktionen des Modells

Warum aber waren derartige Abbildungen so beliebt? Diese Frage weist auf die eigentümliche theologische Stellung der Lebenstreppe, die zwar mit christlichen Botschaften konform war, jedoch außerhalb der geläufigen biblischen Bezüge blieb. So weist Rudolf Schenda darauf hin, dass die Lebenstreppe, soweit bekannt, nie in der eigentlich naheliegenden Analogie zur biblischen Jakobsleiter aus-

11 Johann Amos Comenius, *Orbis sensualium pictus. Die sichtbare Welt/Das ist/Aller vornemsten Welt-Dinge und Lebens-Verrichtungen Vorbildung und Benahmung,* Dortmund 1978 (Die bibliophilen Taschenbücher 30) [Nachdruck der Erstausgabe von 1658].

12 Vgl. Heiner Höfener, „Nachwort", in: Comenius, *Orbis pictus,* S. 1–15, hier S. 6.

13 Vgl. Comenius, *Orbis pictus,* S. 74–77.

14 Grimm, „Rede über das Alter", S. 43.

15 Rudolf Schenda, „Die Alterstreppe – Geschichte einer Popularisierung", in: *Die Lebenstreppe. Bilder der menschlichen Lebensalter,* hg. von Peter Joerißen und Cornelia Will, Köln/Bonn 1983 (Schriften des Rheinischen Museumsamtes 23), S. 11–24, hier S. 20f. Ergänzend sei erwähnt, dass auch Bilder verbreitet waren, die sogar das von Schenda genannte Beispiel noch einbezogen und dann etwa „Napoleons Stuffen-Jahre" darstellten; vgl. Cornelia Will, „‚Was ist des Lebens Sinn?' – Lebensalterdarstellungen im 19. Jahrhundert", in: ebd., S. 73–92, hier S. 77.

geprägt worden ist.[16] Der Aufstieg des Menschen zu Gott wird also nicht gezeigt. Dennoch hat die Treppe eine genuin christliche Botschaft, die gleichsam aufs Alltägliche herabgestuft worden ist. Sie bietet Trost und Erbauung, indem sie das alle Menschen Verbindende hervorhebt und dabei einen idealen Lebensweg zeichnet. Es ist oft bemerkt worden, dass die Lebenstreppen, sofern sie genaue Angaben machen, ihren Figuren sehr viele Lebensjahre zugestehen, nämlich oft bis zu 100. Was die Treppen also ausblenden, sind Möglichkeiten wie ein frühzeitiger Tod, Krankheiten oder andere Unglücksfälle, ja, nach Schenda[17] ist überhaupt keine Treppendarstellung überliefert, die irgendeine Form von Konflikt zeigen würde. Die unkalkulierbaren Risiken des Lebens sind ausgeblendet, der Tod wird zum Endpunkt einer in sich schlüssigen, teleologischen Entwicklung. Der bis dahin sich ereignende menschliche Verfall erscheint in diesen Treppenmodellen, modelltheoretisch betrachtet, als eine in vorhersehbarer Bestimmtheit verlaufende Entwicklung, mit deren Darstellung unbestimmte „Angst gebunden werden"[18] kann – indem sie zu kalkulierbarer Furcht wird. Es ist gerade der Verlauf der Zeit, als epistemologischer Kern des Modells,[19] der hier in Gleichförmigkeit gebracht, auf diese Weise gleichsam eingehegt wird. Es gibt kein Risiko mehr, dafür aber auch keine Individualität. Damit wird insgesamt ein deutlich normatives Moment in Anschlag gebracht: ist doch davon auszugehen, dass die dargestellten Charakteristika allgemein die Vorstellungen von einer dem jeweiligen Alter angemessenen Verhaltensweise prägten. Die Treppendarstellungen lehren auch einen weitergehenden Konformismus: Gesellschaftlich beeinflussbare Faktoren kennen sie nicht. Armut ist nicht zu sehen, soziale Unterschiede in der medizinischen Versorgung scheinen ebenso wenig zu existieren wie überhaupt irgendwelche Unterschiede zwischen den Menschen. Dafür sieht man viele Details, Dinge und Tiere, die die Mannigfaltigkeit des Lebens repräsentieren und Stoff bieten für unterhaltsame allegorische Entschlüsselung. Die Schwerpunkte der Treppendarstellungen haben sich freilich historisch gewandelt. So stand grob betrachtet bis ins 17. und 18. Jahrhundert die Funktion des Erbaulichen stärker im Vordergrund, während im 19. Jahrhundert das Konformistisch-Belehrende wichtiger wurde.[20]

4 Janusköpfiges Modell

Nun stellt sich die Frage, wie sich der zum Konformismus treibende Schematismus dieser Darstellungen zu ihrem Charakter als Modell verhält. Lässt sich eine Janusköpfigkeit des Modells auch hier nachzeichnen, so dass der normativ-

---

16 Vgl. Schenda, „Die Alterstreppe", S. 16.

17 Vgl. ebd., S. 22.

18 Bernd Mahr, „Zum Verhältnis von Angst, Prophezeiung und Modell, dargelegt an der Offenbarung des Johannes", in: *Prophetie und Prognostik. Verfügungen über Zukunft in Wissenschaften, Religionen und Künsten*, hg. von Daniel Weidner und Stefan Willer, München 2013, S. 167–190, hier S. 167.

19 Vgl. ebd., S. 174–176.

20 Vgl. Schenda, „Die Alterstreppe", S. 24.

prospektive Charakter vom retrospektiven Wissen durchkreuzt wird? Um dieser Frage nachzugehen, empfiehlt es sich, die bisher nur angedeuteten ikonographischen Schwerpunkte und die wiederkehrenden Muster genauer zu betrachten.

Eine weiter ausgreifende Betrachtung der Idee von der Aufteilung von Lebensaltern kann bei Aristoteles ansetzen. In seiner *Rhetorik* strukturiert er das menschliche Leben in drei Stufen: „Jugend, Mannesalter, Greisenalter". Die Jungen leben demnach, auf die Zukunft gerichtet, „meist von Hoffnungen"; die Alten hingegen „leben mehr in der Erinnerung, als in der Hoffnung [...]. Das ist auch der Grund ihrer Geschwätzigkeit, da sie unaufhörlich das Vergangene wiederholen; denn sie freuen sich an der Erinnerung."[21] Die Mitte des Lebens wird von Aristoteles eher knapp, fast beiläufig, abgehandelt: Es sind die beiden Extreme, die Jugend und das Alter, die das Modell des menschlichen Lebens prägen.[22] So ist die klare, teleologische Abfolge der drei Lebensalter schon hier hintertrieben von einer modellartigen Doppelgesichtigkeit: indem die Jugend als prospektive und das Alter als retrospektive Lebensstufe gezeichnet und beide als dem Modell des Lebens wesentlich definiert werden.

In dieser Übersichtlichkeit verbleiben die ‚Lebensaltertheorien' jedoch nicht. Die mittelalterliche Ausdifferenzierung der Lebensstufen lässt deren jeweilige Zahl steigen, zumeist auf sieben oder zehn. Auch kommen nun bildliche Darstellungen auf, in denen der sich verändernde, alternde Mensch mit allerlei Beiwerk ausgestattet wird. Bis ins 15. Jahrhundert waren vorherrschend Lebensalterdarstellungen in sieben oder zehn Abschnitte in Form eines Rades, in dem mehrere Kreise gruppiert wurden, etwa um eine Darstellung des Pfeile schießenden Todes oder um Christus herum – oder einfach nebeneinander.[23] Bildet sich die Vorstellung vom Verlauf des menschlichen Lebens als einer Aufwärts- und Abwärtsbewegung etwa vom 13. Jahrhundert an, so entsteht in der ersten Hälfte des 16. Jahrhunderts eine graphische Entsprechung dieser Denkfigur in Form der Doppeltreppe. Sie beschert dem typisiert dargestellten alternden Jedermann eine klar erkennbare Phase des Aufstiegs und eine des Abstiegs. Diese Gebilde gleichen zunächst noch eher wuchtigen Pyramiden, manchmal auch Brücken oder Triumphbögen, nähern sich aber im Laufe der Jahrhunderte immer mehr der potenziell alltagstauglichen Treppe an. Etwa im 17. Jahrhundert wird die Lebenstreppe „zu einem allgemein verständlichen Schema".[24]

21 Aristoteles, *Rhetorik*, hg. und übers. von Paul Gohlke, Paderborn 1959, S. 139–141.

22 Besonders konsequent in Hinsicht der Betonung der Extreme von Jugend und Alter war wohl Mimnermos von Kolophon, der, nach Franz Boll, um 600 v. Chr. nur zwei Lebensalter unterscheiden wollte, so dass das Alter „ganz unvermittelt an die Blüte der Jugend sich anzuschließen" schien – Boll, „Die Lebensalter", S. 162.

23 Vgl. Schenda, „Die Alterstreppe", S. 20.

24 Peter Joerißen, „Lebenstreppe und Lebensalterspiel im 16. Jahrhundert", in: *Die Lebenstreppe. Bilder der menschlichen Lebensalter*, hg. von dems. und Cornelia Will, Köln/Bonn 1983 (Schriften des Rheinischen Museumsamtes 23), S. 25–38, hier S. 34.

Abb. 1: Jörg Breu d. J., *Die Lebensalter des Mannes* (ca. 1540).
Holzschnitt, 48,9 x 65,9 cm. Herzogliches Museum (Landesmuseum) Gotha.

Die ältesten einschlägigen Treppendarstellungen sind aus den Jahren 1540–1550 bekannt.[25] Es handelt sich um den Holzschnitt *Die neun Lebensalter des Mannes* von dem Augsburger Maler Jörg Breu d. J. (Abb. 1) sowie um den Holzschnitt *De trap des levens* aus der Hand des Amsterdamer Malers Cornelis Anthonisz (Abb. 2).

Aus der Fülle des ikonographischen Beiwerks sei hier zunächst ein Element näher betrachtet, das in beiden Abbildungen gleichermaßen zu sehen ist: die tierischen Begleiter des alternden Menschen. Den Tieren, die seit jeher mit menschlichen Altersstufen in Verbindung gebracht worden sind,[26] kommt in diesen Dar-

25 Vgl. zur Geschichte dieser Denkfigur und besonders der Lebenstreppen-Bilder auch Josef Ehmer, „The Life Stairs. Aging, Generational Relations and Small Commodity Production in Central Europe", in: *Ageing and Generational Relations over the Life Course. A Historical and Cross-Cultural Perspective,* hg. von Tamara K. Hareven, Berlin/New York 1996, S. 53–74.

26 Boll, „Die Lebensalter", S. 157, identifiziert Aristophanes von Byzanz als einen hellenistischen Pionier dieser Art von Ethologie. Sofern weibliche Lebensalter auf – in der Regel gesonderten – Treppen dargestellt wurden, kamen hierbei meist ‚leichter' wirkende Tiere wie etwa Vögel zum Einsatz – vgl. hierzu Hubert Wanders, „Das springende Böckchen – Zum Tierbild in den dekadischen Lebensalterdarstellungen", in: *Die Lebenstreppe. Bilder der menschlichen Lebensalter,* hg. von Peter Joerißen und Cornelia Will, Köln/Bonn 1983 (Schriften des Rheinischen Museumsamtes 23), S. 61–72, hier S. 66f.

Abb. 2: Cornelis Anthonisz, *De trap des levens* (ca. 1550).
Druck, 49,5 x 36 cm. Rijksmuseum Amsterdam.

stellungen „eine fast heraldische Signalfunktion“[27] zu. Auch spätere Bilder, wie etwa ein in Italien und Spanien verbreiteter Kupferstich von Cristofano Bertelli aus Modena[28] oder Darstellungen an der Außenseite von Wohnhäusern[29], zeigen Esel als Begleittiere des hohen Alters. Auch existierten bereits im Mittelalter volkstümlich verbreitete Sprüche, in denen die menschlichen Lebensalter mit zugeschriebenen Eigenschaften von Tieren metaphorisch in Verbindung gebracht wurden. Demnach ist man etwa mit „X jar ain kitz,/ XX jar ain kalb,/ XXX jar ain stier, / XL jar ain leo“ und schließlich im Alter von neunzig Jahren „ain esel“.[30]

5 Altern und Melancholie

Wenn der Esel also gewissermaßen das ‚Totemtier‘ des hohen Alters ist, so stellt sich die Frage nach der metaphorischen Bedeutung dieser Zuordnung. „neunzig jar der kinder spot/ hundert jar nun gnad dir gott“, heißt es auf einem Holzschnitt aus dem Jahr 1482, der den Alten zusammen mit einem Esel und einem Kind zeigt.[31] Dass man dem Neunzigjährigen „spotten tuot“, wusste auch die Ergänzung der Spruchreihe aus dem erwähnten Liederbuch der Clara Hätzlerin zu berichten.[32] Es ist also zunächst naheliegend, dass es die auch heute noch gängigen Esels-Assoziationen von Geistesschwäche und Trägheit sind, die hier den Stichel geführt haben. Doch deutet bereits diese volkstümliche Assoziation der Trägheit auch eine weiter zurückreichende, würdevollere Zuschreibung an. Gilt der Esel doch als Verkörperung der Todsünde der *acedia*, auch bezeichnet als Trägheit des Herzens oder Verzagtheit. Ikonographisch begleitet der Esel „als Reittier Acedias“ diesen sündhaften Gemütszustand erstaunlich beharrlich, ja, geradezu störrisch: „Bei der Vielzahl von Todsünden-Tieren, die im Laufe der Zeit immer wieder ihre Bezugspersonen und Reiter wechseln, bildet er eine über die Jahrhunderte nahezu unveränderte Konstante.“[33] Diese Verbindung der *acedia* mit dem hohen Alter schließt einen weitläufigen Komplex auf, der letztlich zurückgeht auf die antiken Vorstellungen von Planetengöttern. Der heidnisch-kosmologische[34] Aberglaube,

---

27 Joerißen, „Lebenstreppe“, S. 28.

28 Vgl. ebd., S. 30.

29 Vgl. ders., „Die Lebensalter des Menschen. Bildprogramm und Bildform im Jahrhundert der Reformation“, in: *Die Lebenstreppe. Bilder der menschlichen Lebensalter*, hg. von Peter Joerißen und Cornelia Will, Köln/Bonn 1983 (Schriften des Rheinischen Museumsamtes 23), S. 39–59, hier S. 42.

30 Liederbuch der Clara Hätzlerin, Augsburg 1471, zit. nach Wanders, „Das springende Böckchen“, S. 61.

31 Zit. nach Schenda, „Die Alterstreppe“, S. 17.

32 Zit. nach Wanders, „Das springende Böckchen“, S. 62.

33 Susanne Blöcker, *Studien zur Ikonographie der Sieben Todsünden in der niederländischen und deutschen Malerei und Graphik von 1450–1560*, Münster/Hamburg 1993 (Bonner Studien zur Kunstgeschichte Bd. 8), S. 95.

34 Die Bezeichnung „heidnisch“ im Sinne von ‚antik, nicht christlich‘ wird hier aus Gründen der Konstanz durchgängig in eben diesem Sinne verwendet, zurückgehend auf Aby Warburg, „Heidnisch-antike Weissagung in Wort und Bild zu Luthers Zeiten“, in: ders., *Werke in einem Band*, hg. von Martin Treml, Sigrid Weigel und Perdita Ladwig, Berlin 2010.

der als „Schatten"[35] der christlichen Theologie nie ganz verschwunden war, übernahm zahlreiche Elemente des antiken Planetenglaubens, nach dem die Planeten mit Gottheiten identisch sind und massiven Einfluss auf das irdische Geschehen ausüben. Im Kontext dieser Vorstellungswelt ist die christliche Sünde der *acedia* eng verwandt mit dem durch Saturn beeinflussten Zustand der Melancholie. Diese „saturnische Acedia",[36] die man in ihrem spirituellen Anspruch „als die Melancholie der Mönche bezeichnen"[37] könnte, wurde zum Teil auch einfach mit der weltlichen Melancholie gleichgesetzt.[38] Bemerkenswert ist die offene Widersprüchlichkeit, die darin liegt, mit Saturn gerade den nach altem Wissensstand am weitesten entfernten Planeten für die Melancholie verantwortlich zu machen. So zeichnen sich ja Melancholie und *acedia* dadurch aus, dass sie weniger äußere Ursache haben, sondern aus dem Innern des Menschen rühren. Diese eigentlich naheliegende, am nächsten liegende Ursache wird nun projiziert auf den äußersten Rand des bekannten Universums: von dort soll die Melancholie kommen, vom Saturn, der mit 30 Jahren am längsten braucht für eine Umrundung der Sonne, also gleichsam träge ist, in schwacher Beleuchtung traurig seine Bahnen zieht.

Die Identifizierung des hohen Alters mit dem Zustand der Melancholie ist nicht nur durch die tierische Ikonographie greifbar, sondern war in der Frühen Neuzeit allgemein volkstümlich sehr verbreitet.[39] Auf den Lebenstreppen wirken von Körperhaltung, Mimik und Gestik her die Leute auf den unteren, auf den absteigenden Lebensstufen oft wie die „Verkörperung der Melancholie".[40] Das ist eine schlüssige Konsequenz aus der inneren Logik des Treppenaufbaus, nach der das Alter als Abstieg, als Niedergang zu verstehen ist. Besonders im 17. Jahrhundert fügen sich die Treppen „in den größeren Bereich der barocken Todes-Literatur",[41] bringen sie die vorherrschende Betonung von *vanitas* und menschlicher Kreatürlichkeit zum Ausdruck. Auch die barocke Dialektik des Aufeinanderstoßens der Widersprüche schwingt dabei mit: wenn die Erkenntnis der Vergänglichkeit des menschlichen Lebens zwar Trauer hervorruft, gleichzeitig aber auch aus dem starken, unverstellten Kontrast zum Leben eine Form von Kraft oder Faszination bezieht. Im *Orbis sensualium pictus* folgen auf die Darstellung der sieben Lebens-

35 Jean-Michel Palmier, *Walter Benjamin. Lumpensammler, Engel und bucklicht Männlein. Ästhetik und Politik bei Walter Benjamin*, hg. von Florent Perrier, Frankfurt a. M., 2009, S. 918.

36 Walter Benjamin, „Ursprung des deutschen Trauerspiels", in: ders., *Gesammelte Schriften*, unter Mitwirkung von Theodor W. Adorno und Gershom Scholem hg. von Rolf Tiedemann und Hermann Schweppenhäuser, Frankfurt a. M. 1991 (suhrkamp taschenbuch wissenschaft 931), Bd. I.I: *Abhandlungen*, S. 203–430, hier S. 333.

37 Peter Sillem, *Saturns Spuren. Aspekte des Wechselspiels von Melancholie und Volkskultur in der Frühen Neuzeit*, Frankfurt a. M. 2001 (Zeitsprünge. Forschungen zur Frühen Neuzeit 5/1), S. 37.

38 Vgl. etwa Sarah Kofman, *Konversionen. Der Kaufmann von Venedig unter dem Zeichen des Saturn*, Wien 2012, S. 45.

39 Vgl. Boll, „Die Lebensalter", S. 176–178.

40 Joerißen, „Lebenstreppe", S. 26.

41 Schenda, „Die Alterstreppe", S. 20.

alter unmittelbar die anatomischen Lektionen, also die über den kreatürlichen Charakter des Menschen – und erst danach die über die „menschliche Seele".[42]

Dass die Lebenstreppen auch in späteren Jahrhunderten noch eindeutig mit der barocken *vanitas*-Haltung in Verbindung gebracht worden sind, lässt sich etwa bei Jean Paul beobachten. In der eingangs erwähnten Erzählung vom *Schulmeisterlein Maria Wutz in Auenthal* bezeichnet der Erzähler die Doppeltreppe, auf der sich das wutzsche Leben allegorisch vollzieht, in einer nur barock zu nennenden Wortwahl als „Blut- und Trauergerüste der sieben Lebens-Stationen", von dem der Mensch, beziehungsweise Wutz, schließlich „niederfährt und abgekürzt umkugelt auf die um diese Schädelstätte liegende Vorwelt".[43] Besonders die Bezeichnung der „Schädelstätte" kann als typisch barock gelten; Walter Benjamin führt an, die „trostlose Verworrenheit der Schädelstätte" sei „als Schema allegorischer Figuren aus tausend Kupfern und Beschreibungen der Zeit herauszulesen".[44] Gerade dieses allegorische Moment, das Benjamin in besonderem Maße jener auch als Zielpunkt der Lebenstreppen verbreiteten „Schädelstätte" zusprechen wollte, birgt demnach das Potenzial eines dialektischen Umschlagens. Dieses könnte nun auch den Schematismus und das Konformistische am Modellcharakter der Lebenstreppe betreffen. Um diesen Punkt zu beleuchten, soll nun abschließend die besonders von der kulturwissenschaftlichen Schule um Aby Warburg herausgearbeitete Bedeutung des Zusammenhangs von Melancholie und Saturn einbezogen werden.

6 Lebenstreppe und Sonnensystem: Größenordnungen des Alterns im Modell

Aby Warburg geht von einer grundsätzlichen Doppelgesichtigkeit der antiken Überlieferungen aus:

> Die klassisch-veredelte, antike Götterwelt ist uns seit Winckelmann freilich so sehr als Symbol der Antike überhaupt eingeprägt, daß wir ganz vergessen, daß sie eine Neuschöpfung der gelehrten humanistischen Kultur ist; diese *‚olympische'* Seite der Antike mußte ja erst der althergebrachten *‚dämonischen'* abgerungen werden; denn als kosmische Dämonen gehörten die antiken Götter ununterbrochen seit dem Ausgange des Altertums zu den religiösen Mächten des christlichen Europa und bedingten dessen praktische Lebensgestaltung so einschneidend, daß man ein von der christlichen Kirche stillschweigend geduldetes Nebenregiment der heidnischen Kosmologie, insbesondere der Astrologie, nicht leugnen kann. Durch getreue Überlieferung auf der Wanderstraße vom Hellenismus her

42 Vgl. Comenius, *Orbis pictus*, S. 76–89.

43 Jean Paul, „Maria Wutz", S. 425.

44 Benjamin, „Trauerspiel", S. 405; vgl. auch Fleischhut, „Die Allegorie", S. 152–156 sowie Malte Völk, „Der saturnische ‚Wutz'. Eine Konjunktion von Jean Paul und Walter Benjamin", in: *Jahrbuch der Jean Paul Gesellschaft* 47 (2012), S. 61–80.

> über Arabien, Spanien und Italien nach Deutschland hinein (wo sie schon von 1470 ab in der neuen Druckkunst in Augsburg, Nürnberg und Leipzig in Wort und Bild eine wanderlustige Renaissance vollführen) waren die Gestirngötter in Bild und Sprache lebendige Zeitgottheiten geblieben, die jeden Zeitabschnitt im Jahreslauf, das ganze Jahr, den Monat, die Woche, den Tag, die Stunde, Minute und Sekunde, mathematisch bezeichneten, zugleich aber mythisch-persönlich beherrschten. Sie waren dämonische Wesen von unheimlich entgegengesetzter Doppelmacht: als Sternzeichen waren sie Raumerweiterer, Richtpunkte beim Fluge der Seele durch das Weltall, als Sternbilder Götzen zugleich, mit denen sich die arme Kreatur nach Kindermenschenart durch ehrfürchtige Handlungen mystisch zu vereinigen strebte.[45]

Der Planetengott Saturn oder Kronos ist dabei mythologisch eine klar bösartige Figur. Die unter seinem Einfluss gesehenen ‚Saturnkinder' waren als Melancholiker in einem elenden Zustand und wurden größtenteils gemieden, Aussätzigen gleich. Eigentümlicherweise galt Saturn/Kronos aber gleichzeitig auch als verantwortlich für geschätzte, nutzbringende Eigenschaften wie Intelligenz und für geistige Schaffenskraft allgemein.

Der Grund dafür, dass Saturn aus der kulturgeschichtlichen Fülle von Überlieferungen, Vorstellungen und Traditionen schließlich als „Dämon der Gegensätze"[46] hervorging, ist letztlich recht klar zu benennen. Raymond Klibansky, Erwin Panofsky und Fritz Saxl führen in ihrer wegweisenden Studie über *Saturn und Melancholie* diese Entwicklung materialreich aus und bestimmen als Hebelpunkt die Denkschulen, die von Platon beeinflusst worden sind. Während Kronos/Saturn zunächst wohl tatsächlich ein rein böser, unheilbringender Komplex gewesen ist, so profitiert seine Wahrnehmung einfach am stärksten von einer allgemeinen Tendenz des (Neu-)Platonismus, die aber jeden Planetengott betrifft. Als „Stammvater aller übrigen Planetengötter"[47] lässt seine „Entwicklungsgeschichte die grundsätzlich optimistische Deutungsabsicht des Neuplatonismus deutlich hervortreten".[48] Eine fundamental bösartige Wirkung irgendeines Gestirns würde dieser Lehre widersprechen: „Selbst der mythologisch und physikalisch betrachtet böseste und lebensfeindlichste Planet ist ein Vermittler von Kräften, die ihrem Wesen nach nur gute sein können."[49] Daher muss dem Saturn notwendig eine fruchtbringende, lebensfreundliche Seite beigestellt werden. Diese Doppelgesichtigkeit des Saturn hat sich in der Folge verselbständigt, so dass sie schließ-

45 Aby Warburg, „Heidnisch-antike Weissagung", S. 424–491, hier S. 426f.

46 Raymond Klibansky, Erwin Panofsky und Fritz Saxl, *Saturn und Melancholie. Studien zur Geschichte der Naturphilosophie und Medizin, der Religion und der Kunst*, Frankfurt a. M. 1992 (suhrkamp taschenbuch wissenschaft 1010), S. 245.

47 Ebd., S. 237.

48 Ebd., S. 240.

49 Ebd., S. 236.

lich in Mittelalter und Früher Neuzeit auch in der Populärkultur verankert war, bis hinein in die Verbindung der Karnevalskultur mit den altrömischen Saturnalien: „An Ambivalenzen und Widersprüchen störte man sich nicht und nahm sie offenkundig als den Figuren wesentlich hin.“[50]

Im Zuge dieser neoplatonischen Überlegungen wurde auch bestimmt, wie man sich die Übertragung der planetaren Eigenschaften auf die einzelnen Menschen genau vorstellte. Hierzu diente der von Warburg erwähnte „Flu[g] der Seele durch das Weltall“,[51] der mit seiner Grundstruktur aus verschiedenen, nacheinander zu besuchenden Stationen dem Modell der Lebensalterstufen vorgriff.

Franz Boll hat in seinem 1913 erschienenen Aufsatz über „Die Lebensalter“ einen Zusammenhang zwischen Vorstellungen von Lebensaltern und Himmelskörpern historisch erschlossen. Die früheste erhaltene (wiewohl nicht erste) Darstellung einer solchen Gleichsetzung von Planeten und Lebensaltern findet er bei Claudius Ptolemäus. Ihm zufolge wäre etwa das Kleinkind mit seiner raschen Wandelbarkeit vom Erdenmond geprägt, das vorpubertäre Kind in seiner Wachstumsphase vom Merkur, der Heranwachsende von der als dynamisch-feurig geltenden Venus, der Erwachsene im Alter von 22 bis 41 Jahren von der Sonne, gefolgt von weiteren energetisch-tatkräftigen Lebensaltern im Zeichen von Mars und Jupiter, deren Einfluss mit Ende 60 schwindet:

> Dann kommt das letzte Alter, das dem lichtschwächsten und langsamsten Planeten untersteht, dem Saturn. Das ist die letzte Stufe des abwärtsschreitenden Lebens, da erkalten und erlahmen alle Bewegungskräfte des Leibes und der Seele; Triebe, Genüsse, Wünsche – alles schwächt sich ab, Mutlosigkeit, Mattigkeit, Unlust zu allem nimmt überhand, bis das Leben vollends erstarrt.[52]

So Bolls Paraphrase.

Es zeigt sich hier schon, wie sehr die Lebenstreppe mit ihrer auf- und absteigenden Bewegung von derartigen Vorstellungen geprägt sein mag. Dieses Schema ist freilich stets variiert worden, nicht zuletzt auch im Zuge der Entdeckung weiterer Planeten. Doch die Stellung des Saturn ist dabei konstant geblieben.[53]

Diese Entsprechung von Mikrokosmos und Makrokosmos hat schließlich „den Weg bereite[t] für die Verbindung Saturns mit der Melancholie, die ja ebenfalls die Spätphase des menschlichen Lebens beherrscht.“[54] Und es hat eben auch den Weg bereitet für die Lebenstreppen, deren Vorläufer in kreisförmigen An-

50 Sillem, *Saturns Spuren*, S. 23.

51 Warburg, „Heidnisch-antike Weissagung“, S. 427.

52 Boll, „Die Lebensalter“, S. 195.

53 So nutzt etwa auch Arthur Schopenhauer in seinem Aphorismus „Vom Unterschiede der Lebensalter“ diese Zuordnungen zu Planeten für umfangreiche Charakterisierungen menschlicher Verhaltensweisen. Auch für ihn ist die Zuordnung des höheren Alters – ab 60 Lebensjahren – zu Saturn selbstverständlich; in: ders., *Aphorismen zur Lebensweisheit*, hg. von Rudolf Marx, Stuttgart 1963, S. 234–263.

54 Klibansky u. a., *Saturn und Melancholie*, S. 232 (Anmerkung 74).

ordnungen auch noch den geläufigen kosmischen Darstellungen ähnelten. Das Durchlaufen verschiedener vorgezeichneter Stationen war wohl ursprünglich so gedacht, dass der Mensch bereits vor seiner irdischen Geburt eine die Himmelskörper passierende „Seelenreise“[55] durchführt und dabei an den planetaren Stationen bestimmte Eigenschaften aufnimmt. Diese „Vorstellung, nach der die individuelle Menschenseele vor ihrer irdischen Geburt die Himmelssphären durchläuft und dabei von den Sternenmächten je eine Gabe erhält“,[56] hat dem Saturn seine Doppelgesichtigkeit beschert. Denn was der älteren Überlieferungen nach eigentlich ja unheilvolle Saturn dem Seelenreisenden zu bieten hat, ist eben die fruchtbringende „Kraft der Intelligenz und der Kontemplation“.[57]

So bilden die mikrologischen Lebensstationen des Treppenmodells und die weit ausgreifenden des Kosmos einen Zusammenhang, der in seinem frappanten Größengefälle von stetiger Dynamik ist. An diesem Gegensatz zündet auch Jean Pauls Erzähler in seiner Allegorisierung der Lebenstreppe seine vorläufige Schlusspointe: betrachte er das die Stufen durchlaufende Gattungswesen, jenes „gemalte Geschöpf“, so erscheine ihm zuerst „das atmende Rosengesicht voll Frühlinge und voll Durst, einen Himmel auszutrinken“. Doch diese universale Perspektive ziehe sich schnell wieder zusammen, sobald er „bedenke, daß nicht Jahrtausende, sondern Jahrzehende dieses Gesicht in das zusammengeronnene zerknüllte Gesicht voll überlebter Hoffnungen ausgedorret haben … Aber indem ich über andre mich betrübe, heben und senken mich die Stufen selber, und wir wollen einander nicht so ernsthaft machen!“[58] Das Bild der barock-melancholischen Lebenstreppe stürzt den Erzähler, der seiner eigenen Vergänglichkeit *im Zuge des Beschreibens und Erzählens* gewahr zu werden behauptet, selbst in Melancholie. Mehr noch: plötzlich taucht ein *Wir* auf, wird der Leser direkt angesprochen und einbezogen, wie es auch mit Sinnsprüchen der emblematisch-barocken Treppendarstellungen oft angestrebt wurde.[59] Mit diesem Verweis auf die kreatürliche Existenz sowohl des Erzählers als auch des Lesers schlägt jene Melancholie plötzlich um in eine heitere Lebensfreude, die dann auch den Verlauf der Erzählung prägen wird. Die Lebenstreppe erweist sich als ein janusköpfiges Modell des menschlichen Alterns. In diesem kleinen und alltagsbezogenen Modell offenbart sich – gerade im Zuge seiner Todesbezogenheit – eine populäre Form des Nachlebens des Saturn-Komplexes, der damit über die barocke *vanitas*-Fixierung in die bürgerliche Epoche hineinragt und die Lebenstreppe zu einem Modell macht, das seine eigene schematische Ordnung hintertreibt.

55 Ebd., S. 240.
56 Ebd., S. 242.
57 Ebd., S. 245.
58 Jean Paul, „Maria Wutz“, S. 425.
59 Vgl. Schenda, „Die Lebenstreppe“, S. 20.

Bibliographie

Quellen

Aristoteles, *Rhetorik*, hg. und übers. von Paul Gohlke, Paderborn 1959.

Benjamin, Walter, „Ursprung des deutschen Trauerspiels", in: ders., *Gesammelte Schriften*, unter Mitwirkung von Theodor W. Adorno und Gershom Scholem, hg. von Rolf Tiedemann und Hermann Schweppenhäuser, Frankfurt a. M. 1991 (suhrkamp taschenbuch wissenschaft 931), Bd. I.I: *Abhandlungen*, S. 203–430.

Comenius, Johann Amos, *Orbis sensualium pictus. Die sichtbare Welt/Das ist/Aller vornemsten Welt-Dinge und Lebens-Verrichtungen Vorbildung und Benahmung*, Dortmund 1978 (Die bibliophilen Taschenbücher 30) [Nachdruck der Erstausgabe von 1658].

Grimm, Jacob, „Rede über das Alter", in: ders., *Rede auf Wilhelm Grimm und Rede über das Alter. Gehalten in der Königl. Akademie der Wissenschaften zu Berlin*, hg. von Herman Grimm, Berlin 1863, S. 39–68.

Jean Paul [Richter, Johann Paul Friedrich], „Leben des vergnügten Schulmeisterlein Maria Wutz in Auenthal. Eine Art Idylle", in: ders., *Werke*, hg. von Norbert Miller, München 1970, Abt. I, Bd. 1, S. 422–462.

Nietzsche, Friedrich, „Menschliches, Allzumenschliches. Ein Buch für freie Geister", in: ders., *Kritische Gesamtausgabe*, hg. von Giorgio Colli und Mazzino Montinari, Abt. 4, Bd. 3, Berlin 1967.

Schopenhauer, Arthur, „Vom Unterschiede der Lebensalter", in: ders., *Aphorismen zur Lebensweisheit*, hg. von Rudolf Marx, Stuttgart 1963, S. 234–263.

Warburg, Aby, „Heidnisch-antike Weissagung in Wort und Bild zu Luthers Zeiten [1920]", in: ders., *Werke in einem Band*, hg. von Martin Treml, Sigrid Weigel und Perdita Ladwig, Berlin 2010, S. 424–491.

Sekundärliteratur

Blöcker, Susanne, *Studien zur Ikonographie der Sieben Todsünden in der niederländischen und deutschen Malerei und Graphik von 1450–1560*, Münster/Hamburg 1993 (Bonner Studien zur Kunstgeschichte Bd. 8).

Boll, Franz, „Die Lebensalter. Ein Beitrag zur antiken Ethologie und zur Geschichte der Zahlen", in: ders., *Kleine Schriften zur Sternkunde des Altertums*, hg. von Viktor Stegemann, Leipzig 1950, S. 156–224.

Ehmer, Josef, „The Life Stairs. Aging, Generational Relations and Small Commodity Production in Central Europe", in: *Ageing and Generational Relations over the Life Course. A Historical and Cross-Cultural Perspective*, hg. von Tamara K. Hareven, Berlin/New York 1996, S. 53–74

Fleischhut, Ulrich, *Die Allegorie bei Jean Paul*, Bonn 1977.

Höfener, Heiner, „Nachwort", in: Johann Amos Comenius, *Orbis sensualium pictus. Die sichtbare Welt/Das ist/Aller vornemsten Welt-Dinge und Lebens-Verrichtungen Vorbildung und Benahmung*, Dortmund 1978 (Die bibliophilen Taschenbücher 30) [Nachdruck der Erstausgabe von 1658], S. 1–15.

Janssen, Anouk, „Going Grey in Black and White: The Representation of Old Age in Netherlandish Prints (1550–1650)", in: *Alterskulturen und Potentiale des Alter(n)s*, hg. von Heiner Fangerau u. a., Berlin 2007, S. 59–80.

Joerißen, Peter, „Lebenstreppe und Lebensalterspiel im 16. Jahrhundert", in: *Die Lebenstreppe. Bilder der menschlichen Lebensalter*, hg. von dems. und Cornelia Will, Köln/Bonn 1983 (Schriften des Rheinischen Museumsamtes 23), S. 25–38.

–, „Die Lebensalter des Menschen. Bildprogramm und Bildform im Jahrhundert der Reformation“, in: *Die Lebenstreppe. Bilder der menschlichen Lebensalter*, hg. von dems. und Cornelia Will, Köln/Bonn 1983 (Schriften des Rheinischen Museumsamtes 23), S. 39–59.

Klibansky, Raymond, Erwin Panofsky und Fritz Saxl, *Saturn und Melancholie. Studien zur Geschichte der Naturphilosophie und Medizin, der Religion und der Kunst*, Frankfurt a. M. 1992 (suhrkamp taschenbuch wissenschaft 1010),

Kofman, Sarah, *Konversionen. Der Kaufmann von Venedig unter dem Zeichen des Saturn*, Wien 2012.

Mahr, Bernd, „Zum Verhältnis von Angst, Prophezeiung und Modell, dargelegt an der Offenbarung des Johannes“, in: *Prophetie und Prognostik. Verfügungen über Zukunft in Wissenschaften, Religionen und Künsten*, hg. von Daniel Weidner und Stefan Willer, München 2013, S. 167–190.

Palmier, Jean-Michel, *Walter Benjamin. Lumpensammler, Engel und bucklicht Männlein. Ästhetik und Politik bei Walter Benjamin*, hg. von Florent Perrier, Frankfurt a. M. 2009.

Schenda, Rudolf, „Die Alterstreppe – Geschichte einer Popularisierung“, in: *Die Lebenstreppe. Bilder der menschlichen Lebensalter*, hg. von Peter Joerißen und Cornelia Will, Köln/Bonn 1983 (Schriften des Rheinischen Museumsamtes 23), S. 11–24.

Sillem, Peter, *Saturns Spuren. Aspekte des Wechselspiels von Melancholie und Volkskultur in der Frühen Neuzeit*, Frankfurt a. M. 2001 (Zeitsprünge. Forschungen zur Frühen Neuzeit 5/1).

Völk, Malte: „Der saturnische ‚Wutz‘. Eine Konjunktion von Jean Paul und Walter Benjamin“, in: *Jahrbuch der Jean Paul Gesellschaft* 47 (2012), S.61–80

–, *Ästhetik der Dingwelt. Materielle Kultur bei Jean Paul, Aby Warburg und Walter Benjamin*, Berlin 2015 (Kaleidogramme 127).

Wanders, Hubert, „Das springende Böckchen – Zum Tierbild in den dekadischen Lebensalterdarstellungen“, in: *Die Lebenstreppe. Bilder der menschlichen Lebensalter*, hg. von Peter Joerißen und Cornelia Will, Köln/Bonn 1983 (Schriften des Rheinischen Museumsamtes 23), S. 61–72.

Will, Cornelia, „‚Was ist des Lebens Sinn?‘ – Lebensalterdarstellungen im 19. Jahrhundert“, in: *Die Lebenstreppe. Bilder der menschlichen Lebensalter*, hg. von Peter Joerißen und ders., Köln/Bonn 1983 (Schriften des Rheinischen Museumsamtes 23), S. 73–92.

Zimmermann, Harm-Peer, „‚je älter ich werde, desto democratischer gesinnt bin ich‘. Über Jacob Grimm, die Kulturwissenschaft und das Alter“, in: *Schweizerisches Archiv für Volkskunde* 109 (2013), S. 167–183.

Zimmermann, Harm-Peer: „Leitlinien und Zuglüste des Erzählens. Hans im Glück, gelesen als Altersparabel“, in: *Fabula. Zeitschrift für Erzählforschung* 56/3 (2015), S. 232–247.

Modell + Risiko

Helmar Schramm (†)

Ich bin auf dem Transport. Die Hauptstadt meines Ganzen, meines Ich, hat einen Volltreffer erhalten. Aber gleichzeitig sind bereits rundum Baumaßnahmen, im Gange. Mein Feld – mein neues Betätigungsfeld. Woyzeck bei der Physiotherapie.

„Ich sehe Sie an und ich sehe, Sie sind stark und Sie haben Charme. Sie werden es schaffen. Bei uns in der Türkei sagt man: ‚Jeder Berg bekommt soviel Schnee, wie er tragen kann.'" Der kleine Raum eine ungeheure Ästhetik des Hässlichen. Als würden sich darin alle Dimensionen von Bert Neumann konzentrieren. Woyzeck. Woyzeck vorm Spiegel, auf seinen elektrisch zuckenden Körper schauend. Das ist gut Woyzeck. Das ist gut, sieh die Muskeln, wie sie zucken. „Auf'm Transport" sein. Der Panzerzug der Visite rast vorbei. Wehende Schleier, durchschossen vom Metall einer Maschinerie. Alle Fragen nach Außen versinken irgendwo zwischen Dienstübergaben. Seltsame Widerbegegnung mit eigens verfassten Texten: Die Hand als Instrumentum Instrumentorum; Gangarten im Theatrum Philosophikum.

Unter diesen Umständen.

Unter diesen Umständen.

Unter diesen Umständen.

Unter diesen Umständen.

Verlusst der eigenen Handschrift. Verlusst jedes einzelnen Fingers auf der rechten Seite. Verlusst des koordinierten rechten Beines. Aber – das lässt sich alles zurückholen. Man muss nur arbeiten. Arbeiten. Arbeiten. Der Arbeiter von Ernst Jünger. Franks Inszenierungen – Kaputt. „Hier ist ja alles kaputt. Und drüben auf einer anderen Station habe ich einen Araber gesehen, der war genauso am Ende wie Sie." Das Bett – ein furchtbares Klappergestell, schwer zu bedienen. Kaputt. Die kleine Duschkabine, eine Falle – alles irgendwie kaputt hinein geschleudert werden, ins Gefiert dieses kleinen Raums, hineingeschleudert werden von der Tür, an der man sich versuchte festzuhalten. Landend in einer seltsamen Choreographie, am äußersten Rande des Risikos.

– eine brutale, winzige Eisfläche auf der ein Eiskunstläufer, der nicht Schlittschuhlaufen kann, einen wirklich riskanten Danse Macabre, einen Totentanz, ausführt.

Unter diesen Umständen.

Franks Inszenierungen. Gleichzeitig jetzt: Kaputt. Aber ich denke auch an Baumeister Solness. Muss nun selbst eine Art Baumeister Solness sein, an mir selbst. Muss Stück für Stück, um jeden Finger breit, kämpfen. Dennoch – das Ganze in Gelassenheit und als wirklich große Gabe nehmen. „Brüder zur Sonne zur Freiheit, Brüder das Sterben verlacht." „Philosophieren heißt, sterben lernen." Keine Angst, kein Grauen vorm Ende, das wir sowieso eines schönen Tages

eines schönen Tages

eines schönen Tages

erreichen.

Raumforderung. Raumforderung. Großer Schrecken vor dem histologischen Ergebnis.

Aber ist es nicht auch gut, einmal ganz in Schrecken zu geraten? Ganz von Schrecken durchfahren zu werden? Die Leute sehnen sich doch alle nach Schrecken – stürzen in Horrorfilme und suchen die prickelnde Begegnung mit der anderen Welt – das große Abenteuer.

Gleichzeitig aber auch darauf vertrauend, dass auch Wunder möglich sind. Ja, es wissend. Das andere Wissen als kleines Boot. Schicksalsspiel. Studien zum Schicksalsspiel.

Das ganze als Geschenk nehmen. Als ungeheure, dichte Inszenierung eines nie zuvor erlebten Theaters.

> Großes Kino. Riesen Theater. Die dichteste Inszenierung, die Frank je veranstalten hätte können.

Artauds Theater der Grausamkeit. Aufmerksamkeit für eine physiologische Ästhetik. „Der Mensch, ein betrunkener Dorfmusikant", dazu Kittler. Im ungeheuer eindringlich hässlichen Bert Neumann Raum – Auftritte: die verschiedenen Typen der Krankenschwestern. Forsch, freundlich zupackend, selbstbewusst, unbewusst, gelegentlich auch wirklich dreist. „Sagen Sie mal, plappern Sie zuhause auch so viel oder kommt Ihre Frau auch mal zu Wort?" „Jetzt rede ich!" Der vorbeirauschende Panzerzug der Visite. Schnell, immer sehr schnell. Die Schnelligkeit des ganzen Betriebes vorgebend. Kurz hereinschauend – und verschwindend. Wehende Schleier. Der Platz der leer dahängenden, der leer dahängenden – Körper. Der Platz der leer dahängenden Körper.

Der Mensch, ein raumgreifendes Wesen. Fichte in seinen *Reden an die deutsche Nation* oder in der *Wissenschaftslehre*: „Wenn der Vernunftstaat denn eines Tages sich endgültig gegen das Reich der Wilden abgegrenzt haben wird, muss er dann doch die selbstgesetzte Grenze überschreiten und ins Reich der Wilden vordringen, um die dortigen Schätze zu heben – wenn dies auch vielleicht ungerecht klingen mag – um so die Chance aufrecht zu erhalten, eines Tages zu einem Weltvernunftstaat zu kommen." Humboldt: gegen solche universalistischen Tendenzen, das Weltganze vom grünen Tisch aus zu entwerfen. Kant – Königsberg. Nietzsche: „Trau keinem, der im Sitzen denkt." Humboldt dagegen geht nach Südamerika als Entdecker, nicht nur Naturforscher, Bergbauingenieur etc., sondern eigentlich auch als Arzt, um die verheerenden Schäden eines tumoresken Europa, einer tumoresken Raumvorderung, aufzunehmen und vor Ort politisch zu werden. Bis heute dafür auf Cuba, in Venezuela und Peru verehrt. Raumforderung. Der Kern des Problems liegt zunächst in mir selbst – als entfesselter Horror. Aber die Welt da draußen ist im eigentlichen Sinne das tumoreske Problem. Das Europa, das auf Ideen seiner Geistesgrößen fußt. Dieses heutige Europa ist eine

Raumforderung, ist tumoresk. Alexander von Humboldt – wunderbar. Sein Kosmosmodell – ein unglaublich riskanter Entwurf, um das Weltganze zu erfassen. Einerseits verankert in entscheidenden Bezugsfeldern der Frühen Neuzeit. Zum einen Galilei, Keppler, frühe Astronomie. Humboldt aber will mehr. Er will nicht nur die Verankerung in dieser, von der Beobachtung des Himmels ausgehenden Idee zum dynamischen Weltganzen. Er sagt, dies war seiner Zeit einfach möglich – Weltberechnung zu denken und auf vieles zu übertragen – wie die Sterne, durch ihre unendliche Entfernung, nur als bewegte Punkte wahrgenommen werden und so zum Entwurf großer Rechenanlagen dienen konnten. Der andere Fluchtpunkt: der frühe Materialismus – er benennt speziell die Landschaftsmalerei des 17. Jahrhunderts – und versucht beides in seinem Entwurf zusammen zu bekommen. Also von den äußersten Sternenschichten, Schicht für Schicht, vorzudringen bis zur Erdoberfläche mit der ganzen Physiognomik der Pflanzen, Tiere und Materialien und noch tiefer zu dringen, als Bergbauingenieur, unter die Erdoberfläche. Beim Entfalten seines Entwurfs, der als eine Schicht übrigens auch die dynamische Entwicklung von Weltwissen impliziert – Humboldt war sich der Riskantheit seines Unternehmens bewusst. Arbeitet daran, sagt aber, das Ganze wird wohl verschwommen und fehlerhaft bleiben. Von daher seine ausgesprochene Hoffnung, dass in Zeiten der radikalen Disziplinentrennung unbedingt auch die Idee des Ganzen im Blick behalten werden solle. Er hofft, dass diese Idee nicht aufgegeben wird – vielleicht aufgrund seiner eigenen Fehler oder seines eigenen Scheiterns. Gibt den Ball weiter, richtet seine Aufmerksamkeit direkt in unsere Richtung. Und tatsächlich wurden solche Überlegungen ja aufgegriffen. Man denke an Isabelle Stengers: Cosmopolitics – zwei Bände kürzlich erschienen – die darin, ganz nachdrücklich, Kritik übt am heutigen Wissenschaftsbetrieb und sagt, es gab immer auch ein anderes Wissen. Es gab immer auch ein anderes Wissen, seit unvordenklichen Zeiten, wofür zum Beispiel tausende von Frauen in Europa auf die Scheiterhaufen gingen. Im Bezug auf sich selbst, sieht sie sich im gegebenen Wissenschaftssystem als Hexe – und verbunden mit diesen Worten, als Überlebende und stellt ganz konkrete Vorschläge in den Raum, in welchem Sinne der Blick auf Frühphasen der Wissensentwicklung geschärft werden müsse,

Politik und Naturwissenschaften und Ethik wieder stärker zusammenrücken sollten.

Man müsste sehen, wie das soeben Eingesprochene, Fragmentarische, unter Umständen etwas gestrafft werden könnte, um es doch - indirekt - im Vortrag auf unserer Konferenz „Modell + Risiko" einzubringen und den Teilnehmern nahe zu sein. In direkter Ansprache sollte vielleicht tatsächlich folgendes Audio eingespielt werden: Liebe Teilnehmerinnen und Teilnehmer, gern hätte ich den folgenden Beitrag, an dem ich soviel gelernt, selbst gelernt habe, gehalten. Durch eine Laune des Schicksals, befinde ich mich momentan jedoch selber in einer sehr riskanten Lage, die es mir unmöglich macht, persönlich anwesend zu sein. Vielleicht gelingt es mir ja, ein paar Anhaltspunkte meines Vortrages in groben Umrissen zu skizzieren, um auf diese Weise, wenigstens indirekt, bei Ihnen zu sein und den Vortrag selbst zu einem späteren Zeitpunkt vorzustellen - bei geeigneter Gelegenheit.

Abbildungsverzeichnis

Personenregister